热轧带钢板形控制与检测

杨光辉 张 杰 曹建国 李洪波 编著

北 京
冶金工业出版社
2015

内 容 提 要

本书主要以 2250mm 和 1700mm 热连轧机为研究对象，结合国内其他有代表性的先进热轧机，详细分析和介绍了目前世界上先进的热连轧机板形控制和检测技术。本书共分 10 章。第 1 章主要介绍热轧带钢的生产特点及生产工艺，第 2 章主要介绍板形控制和检测技术，第 3 章主要介绍 SP 定宽压力机调宽法研究，第 4 章主要介绍 2250mm 热连轧机辊形改进及板形调控特性研究，第 5 章主要介绍 1700mm 热连轧机长行程窜辊宽幅无取向硅钢板形控制技术研究，第 6 章主要介绍热轧带钢平坦度的检测与处理系统，第 7 章主要介绍 2250mm 热轧平整机的板形调控特性和窜辊策略研究，第 8 章主要介绍 2250mm 热连轧机工作辊温度场及热辊形分析，第 9 章主要介绍热轧带钢横向温度不均匀分布研究，第 10 章主要介绍 4200mm SmartCrown 中厚板轧机辊形研究。

本书适合轧钢工程技术人员、研发人员阅读，也可作为高等工科院校冶金机械及自动化相关专业的本科生、研究生教材。

图书在版编目 (CIP) 数据

热轧带钢板形控制与检测 / 杨光辉等编著 . —北京：
冶金工业出版社，2015.7
ISBN 978-7-5024-6931-3

Ⅰ.①热… Ⅱ.①杨… Ⅲ.①热轧—带钢—钢板—板形控制—检测 Ⅳ.①TG335.5

中国版本图书馆 CIP 数据核字 (2015) 第 149311 号

出 版 人　谭学余
地　　址　北京市东城区嵩祝院北巷 39 号　邮编　100009　电话　(010)64027926
网　　址　www.cnmip.com.cn　电子信箱　yjcbs@cnmip.com.cn
责任编辑　常国平　夏小雪　美术编辑　吕欣童　版式设计　孙跃红
责任校对　石　静　责任印制　牛晓波
ISBN 978-7-5024-6931-3
冶金工业出版社出版发行；各地新华书店经销；北京百善印刷厂印刷
2015 年 7 月第 1 版，2015 年 7 月第 1 次印刷
787mm×1092mm　1/16；19.5 印张；473 千字；301 页
59.00 元

冶金工业出版社　投稿电话　(010)64027932　投稿信箱　tougao@cnmip.com.cn
冶金工业出版社营销中心　电话　(010)64044283　传真　(010)64027893
冶金书店　地址　北京市东四西大街 46 号(100010)　电话　(010)65289081(兼传真)
冶金工业出版社天猫旗舰店　yjgycbs.tmall.com
(本书如有印装质量问题，本社营销中心负责退换)

前　言

　　板形是带钢的重要质量指标,高精度板形是高级精品带钢的重要特征。热轧板形直接影响着冷轧板形的质量,并且后续工序对板形也有特殊要求。板形控制是宽带钢轧机的核心技术、前沿技术和高难度技术,板形控制系统的技术发展是代表热连轧机先进水平的标志之一。一方面板形控制相对板厚控制而言具有更大难度,另一方面目前各国对带钢板形的要求已越来越高,控制手段要求更加丰富、控制能力要求更加强大有效。例如,对汽车板的板形平坦度往往要求达到10IU,镀锡板则需达到5IU;对带钢的凸度要求也在10μm以内。日益激烈的市场竞争以及各种高新技术的应用使得板带的横向和纵向厚度精度越来越高,也推动着板形控制技术和轧机机型的不断发展。有关板形及板形控制的研究具有重要的理论意义和实用价值。

　　多年的研究和生产实际表明,轧机的机型、辊形、工艺和控制模型是决定宽带钢连轧机板形控制性能的4个基本要素,并且机型是第一位、基础性和长期起作用的因素。为满足工业用户日趋严苛的带钢板形质量要求,近年来国际上涌现了CVC、SmartCrown、HC、PC等多种新机型和辊形,并在热轧带钢工业生产中得到广泛应用。

　　板带在钢铁产品中比重的不断提高意味着板带的用途更加广泛,同时,对板带品种规格的要求也不断增多,一个典型的代表是产品宽度的增加,伴随而来的是生产板带的轧机尺寸(主要是轧辊的长度)的增大。过去20多年来国内建设的板带轧机除了宝钢的2050mm热连轧机和2030mm冷连轧机外,辊身长度都在2m以下,如果将这些轧机称作宽带钢轧机的话,武钢建成的国内目前辊身长度最大的2250mm热连轧机就可称为超宽轧机。值得注意的是,与以前的宽带钢轧机相比,尽管超宽轧机的轧辊(主要指工作辊)辊身长度增加了很多,但轧辊的直径却变化不大。此外,超宽轧机的一些其他特点,给轧机的使用带来了许多新的课题,其中板形控制面临的问题十分突出。

　　本书主要以2250mm和1700mm热连轧机为研究对象,结合国内其他有代表性的先进热轧机，详细分析和介绍了目前世界上先进的热连轧机板形控制和检测技术，体现了一定的代表性和先进性。希望本书能对我们掌握当今世界上先进的板形控制技术有所帮助和指导。本书所分析和研究的内容既可作为设计同类轧机时选型的依据，也可作为同类轧机更新改造的样板，具有很强的实用性。

本书共分10章：第1章主要介绍热轧带钢的生产特点及生产工艺；第2章主要介绍板形控制和检测技术；第3章主要介绍SP定宽压力机调宽法研究；第4章主要介绍2250mm热连轧机辊形改进及板形调控特性研究；第5章主要介绍1700mm热连轧机长行程窜辊宽幅无取向硅钢板形控制技术研究；第6章主要介绍热轧带钢平坦度的检测与处理系统研究；第7章主要介绍2250mm热轧平整机的板形调控特性和窜辊策略研究；第8章主要介绍2250mm热连轧机工作辊温度场及热辊形分析；第9章主要介绍热轧带钢横向温度不均匀分布研究；第10章主要介绍4200mm SmartCrown中厚板轧机辊形研究。

本书参阅了大量国内外文献资料，特别是近几年的最新研究进展，在此对相关著作和文献的作者表示感谢。编者在求学和工作期间，得到了武汉钢铁集团多位领导、技术人员和工人师傅的大力支持，在此表示由衷的感谢。编者所在课题组的老师、博士和硕士为本书的编写付出了大量的辛勤劳动，在此一并表示感谢。

参加本书编写的有杨光辉、张杰、曹建国、李洪波，杨光辉负责全书统稿工作，在此表示非常感谢。本书的编写还得到了"中央高校基本科研业务费专项资金资助（FRF－TP－14－033A2）"和"北京高等学校青年英才计划（YETP0369）"的大力资助。

由于编者水平所限，不足之处在所难免，恳请读者批评指正。

编 者

2015年1月于北京科技大学

目　　录

1 热轧带钢的生产特点及生产工艺

热连轧机是把一定尺寸和化学成分的钢坯通过压延的方式加工成所要求的一定厚度和宽度规格带钢卷的设备。典型的常规热连轧过程包括加热、粗轧、精轧、轧后冷却和卷取等工序。全世界每年有超过2亿吨的钢经过热轧生产为厚度从小于2mm到25mm的板带材。板带材被广泛应用于工业、农业、国防以及日常生活的方方面面，在国民经济发展中起着重要的作用。随着科学技术的发展，特别是一些现代化工业部门如汽车、制罐以及家电行业等的飞速发展，不仅对板带材的需求量急剧增加，而且对其质量、尺寸精度、表面质量及性能也提出了严格的要求。

热轧卷板是以板坯（主要为连铸坯）为原料，经加热后由粗轧机组及精轧机组轧制成带钢（如图1-1所示）。热轧薄板主要是由连续式热轧机组轧制的，经连续式轧机最后轧制的热轧薄板还可再经过酸洗、退火，随后卷成卷状，称卷状的热轧薄板为热轧薄卷板（如图1-2（a）所示）。薄钢板通常以卷板和剪切成一定长度和宽度的单张板投放市场。卷板开卷后，按一定的宽度和长度剪切，即得到热轧薄板（如图1-2（b）所示）。

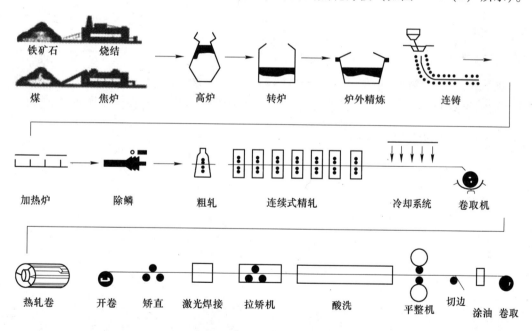

图1-1 热轧带钢生产流程示意图

热轧带钢的生产在轧钢生产中占据重要的地位，热轧带钢产品被广泛应用于工业、农业、国防以及日常生活的方方面面。根据测算中国固定资产投资增长率，2003～2004年为27%以上，2005年为20%左右，2006年为18%左右，2007年为8%以上，旺盛的固定资产投资增长率也促进了热轧带钢的消费总量增长，进而使得热轧项目大量立项。自

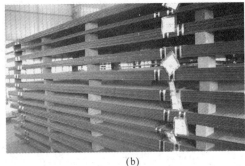

(a)　　　　　　　　　　　(b)

图 1 - 2　热轧卷板
(a) 热轧薄卷板；(b) 热轧薄板

2005 年以来国内热轧新建厂家不断增加，热轧的新增产能不断扩大，见表 1 - 1。到 2010 年末，我国热轧的生产能力达到 1.6 亿吨左右。

表 1 - 1　国内热轧产能增长情况

年　份	新增产能/万吨	总产能/万吨
2005	1300	6400
2006	2500	8900
2007	2500	>10000
2008 ~ 2010	6000	16000

随着热轧尺寸精度、板形、表面质量等控制新技术的日益成熟以及新产品的不断问世，热连轧钢板、带产品得到了越来越广泛的应用并在市场上具有越来越强的竞争力。

1.1　热轧带钢的技术要求

对热轧带钢的技术要求主要包含 4 个方面，即尺寸精度、板形、表面质量和性能，见表 1 - 2。

表 1 - 2　热轧带钢主要质量要求

质　量　要　求		内容及手段
尺寸精度	厚度精度（纵向厚差）	控制手段：各种 AGC
	宽度精度	控制手段：各种 AWC
板　形	凸度、楔形、平坦度	板形控制手段：CVC、PC、WRB、WRS
表面质量	表面缺陷	划伤、氧化铁皮轧入、印痕、裂纹、麻点
性　能	力学性能	强度、韧性、冲击性能、延展性
	电磁性能	低铁损、高磁感应强度、磁各向异性
	化学性能	耐腐蚀

(1) 尺寸精度要求高。尺寸精度主要是厚度精度，因为它不仅影响到使用性能及连续

自动冲压后步工序，而且在生产中的控制难度最大。此外，厚度偏差对节约金属影响也很大。

（2）板形要好。板形要平坦，无浪形瓢曲才好使用。但是由于板、带钢既宽且薄，对不均匀变形的敏感性又特别大，所以要保持良好的板形就很不容易。板、带越薄，其不均匀变形的敏感性越大，保持良好板形的难度也就越大。显然，板形的不良来源于变形的不均匀，而变形的不均又往往导致厚度的不均。因此，板形的好坏往往与厚度精确度也有着直接的关系。

（3）表面质量要好。板、带钢是单位体积的表面积最大的一种钢材，又多用作外围构件，必须保证表面的质量。表面缺陷不仅损害板制件的外观，而且往往败坏性能或成为产生破裂和锈蚀的策源地，成为应力集中的薄弱环节。

（4）性能要好。板、带钢的性能要求主要包括力学性能、工艺性能和某些钢板的特殊物理或化学性能。一般结构钢板只要求具备较好的工艺性能，例如冷弯和焊接性能等，而对力学性能的要求不很严格。

1.2　热轧带钢的种类和用途

热轧带钢的主要种类和用途见表 1-3。

表 1-3　热轧带钢的主要种类和用途

钢　种	代表牌号	主　要　用　途
碳素结构钢	Q235B	用途很广，大量应用于不需要深冲加工的各类冲压件及金属制品
低合金结构钢	Q345B	
优质碳素结构钢	08Al	主要用于机械、交通、航空工业的结构件用一般冲压的金属制品
冷轧用钢	SPHC	主要用于冷轧薄板的原料或直接用于深冲用金属制品
不锈钢	3Cr13	广泛应用于航空、石油、化工、纺织、食品、医疗器械等要求耐腐蚀性能的构件、容器、机械零件等
焊管结构用钢	SPHT	主要用于普通管线的焊接原料
耐候钢	SPA-H	主要用于耐大气、海水等长期腐蚀环境下的构件、容器等
汽车大梁用钢	510L	用于生产汽车大梁结构件
船体用结构钢	A、B	主要用于造船业船体结构用钢
管线钢	X42～X70	主要用于石油管线焊接原料

主要牌号及含义：

（1）SS400——第一个 S 表示钢（Steel），第二个 S 表示结构（Structure），400 为下限抗拉强度 400MPa，整体表示抗拉强度为 400 MPa 的普通结构钢。

（2）SPHC——首位 S 为钢（Steel）的缩写，P 为板（Plate）的缩写，H 为热（Heat）的缩写，C 为商业（Commercial）的缩写，整体表示一般用热轧钢板及钢带。

（3）Q195～Q275——Q 表示普通碳素结构钢屈服点（极限）的代号，它是"屈"的第一个汉语拼音字母的大写；195、215、235、255、275 分别表示它们屈服点（极限）的数值，单位为兆帕 MPa（N/mm^2）。

1.3 热轧带钢的生产特点

板、带产品外形扁平、宽厚比大，单位体积的表面积也很大，这种外形特点带来其使用上的特点如下：

（1）表面积大，故包容覆盖能力强，在化工、容器、建筑、金属制品、金属结构等方面都得到广泛应用。

（2）可任意剪裁、弯曲、冲压、焊接、制成各种制品构件，使用灵活方便，在汽车、航空、造船及汽车制造等部门占有极其重要的地位。

（3）可弯曲、焊接成各类复杂断面的型钢、钢管、大型工字钢、槽钢等结构件，故称为"万能钢材"。

板、带材的生产具有以下特点：

（1）板、带材是用平辊轧出，故改变产品规格简单容易，调整操作方便，易于实现全面计算机控制和进行自动化生产。

（2）带钢的形状简单，可成卷生产，且在国民经济中用量最大，故必须而且能实现高速度的连轧生产。

（3）由于宽厚比和表面积都很大，故生产中轧制压力很大，可达数百万至数千万牛顿，因此轧机设备复杂庞大，而且对产品厚、宽尺寸精度和板形以及表面质量的控制也变得十分困难和复杂。

1.4 热连轧机的主要机型

近年我国宽带钢热连轧技术和装备能力取得巨大发展，其特点如下：一是投资规模前所未有，实现的投资延伸从铁水预处理、钢水精炼到连铸，从钢铁冶金、压力加工到精整和配送的投入；二是技术和规模上水平，不仅引进了多套当代国际最先进的机组，而且建设了多条自主集成技术、自行设计和制造的轧制线；三是热轧宽带钢产品大纲普遍涵盖了建材、汽车、家电、机械、化工和管道输送等用途，包括低合金、高强度、薄规格、深冲板，板形和厚度尺寸公差及表面质量俱佳的高端产品。

我国现有和在建的宽度在1250mm以上的带钢热连轧机组共计46套，分为4种类型：一是总体引进国外先进技术的常规热带钢轧机，共11套；二是采用引进技术建设的薄板坯连铸连轧机组，共9套；三是引进国外二手设备或国产机组，经国外承包商用现代化技术改造的常规热带钢轧机，共6套；四是总体采用国内先进成熟技术，国内企业总承包建设的中薄板坯和常规板坯热连轧机组，共20套。

1.4.1 轧机机型分类

热轧精轧机组上游及下游各机架的机型选择与配置，是决定轧机板形控制性能的首要因素和基础，并将对轧机板形控制性能的优劣长期起作用。选型配置不当，将成为生产中难以解脱的制约因素。当前，可供热轧精轧机组选用的四辊轧机有以下5种常见的机型：

（1）常规四辊轧机。

（2）工作辊短行程窜移型（窜移行程 -100 ~ +100mm），如 CVC（Continuously Variable Crown，连续变凸度）轧机；超宽轧机的窜移行程为 -150 ~ +150mm，如

2250mm CVC 轧机。

（3）工作辊长行程窜移型（窜移行程 -150 ~ +150mm 及以上），如 WRS（Work Roll Shifting，工作辊窜移）轧机。

（4）工作辊变接触窜移型，如 HCW（High Crown Work Roll Shifting，高凸度工作辊窜移）轧机。

（5）上、下辊成对交叉型，如 PC（Pair Cross，成对交叉）轧机。

根据轧机辊缝的柔性和刚性以及能否均匀磨损，可以把轧机分为以下 4 类：

（1）柔性辊缝型。CVC 轧机与 PC 轧机从板形控制原理看，它们提供的是同等性能的宽调节域、低刚度的辊缝，同属柔性辊缝型。在工程及实际应用方面，PC 轧机与 CVC 轧机比较，其机械结构较为复杂，其工作辊需承受由于交叉引起的较大的轴向力；更重要的是，为了防止交叉引起轧件跑偏，交叉点必须严格重合在轧制宽度中心线上，因此，加重了对机械维修和调整工作的要求。在运行行为方面，CVC 轧机的缺点是在轧制进程中工作辊辊形不可避免的磨损和热变形，这将影响其调控性能（偏离初始设定的要求）。由于 CVC 工作辊与支持辊之间接触压力的分布呈 S 形，使磨损后的支持辊辊廓也成为 S 形，如不及时换辊，也将使其调控性能恶化。PC 轧机由于使用常规平辊，在运行行为方面等同于常规四辊轧机，不存在上述 CVC 辊形带来的问题，磨辊工作也比 CVC 辊形简易。

（2）刚性辊缝型。工作辊变接触窜移型的轧机（如 HCW 轧机），其工作辊的轴向窜移机构虽与 CVC 轧机相同，但窜移的目的则完全不同。对 CVC、PC 或常规四辊轧机而言，工作辊与支持辊之间的接触线都存在着"有害接触区"。工作辊变接触窜移型的轧机能通过窜移改变接触长度以消除这一有害接触区，从而有效地降低辊缝凸度，同时增强辊缝刚度。从板形控制原理看，它提供的是低凸度、高刚度的辊缝，属刚性辊缝型。工作辊变接触窜移型的轧机由于消除了有害接触区，辊间接触线长度必然缩短，加之接触压力呈三角形分布，致使辊端出现较大的接触压力尖峰，从而导致辊面的剥落，增大辊耗和换辊次数。此缺点为其工作原理所固有，因而难以消除。

但使用常规平辊的 WRS 轧机，对板形控制无特定作用，但若采用一些具有特殊辊廓曲线的支持辊和工作辊，如 VCR（Variable Contact Roll，变接触辊）支持辊或 DSR（Dynamic Shape Roll，动态板形辊）支持辊，则兼有了"刚性辊缝"与"柔性辊缝"的双重效果。

（3）刚柔辊缝兼备型。VCR（Varying Contact Roll）变接触支持辊是通过特殊设计的支持辊辊廓曲线。它是基于辊系弹性变形特性，使在受力状态下支持辊与工作辊之间的接触线长度能与轧制宽度自动适应，以消除"有害接触区"，增大辊缝刚度，同时在此曲线辊廓下，弯辊力可以发挥更大的调节作用。VCR 支持辊利用特殊的辊形曲线，可以减少或消除辊间有害接触区，增加承载辊缝的横向刚度，VCR 支持辊通过合理的辊形，改变辊间接触状态，使得工作辊换辊周期内接触压力的峰值和变化幅度都下降。所以，在热连轧机上适合采用 VCR 变接触支持辊及根据其原理设计的支持辊。

（4）磨损均匀型。在热轧过程中，工作辊辊面与轧件直接接触的部分将不断发生磨损，形成与轧件宽度对应的尖锐凹槽，同时在轧件边缘处产生"猫耳形"局部磨损，严重影响轧出成品的质量。上述几种机型，对化解此种约束均无能为力。工作辊长行程窜移型的轧机（如 WRS 轧机），当使用常规平辊时，能通过有节奏、有规律的窜移，使磨损分散化和平缓化,从而为"自由轧制"创造条件。此种机型工作辊辊身长度等于支持辊辊身长度与窜移总行程之和,在窜移过程中辊间接触长度不变,不存在变接触机型因窜移带来的缺点。由于工作辊磨损问题在上游机架较不严重,此种使磨损分散化、平缓化的功能主要用于下游机架。使用常规平辊的长行程窜移型轧机,对板形控制无特定作用,但如采用具有特殊辊廓曲线的工作辊,则能兼有板形控制的功能。

表 1-4 为各种板带轧机板形综合控制性能比较。

表 1-4 各种板带轧机板形综合控制性能比较

项 目	常规四辊	CVC	HC(UC)	PC	WRS	VCR	DSR
轧辊是否窜移	否	是	是	交叉	是	否	否
辊缝形状调控域	C	A	A	A	C	B	A
辊缝横向刚度	C	C	A	C	C	A	A
辊形自保持性	C	C	C	C	B	B	B
轧件行进稳定性	B	B	B	C	B	A	A
辊 耗	A	A	C	B	B	A	C
实现自由轧制	C	C	B	C	A	A	C
结构及维护难易	A	B	B	C	B	B	C
避免过大轴向力	A	B	B	C	B	A	A
辊形及磨辊难易	A	C	B	A	A	C	A

注:A—优,B—良,C—一般。

综上所述,根据在上游机架实现凸度控制,而在下游机架实现平坦度控制和"自由轧制"的基本要求,合理的机型选择与配置(如图 1-3 所示)的原则应是:柔性辊缝型的机型(如 CVC、PC 机型)只宜用于上游机架,而下游机架则宜选用工作辊长行程窜移型的轧机;刚性辊缝对上游凸度控制和下游平坦度控制均具有积极意义,应设法建立;弯

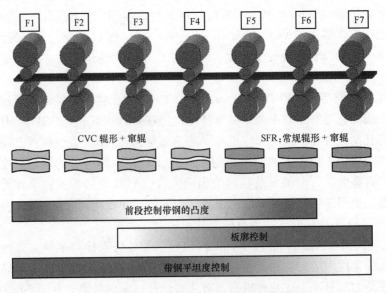

图 1-3 热连轧机理想机型配置及控制策略

辊或强力弯辊则是在轧制进程中对辊廓热变形和磨损等变动干扰因素进行补偿以及实现轧制力前馈控制与平坦度反馈控制所必须的柔性调节手段。此外，工作辊具备长行程窜移的条件，能为新辊形以及相关技术的自主开发留下余地和空间。所以，对于 F1 ~ F6 机架，要实现带钢凸度控制，对于 F3 ~ F7 机架，要实现带钢板廓控制（即凸度控制 + 边部减薄控制），对于 F1 ~ F7 机架，要实现带钢平坦度控制。

表 1 - 5 统计了目前国内主要钢厂的板形控制手段，从表中可以看出，目前控制手段以 CVC 和 PC 这两类轧机为主。由于 CVC 轧机具有只要将工作辊磨成 CVC 辊形曲线，不需对轧机进行大的改造，同时具有较强板形调控能力的优点，CVC 轧机比 PC 轧机应用更广泛；而 PC 轧机由于造价昂贵且结构复杂，应用相对较少。

表 1 - 5　国内主要热轧带钢厂的板形控制手段

国内主要热轧厂	板形控制手段	投 产 年 份
宝钢 2050mm 热轧厂	CVC 轧机 + 弯辊	1990
宝钢 1780mm 热轧厂（上钢一厂）	PC 轧机 + 弯辊	2003
宝钢 1580mm 热轧厂	F2 ~ F7 机架 PC 轧机 + 弯辊	1997
鞍钢 1780mm 热轧厂	PC 轧机 + 弯辊、F4 ~ F7 机架在线 ORG	1999
武钢 2250mm 热轧厂	CVC 轧机 + 弯辊	2003
武钢 1700mm 热轧厂	WRS 辊 + 弯辊	1979
本钢 1700mm 热轧厂	CVC 轧机 + 弯辊	1980/2001（改造）
太钢 1549mm 热轧厂	弯辊	1995/2002（改造）
宝钢 1422mm 热轧厂（梅钢）	F1 ~ F3 机架 CVC 轧机 + 弯辊	1995/2002（改造）
唐钢 1680mm 热轧厂	PC 轧机 + 弯辊	2003
首钢 2160mm 热轧厂（迁钢）	CVC 轧机 + 弯辊	2006
马钢 1750mm 热轧厂	CVC 轧机 + 弯辊	2004
珠钢 1350mm CSP 厂	CVC 轧机 + 弯辊	1999
邯钢 1680mm 热轧厂	CVC 轧机 + 弯辊	2002
包钢 1560mm 热轧厂	CVC 轧机 + 弯辊	2001
涟钢 1600mm 热轧厂	CVC 轧机 + 弯辊	2004
日钢 1580mm 热轧厂	WRS 辊 + 弯辊	2006

1.4.2　常规热连轧生产线的轧机配置情况

常规热轧控制过程中，按照控制策略的不同将热连轧机组分为粗轧机组与精轧机组，其中精轧机组又分为上游机架和下游机架。在热轧过程中，粗轧机组主要实现带钢厚度控制，板形控制由精轧机组完成。精轧机组上下游机架不同的板形控制目的及带钢特性（如厚度、温度等）决定上下游机架的轧辊配置一般有所不同。

工作辊辊径的选择主要考虑到咬入角 α（或压下量 Δh 与辊径 D 之比，即 $\Delta h/D$）和轧辊强度等，而为了减小轧制力，应尽量使工作辊直径小些。因此对于上游机架，由于轧件相对较厚，应选择较大的工作辊直径，下游机架轧件较薄，工作辊直径相对较小。

工作辊的材质根据各自机架的工作特点进行选择。根据机组的大致条件，前段轧机轧辊容易产生斑带，使钢材表面粗糙化。国内外的大量实践证明，这种机架使用高铬铸铁轧辊对解决斑带缺陷相当有效，一般冷硬铸铁轧辊在这种机架上均满足不了使用要求。精轧后段工作辊存在的主要问题是辊身掉皮，该段轧辊辊身也极易磨损。因此，精轧后段工作辊必须具有抗剥落、抗磨损的特性。实践证明，渗碳体是产生剥落的主要原因，所以，精轧后段工作辊不能靠增加碳化物的含量来提高辊身硬度，而应该用合金和热处理改变机体组织来提高机体的强度和硬度。现大多应用的为高镍铬无限冷硬铸铁轧辊或改进型高镍铬无限冷硬铸铁轧辊。

总之，热轧精轧机组轧制条件要求轧辊内外层相变残余应力小，辊身刚性好、压扁度小、中心弹性系数均匀、抗剥落、中心强度较高和表面抗粗糙化、抗磨损，这样高性能的铸铁轧辊目前只有采用离心铸造工艺才能生产。

武钢最早的1700mm热连轧机，新建的1580mm热连轧机，以及目前最宽的2250mm热连轧机精轧机组均按此原则进行轧机的轧辊配置（见表1-6）。我国引进的第一代CSP热连轧机（如珠钢、邯钢、包钢）也是按照上下游原则对机架进行划分（见表1-7）。需要特别指出的是，邯钢在CSP热连轧机引进的过程中，认为传统的6机架连轧模式不能满足铸坯厚度增加的要求，为此，邯钢在世界上首次将6机架连轧改为单机架不可逆粗轧机架加5机架连轧（1+5）模式，这一生产工艺的创新在实践中取得了显著效果，使得精轧机组入口带坯厚度减薄，改善了第一架精轧机（F1）的工作条件。在后期改造过程中，邯钢又增加了精轧第六架轧机（F6），进一步增强了其薄规格生产能力。

表1-6　武钢常规热轧机精轧机组轧机参数

热轧机组	1580mm	1700mm	2250mm
工作辊辊径/mm	F1~F3：735~825	F1~F3：735~800	F1~F4：765~850
	F4~F7：575~650	F4~F7：700~780	F5~F7：630~700
工作辊材质	F1~F3：高铬铸铁	F1~F3：高铬铸铁	F1~F4：高铬铸铁
	F4~F7：无限冷硬	F4~F7：无限冷硬	F5~F7：无限冷硬
支持辊辊径/mm	F1~F7：1450~1600	F1~F7：1448~1570	F1~F7：1440~1600
支持辊材质	锻钢	锻钢	锻钢
最大轧制力/kN	F1~F3：40000	F1~F3：25000	F1~F4：45000
	F4~F7：34000	F4~F7：25000	F5~F7：40000

表1-7　国内CSP热连轧机轧机参数

CSP生产线	珠钢CSP	邯钢CSP	包钢CSP	马钢CSP	涟钢CSP	酒钢CSP
工作辊辊径/mm	F1~F3 720~800	R1 790~880	F1~F4 720~800	F1~F2 820~950	F1~F2 820~950	F1~F2 820~950
	F4~F6 540~600	F1~F3 720~800	F5~F6 540~600	F3~F4 660~750	F3~F4 660~750	F3~F4 660~750
		F4~F6 540~600	—	F5~F7 540~620	F5~F7 540~620	F5~F6 540~620

CSP 生产线	珠钢 CSP	邯钢 CSP	包钢 CSP	马钢 CSP	涟钢 CSP	酒钢 CSP
工作辊材质	F1~F3 高铬铸铁	R1 高铬铸钢	F1~F4 高铬铸铁	F1~F2 高铬铸钢	F1~F2 高铬铸钢	F1~F2 高铬铸钢
	F4~F6 无限冷硬	F1~F3 高铬铸铁	F5~F6 无限冷硬	F3~F4 高铬铸铁	F3~F4 高铬铸铁	F3~F4 高铬铸铁
	—	F4~F6 无限冷硬	—	F5~F7 无限冷硬	F5~F7 无限冷硬	F5~F7 无限冷硬
支持辊辊径 /mm	F1~F6 1250~1350	R1 1350~1500	F1~F6 1300~1450	F1~F2 1350~1500	F1~F2 1350~1500	F1~F2 1350~1500
				F3~F7 1370~1500	F3~F7 1370~1500	F3~F6 1370~1500
支持辊材质	铸钢	铸钢	锻钢	锻钢	锻钢	锻钢
最大轧制力 /kN	F1~F6 35000	R1 42000	F1~F6 35000	F1~F2 44000	F1~F2 44000	F1~F2 42000
		F1~F3 42000		F3~F4 42000	F3~F4 42000	F3~F4 40000
		F4~F6 32000		F5~F7 32000	F5~F7 32000	F5~F7 30000
备 注	预留立辊轧机位置	二期工程增加 F6 轧机	预留 F7 轧机位置	第二代 CSP	第二代 CSP	第二代 CSP

1.4.3 薄板坯连铸连轧生产线的轧机配置情况

薄板坯连铸连轧工艺（TSCR，Thin Slab Cast Rolling）是 20 世纪 80 年代末至 90 年代初开发成功的最新短流程带钢生产工艺。它完全改变了由钢水到轧制成材的传统工艺流程，具有大幅度节约能源、提高成材率、简化工艺流程、缩短生产周期、降低生产成本、减少基建投资等优点。世界各国都给予关注，并先后投入了大量的人力、物力进行研究、开发和推广，截至 2010 年，世界上已建成投产的和部分在建的各种不同类型的薄板坯连铸连轧生产线共计 63 条，铸机 97 流，总的生产能力约为 10618 万吨。

经过十余年的发展，薄板坯连铸连轧生产线出现了多种工艺，开始用得较多的是德国西马克公司的 CSP（Compact Strip Production，紧凑式热轧带钢生产工艺）型和德马克公司的 ISP（Inline Strip Production，在线热带生产工艺）型。随着两公司的合并，在吸收 ISP 工艺优点后，新公司继续推广 CSP 薄板坯连铸连轧生产线，在全世界已建成的生产线中占大多数，占薄板坯连铸连轧总产能的 50% 以上。其后意大利达涅利公司推出颇有特点的 FTSR（Flexible Thin Slab Rolling for Quality，生产高质量产品的灵活性薄板坯轧制）型或 FTSC 薄板坯连铸机。除了 CSP、ISP 和 FTSR 工艺外，还出现了奥地利奥钢联公司（VAI）的 CONROLL、日本住友金属公司的 QSP（Quality Strip Production）、美国蒂平斯的 TSP（Tipping-Samsung Process）技术以及我国鞍钢的 ASP 技术等，各种薄板坯连铸连轧技术各具特色，同时又相互影响，相互渗透，并在不断地发展和完善。

我国 20 世纪 80 年代中后期就开始对薄板坯连铸连轧技术进行研究与开发。自 1998

年 11 月我国引进的第 1 条薄板坯连铸连轧生产线在珠钢建成投产以来，至 2014 年，我国已建立 14 条薄板坯连铸连轧生产线（包括中薄板坯），见表 1-8。在"引进、吸收、消化、发展"的总思路指导下，这 14 条生产线不仅建设顺利、达产顺利，还在多年的生产技术实践中形成了自己的特点，有的还建立了具有自主知识产权的专有体系。

表 1-8　国内 14 条薄板坯连铸连轧生产线的主要工艺参数和产能

序号	企业名称	生产线形式	连铸流数	铸坯厚度/mm	铸坯宽度/mm	年产能/万吨
1	珠　钢	CSP	2 流	45~60	1000~1380	180
2	邯　钢	CSP	2 流	60~90	900~1680	247
3	包　钢	CSP	2 流	50~70	980~1560	200
4	鞍　钢	ASP（1700mm）	2 流	100~135	900~1550	250
5	鞍　钢	ASP（2150mm）	4 流	135~170	1000~1950	500
6	马　钢	CSP	2 流	50~90	900~1600	200
7	唐　钢	FTSR	2 流	70~90	1235~1600	250
8	涟　钢	CSP	2 流	55~70	900~1600	220
9	本　钢	FTSR	2 流	70~85	850~1605	280
10	通　钢	FTSR	2 流	70~90	900~1560	250
11	济　钢	ASP（1700mm）	2 流	135~150	900~1550	250
12	酒　钢	CSP	2 流	50~70	850~1680	200
13	唐山国丰	ZSP（1450mm）	2 流	130~170	800~1300	200
14	武钢 CSP	CSP	2 流	50~90	900~1600	253

表 1-9 为我国 14 条薄板坯连铸连轧生产线的轧机配置情况。可见，连轧机组的配置均采用了目前最先进的机型配置，CSP 线连轧机组全部采用 CVC 轧机，FTSR 线连轧机组采用 PC 轧机并在后两架采用在线磨辊系统 ORG，ASP 线连轧机组的后四架则采用 WRS 轧机，先进的轧机配置和控制系统为热轧板带的板厚和板形高精度控制提供了有力的保证。

表 1-9　国内 14 条薄板坯连铸连轧生产线的轧机配置情况

薄板坯连铸连轧生产线	R1	R2	F1	F2	F3	F4	F5	F6	F7
珠钢 CSP	—	—	CVC	CVC	CVC	CVC	CVC	CVC	—
邯钢 CSP	Con.		CVC	CVC	CVC	CVC	CVC	CVC	
包钢 CSP	—	—	CVC	CVC	CVC	CVC	CVC	CVC	
马钢 CSP			CVC	CVC	CVC	CVC	CVC	CVC	CVC
唐钢 FTSR	Con.	Con.	PC	PC	PC	ORG	ORG		
鞍钢 ASP1	V1	Con.	Con.	Con.	WRS	WRS	WRS	WRS	
鞍钢 ASP2	V1	Con.	Con.	Con.	WRS	WRS	WRS	WRS	
涟钢 CSP	—	—	CVC	CVC	CVC	CVC	CVC	CVC	CVC
本钢 FTSR	Con.	Con.	PC	PC	PC	ORG	ORG		
济钢 ASP	V1	Con.	Con.	Con.	WRS	WRS	WRS	WRS	

续表 1-9

薄板坯连铸连轧生产线	R1	R2	F1	F2	F3	F4	F5	F6	F7
通钢 FTSR	Con.	Con.	PC	PC	PC	ORG	ORG		
酒钢 CSP	—	—	CVC	CVC	CVC	CVC	CVC	CVC	
国丰 ZSP	V1	Con.	CVC	CVC	CVC	CVC	WRS	WRS	
武钢 CSP	—	—	CVC	CVC	CVC	CVC	CVC	CVC	CVC

从世界范围来看，德国西马克（SMS）公司设计的 CSP 热连轧机精轧机组均采用四辊 CVC 机型（如图 1-4 所示），CVC 机型因其较强的连续变凸度控制能力已成为目前四辊轧机的主流机型，在国内新引进热连轧机中占有 70% 左右的份额。我国新引进的 CVC 机型的主要特点包括：

（1）采用 6 或 7 机架四辊连续轧机；

（2）工作辊采用 CVC 辊形；

（3）支持辊采用常规平辊，但在辊身端部设计有倒角；

（4）全机架均配有液压窜辊系统、强力弯辊系统；

（5）现代化自动板形控制系统。

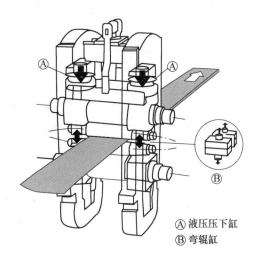

Ⓐ 液压压下缸
Ⓑ 弯辊缸

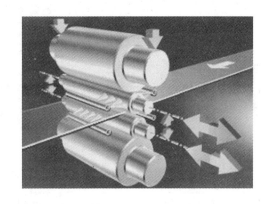

图 1-4　CVC 机型示意图

薄板坯连铸连轧生产线轧机的布置方式主要有 6 架轧机和 7 架轧机（见表 1-9）。其中 7 架轧机目前占据主流地位，在所统计的 14 条薄板坯连铸连轧生产线中占有 12 条。7 架轧机的布置方式有 3 种，分别为 7 架精轧连轧方式（如马钢 CSP、涟钢 CSP、武钢 CSP）、1 架粗轧 + 6 架精轧方式（如邯钢 CSP、鞍钢 ASP1、鞍钢 ASP2、济钢 ASP、国丰 ZSP）、2 架粗轧 + 5 架精轧方式（如唐钢 FTSR、本钢 FTSR、通钢 FTSR）。这 3 种方式各自的优点和缺点如下：

（1）7 架精轧连轧方式。优点：轧机布置紧凑，轧制过程中温度及速度容易控制及保证，对奥氏体轧制无论是单块还是半无头都十分有利。缺点：1）铁素体轧制时，靠 F1 与 F4 机架间冷却水对中间坯进行冷却，其能力较差，故其铁素体轧制时，容易造成混晶轧制；2）只有 1 次除鳞，能力不强，容易造成带钢表面缺陷；3）无中间坯切头，对轧制薄带时传带不利；4）轧机布置紧凑，处理事故的方便性较差；5）板坯相对较薄，生产量低，半无头轧制块数少。

（2）1 架粗轧 +6 架精轧方式。这种布置方式粗轧和精轧之间不能形成连轧，并在粗轧和精轧之间设加热炉对中间坯进行补温。优点：1）生产组织灵活；2）板坯相对较厚，生产量高；3）两次除鳞，能力强，改善了带钢表面质量；4）精轧机组入口带坯厚度减薄，提高了入口速度，改善了第一机架精轧机的工作条件。缺点：1）需增加一座加热炉；2）铁素体轧制时，靠精轧机架间冷却水对中间坯进行冷却，其能力较差，故其铁素体轧制时，容易造成混晶轧制；3）不能采用半无头轧制。

（3）2 架粗轧 +5 架精轧方式。这种布置方式粗轧和精轧之间仍然是连轧关系，并在粗轧和精轧之间设有保温（冷却）段、切头飞剪和高压水除鳞。优点：1）能够较好地对中间坯进行冷却，对铁素体轧制十分有利；2）对轧机事故处理相当有利，可减少轧机事故处理时间；3）此布置能够采用两次除鳞，对提高带钢表面质量有利；4）布置的切头飞剪对中间坯进行切头、切尾，有利于薄带轧制时传带；5）由于粗轧和精轧之间轧件有回复和再结晶的时间，有利于产品的性能控制和优化，从而满足生产性能要求高的品种。

薄板坯连铸连轧的 CSP、FTSC 和 QSP 三种工艺比较见表 1 – 10 ~ 表 1 – 15。其中，CSP、FTSC 和 QSP 三种工艺生产能力比较见表 1 – 10。

表 1 – 10　三种超薄热带技术方案的生产能力比较

生产线 项　目	CSP	FTSC	QSP
年产量/t	138.3×10^4	150×10^4	135.9×10^4
铸坯厚度/mm	70/55，65/45	90/70，65	90/70
最大拉速/m·min^{-1}	6.0	6.0	5.0
平均通钢量/t·min^{-1}	3.28	3.67	3.32
年作业时间/d	310	304.8	300.4
纯浇钢时间/d	293.2	292.0	278.2
最长连浇时间/min	540	720	480
平均连浇炉数/炉	11.5	13.6	8.5
铸坯收得率/%	97.82	98.79	99.2
总收得率/%	97.0	97.41	98.0

CSP、FTSC 和 QSP 三种工艺主要技术参数见表 1 – 11。

表 1 – 11　三种工艺主要技术参数

生产线 项　目	CSP	FTSC	QSP
机　型	立弯式	直弧式	直弧式
钢包回转台	蝶式，双臂可单独 升降，无限回转	H 型，双臂可单独 升降，无限回转	H 型，双臂可单独 升降，无限回转

续表 1-11

生产线 项目	CSP	FTSC	QSP
中间包车	半门式，双速行走，可升降及横向微调	半门式，双速行走，可升降及横向微调	半门式，双速行走，可升降及横向微调
中间包容量/t	36/38	38/42	35/37
结晶器类型	漏斗型	长漏斗型	平行板型
铸坯规格/mm	70/55，65/45	90/70，90/65	90/70
结晶器宽度范围/mm	结晶器Ⅰ：850~1300 结晶器Ⅱ：1220~1680	860~1730	850~1680
结晶器高度/mm	1100	1200	950
扇形段数量/个	4，单独支撑	10	10
冶金长度/m	9.705	14.24	14.2
引锭杆系统	刚性引锭杆	刚性弹簧板式结构	无缝式挠性引锭杆
铸机半径/mm	3250	5000	3500
拉速范围/m·min^{-1}	2.8~6.0	2.5~6.0	2.0~5.0

CSP、FTSC 和 QSP 三种典型技术的中间包主要技术参数见表 1-12。

表 1-12　三种典型技术的中间包主要技术参数

生产线 项目	CSP	FTSC	QSP
中间包	工作容量：36t 工作液面：110mm 钢水停留时间：9~10min 特点：(1) 通过专门的水模型实验，合理地布置渣墙和渣坝；(2) 保证足够的钢水驻留时间；(3) 中间包下面有液压驱动的事故闸板	工作容量：38t 工作液面：900mm 钢水停留时间：9min 特点：(1) 中间包采用独特的 Heat 技术，减少包内残钢量，提高金属收得率；(2) 进行计算机模拟水模型计算，确定合适的渣墙和渣坝；(3) 中间包底部有 DEP 垫板，改善钢水的流动状态，保证足够的钢水驻留时间；(4) 采用液压驱动的事故闸板	工作容量：35t 工作液面：1300mm 钢水停留时间：8min 特点：(1) 进行计算机模型计算，确定合适的渣墙、渣坝安排形式；(2) 中间包下面有液压驱动的事故闸板；(3) 钢水到中间包建议采用压力箱保护，中间包内不设渣墙和渣坝，并同时向中间包内通入氩气或氮气进行保护，不使用中间包覆盖剂
塞棒控制装置	系统采用电动伺服马达控制塞棒升降，以保证稳定的结晶器液面	系统可实现自动和人工控制，塞棒升降由液压驱动；驱动液压缸带有伺服阀和位置传感器	采用液压系统控制塞棒升降，驱动液压缸带有伺服阀和位置传感器，也可实现手动控制

续表 1 – 12

项目 \ 生产线	CSP	FTSC	QSP
浸入式水口	类型：优化的2孔扁形水口 壁厚：15mm 寿命：540min 特点： (1) 结晶器液面平稳，但浇注质量要求较高的钢种或拉速较高时，仍需要 EMBr； (2) 浸入式水口自动移动以延长寿命	类型：优化的4孔扁圆形水口 壁厚：23～28mm 寿命：≥12h 特点： (1) 理想的流场分布； (2) 结晶器液面平稳，不需要 EMBr，钢流不冲刷坯壳； (3) 浸入式水口上下振动以延长寿命； (4) 部分钢液流向结晶器液面，有利于保护渣熔化	类型：优化的2孔扁形水口 壁厚：15mm 寿命：480min 特点：结晶器液面平稳，但浇注质量要求较高的钢种或拉速较高时，仍需要 EMBr

CSP、FTSC 和 QSP 三种典型技术的结晶器及振动装置的主要技术参数见表 1 – 13。

表 1 – 13 三种典型技术的结晶器及振动装置的主要技术参数

项目 \ 生产线	CSP	FTSC	QSP
类 型	漏斗形长 0.7m，在结晶器内转变成平行板结构，宽面垂直平行，窄面为多锥度	漏斗形延至二冷区零段，长 2.1m，宽面垂直平行，窄面为多锥度，带两对足辊	直平行板结晶器，窄面为多锥度，带四对足辊，宽面带一对足辊
上下口尺寸	上口：170mm；165mm 下口：70mm；65mm	上口：172.5mm 下口：90mm	上口：90mm 下口：90mm
铜板材质及寿命	Cu – Ag； 无内表面镀层； 寿命：可修 7～8 次，浇钢 8×10^4 t	Cu – Ag； 结晶器内表面镀 Ni； 寿命：350～400 炉修磨一次，可修 6 次	Cu – Cr – Zr； 结晶器内表面锥度镀层； 寿命：400～500 炉修磨一次，可修 5 次
结晶器调宽	浇注过程中可调宽调窄；可随操作变化调节结晶器的锥度，使其处于最佳传热状态	浇注过程中可调宽调窄；可随操作变化调节结晶器的锥度，使其处于最佳传热状态	浇注过程只能调宽；可随操作参数的变化调节结晶器的锥度，使其处于最佳传热状态
结晶器振动	类型：液压振动； 驱动：双液压缸驱动，每个液压缸有一个伺服阀； 振幅：最大 10mm； 振幅为 +3mm 时，振动频率：400 次/min；加速度：最大 6.5m/s²；振动曲线：正弦或非正弦	类型：液压振动； 驱动：双液压缸驱动，每个液压缸有一个伺服阀； 振幅：0～10mm； 振动频率：0～600 次/min； 加速度：20m/s²； 振动曲线：正弦或非正弦	类型：电液压驱动； 驱动：单个液压缸驱动，液压缸有一个伺服电机和伺服阀； 振幅：最大 7.5mm； 振动频率：最大 350 次/min； 加速度：最大 4.9m/s²； 振动曲线：正弦或非正弦
结晶器液面控制	类型：放射性液位控制； 控制精度：不用 EMBr：+3.0mm，用 EMBr：+2.0mm	类型：放射性液位控制 + 涡流液位控制； 控制精度：涡流：+2.0mm，放射源：+3.0mm	类型：涡流液位控制； 控制精度：+5.0mm

CSP、FTSC 和 QSP 三种典型技术的二次冷却及软压下的主要技术参数见表 1 – 14。

表 1－14　三种典型技术的二次冷却及软压下的主要技术参数

生产线 项　目	CSP	FTSC	QSP
连铸机类型	立弯式	直弧式	直弧式
弧形半径/mm	3250	5000	3500
扇形段数量	共 4 段	共 10 段	共 10 段
铸机冶金长度/mm	9705	14240	14200
软压下压下量/mm	15 ～ 20	20 ～ 25	20
冷却喷嘴类型	水雾化	气水雾化	气水雾化
二次冷却水量/$m^3 \cdot h^{-1}$	925	430	1030
二次冷却水压/MPa	1.45	0.7	0.9
冷却水控制回路/个	14	14	16

CSP、FTSC 和 QSP 的软压下技术的主要技术参数见表 1－15。

表 1－15　三种典型技术的软压下技术的主要技术参数

生产线 项　目	CSP	FTSC	QSP
压下范围/mm	70 ～ 45 或 70 ～ 55，65 ～ 45	90 ～ 70 或 90 ～ 65	90 ～ 70
压下段长度/m	完成长度为 1.37	动态控制	完成长度为 0.97
最低拉速/$m \cdot min^{-1}$	2.8	2.5	2.4

1.5　热连轧机的工艺对比分析

1.5.1　常规热轧工艺

常规热轧工艺过程如图 1－5 所示。

常规热轧的设备布置一如图 1－6 所示。其板坯的厚度为 180 ～ 250mm，宽度为 650 ～ 2180mm，长度为 4 ～ 11m；成品的厚度为 1.2 ～ 25.4mm，宽度为 650 ～ 2130mm。代表性生产线有鞍钢 1780mm 和武钢 2250mm。

常规热轧的设备布置二如图 1－7 所示。其板坯的厚度为 180 ～ 250mm，宽度为 650 ～ 2180mm，长度为 4 ～ 11m；成品的厚度为 1.2 ～ 25.4mm，宽度为 650 ～ 2130mm。代表性生产线有攀钢 1450mm。

1.5.2　薄板坯连铸连轧工艺

薄板坯连铸连轧（CSP）工艺过程如图 1－8 所示。

薄板坯连铸连轧（CSP）的设备布置如图 1－9 所示。其单线的生产能力为 150 万吨/年，双线的生产能力为 250 万吨/年，铸坯厚度为 55 ～ 70mm，成品宽度为 900 ～ 1680mm，

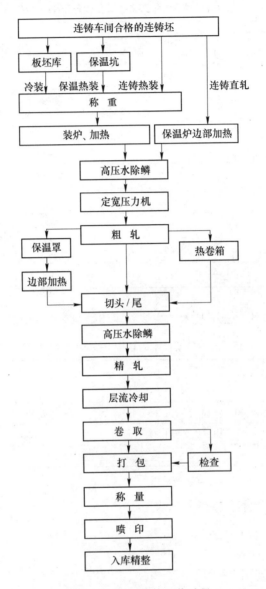

图1-5　常规热轧工艺过程

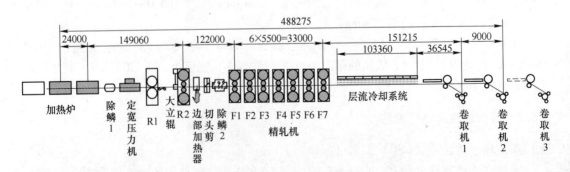

图1-6　常规热轧的设备布置一

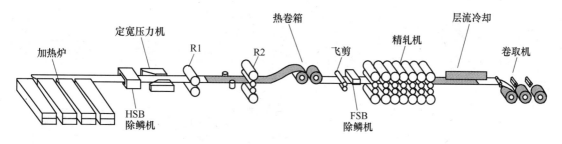

图 1-7　常规热轧的设备布置二

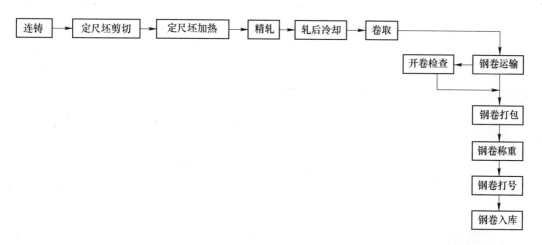

图 1-8　薄板坯连铸连轧（CSP）工艺过程

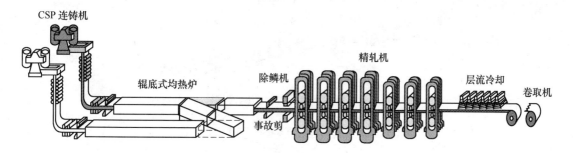

图 1-9　薄板坯连铸连轧（CSP）的设备布置

成品厚度为 1.2~20mm。代表性生产线有珠钢 CSP 和包钢 CSP。

　　薄板坯连铸连轧（UTSP 或 FTSC/FTSRQ, Flexible Thin Slab Rolling for Quality，生产高质量产品的灵活性薄板坯轧制）工艺过程如图 1-10 所示。

　　薄板坯连铸连轧（UTSP 或 FTSC）的设备布置如图 1-11 所示。其单线的生产能力为 150 万吨/年，双线的生产能力为 250 万吨/年，铸坯厚度为 70~90(100)mm，成品宽度为 850~1680mm，成品厚度为 0.8~12.7mm。代表性生产线有唐钢 UTSP 和本钢 UTSP。

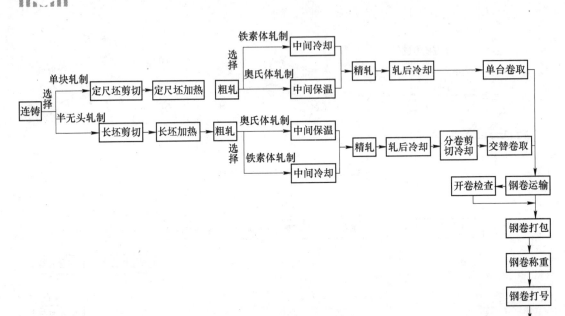

图 1-10 薄板坯连铸连轧（UTSP 或 FTSC/FTSRQ）工艺过程

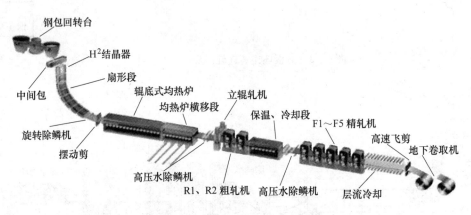

图 1-11 薄板坯连铸连轧（UTSP 或 FTSC）的设备布置

1.5.3 中厚板坯连铸连轧工艺

中厚板坯连铸连轧工艺过程如图 1-12 所示。

中厚板坯连铸连轧的设备布置如图 1-13 所示。板坯厚度为 135~180mm，宽度为 650~2080mm，长度为 6~17m，成品厚度为 1.2~12.7mm，宽度为 650~2030mm。代表性生产线有鞍钢 1700mm 和唐钢 1700mm。

1.5.4 三种热轧工艺的产品质量和工艺设备对比

三种热轧工艺的产品质量和工艺设备对比见表 1-16。其中，薄板坯连铸连轧采用半

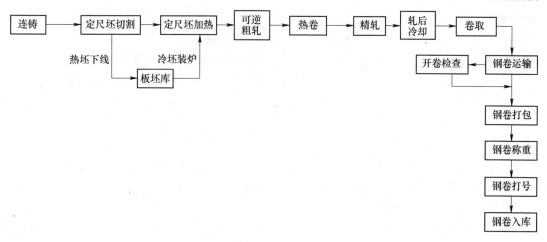

图 1-12　中厚板坯连铸连轧工艺过程

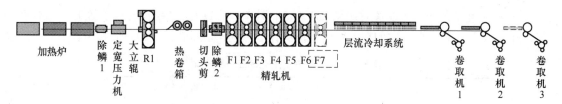

图 1-13　中厚板坯连铸连轧的设备布置

表 1-16　三种热轧工艺的产品质量对比

比较内容		常规厚板坯连轧	中厚板坯连铸轧机	（中）薄板坯连铸连轧
生产规模/万吨·年$^{-1}$		400~450	300	200~250（280）
连铸坯规格	厚度/mm	200~300	90~159（170）	50~70（90软压）
	宽度/mm	900~2150	900~1700	900~1680（1750）
	长度/m	9~13	15~18	33~240（半无头）
产品规格	厚度/mm	（0.8无头）1.2~25.4	1.2~20	0.8~20
	宽度/mm	900~2150	900~1550	900~1680（1750）
连铸坯质量	总体评价	好	较好	较低
	内部裂纹	少	较少	一般
	中心偏析	少	较少	一般
	表面裂纹	少	较少	一般
	表面夹杂	少	较少	一般
	皮下夹杂	少	较少	一般
产品质量	厚度公差/μm	40	40	40
	宽度公差/μm	0~（5）10	0~10	0~10
	表面质量	好	较好	一般
	板形质量	好	较好	较好
生产品种		多而全	较多	以低碳钢为主，部分中（高）碳钢、硅钢、铁素体不锈钢
产品综合性能		好（强度高，韧性好）	较好	强度高，韧性较差

无头轧制，其工艺是指在薄板坯连铸连轧机组上采用相当于普通板坯最大长度数倍的板坯，实现连续轧制，再由飞剪将其分切成所要求质量的钢卷。半无头轧制工艺适于生产超薄和宽薄带钢，在保证质量、降低成本、提高竞争力等方面具有重要的意义。

半无头轧制技术的主要优点：（1）因为保持高速轧制，轧机生产效率大大提高；（2）机架间带钢张力可以保持稳定，使带钢厚度及平坦度偏差减至最小；（3）因为解决了超薄带钢直接穿带及甩尾困难的问题，从而使超薄带钢的生产趋于稳定可靠；（4）减少了单块轧制时因带钢头尾形状不良所带来的废品率，提高了产品质量及成材率；（5）由于采用两台地下卷取机经高速飞剪分卷后分别卷取的方法，故在生产节奏允许的情况下，可实现小吨位钢卷的分卷轧制，既满足市场需求，又不影响生产能力。

半无头轧制必须采用的关键技术及设备有：（1）轧制过程中动态变厚度（FGC，Flying Gauge Change）；（2）工艺润滑技术；（3）动态凸度控制技术；（4）高速飞剪分卷功能；（5）卷取机前的高速通板装置；（6）高速双地下卷取机；（7）大功率的主驱动马达。

三种热轧工艺的工艺设备对比见表1-17。其中，全连轧、半连轧、3/4连轧是现代热带连轧机组的三种类型。它们在精轧机组没有什么区别，但粗轧机组的组成和布置不同。

表1-17　三种热轧工艺的工艺设备对比

比 较 内 容		常规厚板坯连轧	中厚板坯连铸轧机	（中）薄板坯连铸连轧
连铸机台数和流数		2台2流	1台2流	1台2流
连铸机机型		R9.5m 直弧型	R5m 直结晶器	R3.25～R5m 直结晶器
典型结晶器类型		平行板型	平行板型	漏斗型，H^2 型
连铸坯拉速/m·min^{-1}		低，最大2.5	中，最大5.0	高，最大6.0
连铸坯冶金长度/ m		≥30	15～22.4	6.0～14.2
缓冲炉/加热炉		步进式加热炉	超宽步进式加热炉	直通式隧道炉
板坯装炉温度/℃		≤400（或冷装），800～950（热装）	900～1100	900～1100
轧制工艺		80%热送热装（10%直接轧制）	95%以上直接轧制	100%直接轧制
实现无头轧制		可以实现	尚无实践	可实现半无头
轧线主要设备组成	加热炉	3～4座	3座	2座
	定宽压力机	有	无	无
	粗轧机	半连轧：R1～R2（可逆）（3/4连轧：R1～R4）	R1～R2（可逆）	R1～R2（不可逆）
	精轧机	F1～F7	F1～F6（F7）	F1～F5（F6）
	卷取机	3台	3台	3台
轧线主要设备性能	精轧机功率/kW·机架$^{-1}$	6000～8000	7500	7000～10000
	最大出口速度/m·s^{-1}	20～27	15～20	12.6～23.2
	轧制压力/MN	35～40	35	35～42
	精轧机牌坊断面积/cm^2	5200～7000	6000	5900

比 较 内 容		常规厚板坯连轧	中厚板坯连铸轧机	（中）薄板坯连铸连轧
工序能耗	总体评价	较高	中	较低
	转炉及精炼（负能或微能炼钢）	已实现	可实现	可实现
	连铸/kgce·t^{-1}	16~18	15~17	5.8~11
	热连轧/kgce·t^{-1}	86	78	58
投资（转炉到轧机）	总投资/亿元	高（57~64）	中（34~37）	较低（32~35）
	单位投资/元·吨$^{-1}$	1260~1420	1130~1230	1280~1400

所谓全连轧是粗轧区全部为不可逆轧机组成，轧件自始至终没有逆向轧制的道次；而半连轧则是指粗轧机组各机架主要或全部为可逆式；3/4 连轧则是粗轧机组中第一架或第二架轧机为可逆式，而后两架粗轧机为不可逆式。

全连轧年产量可达 600 万吨，适合于大批量单一品种生产，操作简单、维护方便，但设备多、投资大、轧线长度长、粗轧与精轧生产能力不匹配，粗轧机的利用率低。半连轧粗轧阶段道次可以灵活调整，设备和投资都较少，但可逆式轧机操作、维修和控制系统相对复杂，耗电量略大，产量一般较全连轧低。3/4 连轧则介于两者之间。

1.5.5 薄板坯连铸连轧技术与传统工艺的比较

（1）加热装置与加热能力的比较。传统厚坯生产工艺使用步进炉加热，设置较为灵活，由于加热能力按轧制能力的 1.2 倍设计，加热环节与轧制生产环节相匹配，轧机任务较为饱满，即便生产厚度较小规格，一般年产量也能高达 300 万吨。不会因加热能力不足而待钢，充分发挥了连轧机的能力。

薄板坯连铸连轧为保证单卷质量，不得不采用几十米的长坯。这不适合传统步进炉加热，因而改用直线布置的隧道炉均热。它甚至可以加热几百米超长坯料，这为实现变规格的半无头轧制提供了可能。

隧道炉炉内由轴心通水冷却的辊底不断转动的空心轴组成，可以构成长达 200m 的炉体，能加热长达 30 多米的 6 块长坯（炉内来回动荡）。这样的空心轴散热较多，自身烧损消耗大。因而薄板坯连铸连轧生产线的隧道炉，就目前来看，比照常用的步进炉缺点还是很多。如燃料消耗高、加热温度低、占地长、维修周期短、产量低等问题。尤其加热炉在较长的分布下，还是难以使超长板坯加热均匀，这是造成半无头长坯轧制容易出现厚度不均的主要原因。另外加热时间长，使轧机长期处于待轧状态，加上高速轧制的难度增加，国内超薄带的热轧生产只是试验，成本相比冷轧而言，并没有多少优势。

（2）薄板坯与厚板坯连铸的组织比较。从内部组织考虑，过去大断面钢锭担心散热慢，冷凝时间长，表壳以里生成粗大的晶，需要大量变形才能达到建立均匀细小晶粒的目标。但凝固时间长，有利于偏析上浮，除了在表层激冷时保留一点外，大部分要聚在最后凝固的帽口部位，因此大型轧制板坯对钢水的质量要求较低，切去帽口（切损较大、成材率低）后钢质较好。再有较大的延伸和反复加热再结晶，使晶粒均匀，杂质聚集极少。所以，用轧制厚坯生产高性能带卷的工艺是很可靠的。

连铸大板坯的成功使用省去板坯初轧的工艺。当时为解决质量问题，许多现场做了大量工作，解决了主要钢种的表面及内部质量问题，使连铸厚板坯生产热带卷的工艺流程得到普及。

薄板坯轧制工艺使用小于 90mm 连铸板坯，这使轧制道次有可能减少或产品规格下限向下移动。但对连铸生产而言，由于浇铸厚度下降，产量下降。尤其冷却强度大，生成原质细小晶粒（12 号以上），使最终带钢产品晶粒过细，只适合直接制作产品，不适合作为冷轧原料。另外，冷凝过快，杂质无法上浮和扩散，对钢水质量要求大大提高。

生产实践证明，铸坯变薄，虽然可以减少轧机的道次，但整条生产线的产量和产品质量都受到限制。尤其我国钢水质量目前较国外还差许多的情况下，厚坯的大压缩比和充分的道次间回复时间对晶粒的状态控制还是很有必要的。

（3）连铸坯厚度与产量的灵活性比较。传统连铸厚坯轧制生产采用粗轧和精轧两段式配置，单架粗轧可以灵活安排奇数道次的粗轧轧制（双架安排偶数道次），坯料较短，使用多台步进炉加热，适应不同宽度规格的轧制生产。道次压下量较为合理，精轧机轧制控制难度低。

薄板坯连铸连轧在压下规程设计时，突出了紧凑的特点，利用坯料较薄的状况，只安排 1~2 道次大压下粗轧，精轧道次固定，这对不少塑性较差、要求初始道次小压下的钢种产生最小压下量限制。有的薄板坯车间粗轧到精轧距离也设计的很短，中间回复时间照比传统的可逆轧制少的多，于是晶粒越发细小，不适合作为冷轧的原料。轧机距离对恢复再结晶时间有很大关系。

CSP 技术似乎对此有所考虑，在单机架粗轧后，放置较长的保温辊道段，允许板坯中间停留，如邯钢、包钢的 CSP 模式。

因而，薄板坯连铸连轧虽然具有三高（装备水平高、自动化水平高、操作水平高）、三少（流程短工序少、轧机布置紧凑无中间坯堆放占地少、环保水平高污染少）等优点，但变形过大、造成薄规格产品生产难度大，加上轧机待钢时间过长，失去三低（能耗低、投资低、成本低）优势的初衷。

另外，使用步进炉可以加热冷坯，增加了原料来源，大大提高应对特殊事件的能力。过去由于片面宣传理解，待到薄板坯连铸连轧车间陆续上马试产后，才发现产品种类被大大限制。不同国家对连铸坯的压缩比按普通用途和高标准用途提出不同要求，如对钢水纯净度、钢水转运污染和浇铸提出极高的标准，压缩比应达到 13 以上。

从能力上看，一般一套薄板坯连轧机组与两流连铸机匹配，以生产平均宽度 1300mm 的低碳钢品种为例，50~70mm 厚度薄板坯的单流铸机生产线能力已由过去的 60 万~70 万吨/年向 150 万吨/年过渡，大于 90mm 的可达 130 万~150 万吨/年。但是对使用 250mm 厚板坯的传统热带连轧机，采用配置两台粗轧和 5~6 架精轧的生产线通常可以达到 300 万~350 万吨/年，与此相比，薄板坯生产线即使配备 2 流铸机，生产能力发挥的"瓶颈"仍然是连铸机。

（4）超薄规格带卷的轧制。超薄热轧带卷的生产在传统工艺上意味着增加轧机，低速咬入，升速轧制。在近年出现的薄板带生产工艺中则采用半无头轧制。一种典型的轧制超薄带钢的半无头轧制策略是：使用隧道炉加热原来数块坯料的长坯料，第一卷带钢轧到 1.4~1.6mm 确保带头平稳通过输出辊道并进入卷取机，并在精轧机和卷取机之间建立起张力；在保持上游轧制状态的前提下，快速完成精轧机的辊缝设定，当钢卷经过逐级减薄可在稳定状态下轧制到 0.7~0.8mm 的超薄带钢时，尾部精轧机快速再设定使轧制参数恢复到轧制 1.0~1.3mm 厚度的状态。卷曲机前设定飞剪，使各个厚度规格分开卷曲，这就是热连轧中的动态变规格轧制。

随着薄板坯连铸连轧技术的不断发展，国外一些薄板坯厂家像 CPS、ISP 及 FTSR 工艺生产的产品规格范围不断扩大，目前已试生产出 0.84mm 产品，如：墨西哥 Hylas 厂生产的 0.91mm 产品占总产量的 3%~5%。

为满足市场对超薄产品的强烈需求，近年来新建的薄板坯连铸连轧生产厂大多将产品最小厚度定在 1.0mm，有的甚至 0.5mm，如德国 Thyssen、南非 Saldanha、加拿大 Algoma 公司、美国北极星 BHP 公司等。有些已经建成的原来并未考虑超薄带钢生产的厂家则进行改造，以便能够生产超薄带钢。德马克公司 CSP 技术在荷兰霍戈文厂设计中，已将辊底式炉长增至 360m，为半无头轧制创造了更好的条件。我国邯钢 CSP 生产线已经在 1999 年底投产，在 1.8mm 以上产品生产顺利的基础上，二期工程在轧制线上增加 1 架精轧机及增加 1 台近距离卷取机，目的是生产厚度为 1.0mm 的产品。三菱 – Danieli 公司在我国唐钢建设的半无头轧制生产线，目标产品厚度为 0.8mm。

超薄带生产需要较短的输出辊道和卷取前的高速飞剪。这时生产厚带则冷却不足，尤其容易出现带卷边缘冷却较快，相比中心偏硬的现象。

薄板坯连铸连轧的初衷就想生产更薄的热轧产品，以便在表面光洁度要求不高的情况下，以热代冷，降低板材使用成本。然而，多数超薄热带的生产并没有像预期的那样顺利。实际当中很少生产 2mm 以下的薄带钢。因为这时道次压下量大大增加，轧机振动、跑偏、拉裂的概率极大，对自动调整机构性能要求极高，生产平直带钢的难度大增。

目前，薄板坯连铸连轧（半）无头轧制技术已分别应用于德国 Thyssen 公司、荷兰 Hoogovens 公司、埃及 Alezz 公司。然而五块坯只能轧一卷 0.8mm 薄带，造成超薄带生产还不是很经济。

1.6   2150mm 热连轧机的主要工艺流程分析

传统热连轧一般包括五个阶段：加热炉、粗轧、精轧、轧后冷却和卷取。图 1–14 所示为鞍钢 2150mm 热连轧机的主要工艺流程。

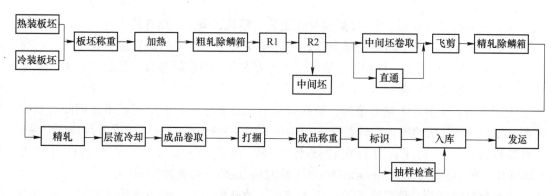

图 1–14   鞍钢 2150mm 热连轧机的主要工艺流程

（1）板坯库。板坯库位于连铸线后、热轧带钢加热跨前。主要用于从连铸下线的板坯堆放。属高温环境。

（2）加热。加热区位于板坯库后加热跨，主要由称重装置、上料装置、加热炉、出钢装置及相应的辅助设备组成。炉子有效尺寸：48300mm×12700mm；额定生产能力：冷装，320 t/h；炉底强度：577kg/（m² · h）；燃料：高炉煤气。

（3）粗轧除鳞箱。粗轧除鳞箱位于加热炉出口，用于将钢坯在加热炉中生成的一次氧化铁皮清除干净，保证钢板表面质量。除鳞箱由除鳞箱体、除鳞集管等组成。除鳞工作压力为24MPa，上下各安装有两根除鳞集管。

（4）粗轧机。粗轧机组包括两台可逆式轧机，均带有机前立辊及前后侧导板装置。主要用于将连铸坯进行来回可逆轧制以达到精轧机所要求的宽度和厚度。同时，通过相应的控制功能（AGC、AWC、SSC）来实现中间坯板形的控制。

四辊可逆轧机（R1、R2），采用电动 + 液压压下系统。附属立辊（E1、E2）采用长行程 AWC 液压钢，具有自动宽度控制功能。机架前后均配备有机架间除鳞装置。粗轧机设备参数见表1 – 18。

表1 –18　粗轧机设备参数

参　　数	数　　值
立辊尺寸/mm × mm	$\phi(1100 \sim 1200) \times 650 (E1)$ $\phi(1100 \sim 1200) \times 650 (E2)$
工作辊尺寸/mm × mm	$\phi(1230 \sim 1350) \times 2150 (R1)$ $\phi(1150 \sim 1250) \times 2150 (R2)$
支持辊尺寸/mm × mm	$\phi(1500 \sim 1650) \times 2150$
主电机功率/kW	$2 \times 4000 (R1)$ $2 \times 10000 (R2)$
最大轧制力/kN	35000 (R1) 50000 (R2)
轧制速度/m · s^{-1}	2.1 ~ 4.2 (R1) 2.62 ~ 5.89 (R2)

（5）热卷箱。热卷箱位于R2后延伸辊道后、精轧飞剪前。热卷箱采用了无芯移送和边部保温技术，以减小中间坯头尾温差。热卷箱主要由热卷箱前侧导板、偏转辊、弯曲辊、成型辊、1 号托卷辊、推卷器、稳定器、开卷装置、2 号托卷辊、保温侧导板、开尾销、夹送辊、辊道等组成。

（6）飞剪。飞剪位于热卷箱后、精轧机组前，主要用于切去中间坯不规则的头部和尾部，以便于精轧机的咬入。设备形式：转鼓式，两对刀片，一对弧形刀片用于切头，一对弧形刀片用于切尾。剪刃在转鼓上呈 180° 布置。技术参数：最大允许剪切力14000kN；剪切断面尺寸55mm×2000mm（最大）；最低剪切温度≥900 ℃。

（7）精轧除鳞箱。精轧除鳞箱位于飞剪后、精轧机组前。其主要用于除去轧件表面在粗轧轧制过程中形成的二次氧化铁皮，由辊道、前后夹送辊、除鳞集管、除鳞箱体等组成。除鳞工作压力为24MPa。上下各安装有两根除鳞集管。

（8）精轧机组。精轧机组设备为带钢厂的核心设备，位于精除鳞箱之后、层冷辊道之前。前接热卷箱飞剪区，后接层流冷却卷取区。其主要用于将粗轧轧制出来的中间坯轧制成成品带钢。精轧机组由 7 台长行程 AGC 液压压下、带窜辊和正弯辊板形控制系统的四辊不可逆轧机 F1 ~ F7 组成，每两台轧机之间间距为 6000mm。机架间还设置有活套辊、侧导板、导卫装置等。同时，为便于精轧机轧辊的更换，还配备有快速换辊装置及快速标高调整装置。精轧机设备参数见表 1 - 19。

表 1 - 19 精轧机设备参数

参 数	数 值
立柱断面面积/cm²	约 8480
辊径/mm	FW：850 ~ 760/700 ~ 630 FB：1600 ~ 1450
辊身长度/mm	FW：2450/2550 FB：2150
最大轧制力/MN	F1 ~ F4：50 F5 ~ F7：45
轧机刚度/MN·mm⁻¹	约 7000

（9）层流冷却。层流冷却装置位于精轧机组之后、1 号地下卷取机组之前、层冷辊道区域。为了控制带钢的物理性能，在输出辊道上设有层流冷却装置。层流冷却装置的冷却水集管，能根据带钢厚度、钢种及轧制速度，控制开启的喷水组数和调节水量，将带钢由终轧温度冷却至所要求的卷取温度。层流冷却还设置有侧喷装置，侧喷分为水喷和气喷。其主要用于将带钢表面的积水吹扫干净，便于后续冷却及检测仪表检测。层流冷却装置设置有翻转装置，主要用于故障处理及检修过程中将层流冷却支架翻转至检修位。

（10）卷取区。卷取机位于 2150mm 带钢生产线末端，层流冷却下游。其功能是用于热轧带钢成品的收集、卷取。共设有 3 台地下卷取机交替作业。每套卷取机由入口侧导板、夹送辊、活门装置、卷筒和助卷辊、卸卷小车、打捆站、步进梁等组成。另外，在 3 号卷取机后，还设有带钢拦截装置。卷取机设备参数见表 1 - 20。

表 1 - 20 卷取机设备参数

参 数	数 值
带钢厚度/mm	1.5 ~ 25.4
带钢宽度/mm	1200 ~ 2000
钢卷内径/mm	约 762
带卷直径/mm	最大：2150 最小：1200
单位卷重最大/kg·mm⁻¹	19.3
卷重最大/t	42.12

（11）钢卷运输。钢卷运输装置位于卷取机出口，主要用于从卷取机下线的成品钢卷

输送至钢卷库。

1.7 典型热连轧机的轧制工艺参数

1.7.1 1700mm 热连轧机

本钢 1700mm 热连轧机生产线于 1980 年投产，经过 2001 年大规模技术改造，装备了德国西马克公司的机械设备以及美国 GE 公司的三电控制系统可以生产厚度为 1.2 ~ 20mm，宽度为 700 ~ 1550mm，最大卷重 24t，品种覆盖从 IF 钢到 X70 管线钢的全部钢种，最高年产量为 440 万吨。图 1 - 15 所示为某 1700mm 热连轧机工艺流程示意图，其主要包括 5 座加热炉、10 架轧机、1 台切头切尾飞剪、1 套层流冷却装置、3 台卷取机；设备总质量 28.83 万吨，装机容量 133663kW。主要产品品种共有 17 个大类，可以生产花纹钢、网格压纹板、凸筋板、集装箱用耐腐蚀钢、X42 ~ X70 各种牌号石油管线石油套管用钢、焊接气瓶用钢、汽车大梁钢、热轧双向钢、超细晶高强度钢、电站磁轭钢、冷轧用深冲钢、镀锌用钢等 100 多个品种，同时还开发出了汽车面板用 05 级超低碳钢板、IF 钢、电工硅钢等。

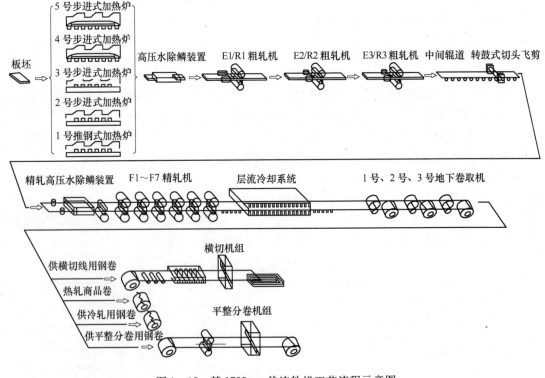

图 1 - 15　某 1700mm 热连轧机工艺流程示意图

1700mm 生产线具有以下先进工艺技术：

(1) 新建 3 ~ 5 号步进式加热炉，自动化烧钢，采用连铸坯热装工艺。

(2) 粗轧、精轧高压水的压力为 18MPa，有效地保证高压水除鳞控制点的有效性。

(3) E1 ~ E3 为上传动强力立辊轧机，E1 板坯一道次侧压量最大达 100mm，全部具有调宽控宽（AWC）和短行程（SCC）控制功能。

（4）双剪刃转鼓式飞剪，保证切头切尾质量。

（5）F1～F7 液压压下，7 机架液压 AGC 控制。

（6）F2～F7 液压弯辊，弯辊力 1000kN/侧。

（7）F2～F4 CVC 板形控制装置。

（8）精轧机机架间喷水冷却及喷淋除尘系统。

（9）F1～F7 主传动电机采用电流同步电机，变频调速新技术。

（10）精轧机可润滑轧制。

（11）带踏步控制的全液压 2 号卷取机。

（12）板凸度仪、平坦度仪、表面质量检查仪和新测厚仪等各种检测仪表。

表 1－21 为 1700mm 热连轧机的原料与产品规格范围。

表 1－21　1700mm 热连轧机的原料与产品规格范围

项　目		数　值
原料尺寸规格	厚度/mm	230
	宽度/mm	800～1550
	长度/m	3500～9000
	最大质量/t	单坯：24
产品规格	厚度/mm	1.2～20
	宽度/mm	700～1550
	内径/mm	762
	外径/mm	2000（最大可卷 2100）
	最大卷重/t	24

表 1－22 为 1700mm 热连轧机的加热炉参数。

表 1－22　1700mm 热连轧机的加热炉参数

炉　号 项　目	1 号加热炉	2 号加热炉	3 号加热炉	4 号加热炉	5 号加热炉
炉子形式	推钢式连续加热炉	步进梁式连续加热炉	步进梁式连续加热炉	步进梁式连续加热炉	步进梁式连续加热炉
有效炉长×炉宽/mm×mm	30856×9628	步进梁式连续加热炉	步进梁式连续加热炉	步进梁式连续加热炉	步进梁式连续加热炉
加热能力（210mm 厚、9000mm 长、冷坯）/ t·h⁻¹	186	165（最大：175）	186	261	261
炉底强度/ kg·(m²·h)⁻¹	628	617	628	660	660
燃料种类	混合煤气、重油、葱油、焦油	混合煤气	混合煤气、重油、葱油、焦油	混合煤气	混合煤气
燃料发热量	混合煤气（标态）:7536kJ/m³　重油:39648kJ/kg		混合煤气（标态）:7536kJ/m³		

表 1 - 23 为 1700mm 热连轧机的粗轧机参数。

表 1 - 23　1700mm 热连轧机的粗轧机参数

项　目 ＼ 粗轧机	R1	R2	R3
轧机形式	四辊可逆	四辊不可逆	四辊不可逆
电源方式	交流	交流	交流
电机功率/kW	2 × 4300	9000	9000
电机转速/r·min^{-1}	0 ~ 40 ~ 60	50	50
轧制速度/m·s^{-1}	0 ~ 2.3 ~ 3.6	3	3.8
速 比	—	9.355	6.605
最大轧制力/kN	25000	25000	25000
最大轧制力矩/kN·m	4900	3920	2646

表 1 - 24 为 1700mm 热连轧机的精轧机参数。

表 1 - 24　1700mm 热连轧机的精轧机参数

机 架 号			F1	F2	F3	F4	F5	F6	F7
轧机形式			四辊不可逆式						
立柱断面面积/cm^2			6440						
允许最大轧制力（机械）/kN			30000						
额定轧制力矩（总的）/kN·m			1715	1540	668	668	317	317	317
轧制速度（辊径最大）/m·s^{-1}			1.53 ~ 2.62	1.70 ~ 2.92	3.93 ~ 7.85	3.93 ~ 9.82	7.46 ~ 14.92	7.46 ~ 16.49	7.46 ~ 18.65
主传动	电动机	功率/kW	7000				6300		
		转速/r·min^{-1}	210/360	210/420	100/200	100/250	190/380	190/420	190/475
	减速机减速比		5.4	4.9	1.0	1.0	1.0	1.0	1.0

表 1 - 25 为 1700mm 热连轧机的层流冷却装置参数。

表 1 - 25　1700mm 热连轧机的层流冷却装置参数

位　置	精轧机 F7 出口和卷取机入口的输出辊道上下
冷却区	184 个单独开关的冷却区：上下各 76 个粗调区（每 4 个粗调区为 1 个集管组）、16 个精调区（每 8 个精调区为 1 个集管组）
侧　喷	横向吹扫浮在带钢表面的冷却水，防止冷却不均
冷却模式	早期冷却、后期冷却、混合冷却、双向钢冷却
冷却段长度/m	95.95
最大温降/℃	360（厚度 h = 1.2 ~ 12.7mm）
最大实际用水量/m^3·h^{-1}	9000

注：$h \leqslant 6mm$ 厚度的双相钢，卷取温度为 400℃。

表 1－26 为 1700mm 热连轧机的卷取机参数。

表 1－26　1700mm 热连轧机的卷取机参数

项　目	卷取机	1 号卷取机	2 号卷取机	3 号卷取机
形　式		三助卷辊气动式	液压跳步式	液压跳步式
板卷(厚×宽) /mm×mm	普通钢	(1.2~14)×(750~1550)	(1.2~20)×(750~1550)	(1.2~14)×(750~1550)
	低合金钢			
板卷内径/mm		762	762	762
板卷外径/mm		1200~2000	1200~2000	1200~2000
板卷质量/t		24	24	24
最高卷速/m·s^{-1}		18	18.65	18

图 1－16 所示为 1700mm 热连轧机的外形尺寸精度控制示意图。

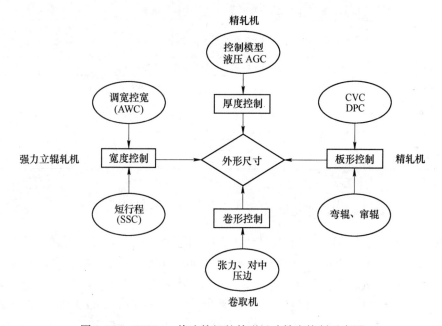

图 1－16　1700mm 热连轧机的外形尺寸精度控制示意图

表 1－27 为 1700mm 热连轧机的质量控制精度。

表 1－27　1700mm 热连轧机的质量控制精度

质量控制项目	厚度范围控制	保证偏差	测量长度百分数/%
厚度精度	1.2~4.0mm	±0.040mm	99
	4.01~10.0mm	±1.0%h	99
	>10.0mm	±0.100mm	99
宽度精度	全部	AWC：0~+10.0mm	95
		AWC+SCC：L_{95}长度改进量	50

质量控制项目	厚度范围控制	保证偏差	测量长度百分数/%
板凸度	1. 2 ~ 2. 5mm 2. 51 ~ 6. 0mm >6. 0mm	卷 ~ 卷：C_{40} ±0. 018mm ±0. 020mm ±0. 35% h	95 95 95
	1. 2 ~ 2. 5mm 2. 51 ~ 6. 0mm >6. 0mm	同卷内：C_{40} ±0. 012mm ±0. 015mm ±0. 25% h	95 95 95
平坦度	全部	$B \leqslant 1200$mm，±30IU $B > 1200$mm，±35IU	95 95

表 1 - 28 为 1700mm 热连轧机的最终产品规格。

表 1 - 28　1700mm 热连轧机的最终产品规格

项　目	热轧商品卷	供冷轧钢卷	横切钢板	平整分卷
厚度/mm	1. 2 ~ 20. 0	2. 0 ~ 6. 0	1. 5 ~ 10. 0	分卷：1. 2 ~ 12. 7 平整：1. 2 ~ 6. 0
宽度/mm	700 ~ 1550	730 ~ 1500	700 ~ 1450	—
长度/mm			2000 ~ 4000	—
内径/mm	762	762	—	762
外径/mm	1200 ~ 2000	≤2000	—	分卷：1560 重卷：2000
最大卷重/t	24	24	—	分卷：10，重卷：24

1.7.2　1880mm 薄板坯连铸连轧机

本钢 1880mm 薄板坯连铸连轧生产线于 2005 年投产，工艺布置采用意大利达涅利公司的 FTSR（Flexible Thin Slab Rolling）技术，机组机械以及电气控制系统均为日本三菱公司技术，达到了世界短流程轧机的先进水平。可以生产厚度为 0. 8 ~ 12. 7mm，宽度为 850 ~ 1750mm，最大卷重 31. 5t，可以稳定生产的厚度为 1. 2mm 和 1. 5mm 的薄规格产品，设计最高年产量为 280 万吨。图 1 - 17 所示为某 1880mm 薄板坯连铸连轧机工艺流程示意图，其主要包括 2 线加热炉、8 架轧机、1 套层流冷却装置、2 台卷取机等。

表 1 - 29 为 1880mm 薄板坯连铸连轧机的原料与产品规格范围。

表 1 - 29　1880mm 薄板坯连铸连轧机的原料与产品规格范围

项　目		数　值
原料尺寸规格	厚度/mm	70、85、90
	宽度/mm	850 ~ 1750
	长度/m	单坯：10 ~ 33； 半无头：最大 220
	最大质量/t	单坯：31. 5

续表 1 - 29

项　目		数　值
产品规格	厚度/mm	0.8 ~ 12.7
	宽度/mm	850 ~ 1750
	内径/mm	762
	外径/mm	2000（最大可卷 2100）
	最大卷重/t	31.5

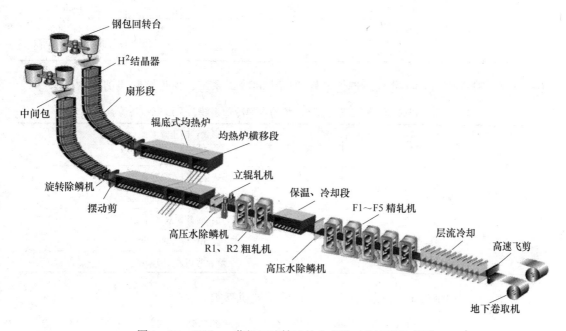

图 1 - 17　1880mm 薄板坯连铸连轧生产线工艺流程示意图

表 1 - 30 为 1880mm 薄板坯连铸连轧机的加热炉参数。

表 1 - 30　1880mm 薄板坯连铸连轧机的加热炉参数

项　目 炉　子	A 线炉	B 线炉
形　式	横移式，隧道式辊底炉	横移式，隧道式辊底炉
炉长/m	234.735	192.355
炉膛内宽×炉膛高/mm×mm	2030×1020	2030×1020
板坯出炉温度/℃	1150	1150

表 1 - 31 为 1880mm 薄板坯连铸连轧机的粗轧机参数。

表 1 – 31   1880mm 薄板坯连铸连轧机的粗轧机参数

项目 \ 机架号		E1	R1	R2
轧机形式		—	四辊不可逆轧机	四辊不可逆轧机
轧制力/kN		900	39200	39200
电机功率/kW		AC 2×110	AC 6600	AC 6600
电机转速/r·min⁻¹		200	108/190	108/190
轧制速度/m·min⁻¹		28.8	45/79	65/114
工作辊	直径/mm	640/580	950/850	950/850
	辊身长/mm	380	1880	1880
支持辊	直径/mm	—	1450/1300	1450/1300
	辊身长/mm	—	1860	1860

表 1 – 32 为 1880mm 薄板坯连铸连轧机的中间冷却系统、保温罩和飞剪参数。

表 1 – 32   1880mm 薄板坯连铸连轧机的中间冷却系统、保温罩和飞剪参数

保温罩		形式：液压倾覆式
		长度：大约 800mm
中间冷却系统		形式：层流式高挂水箱
轧制速度		总流量：大约 2500m³/h
飞 剪		形式：转鼓式双剪刃飞剪
		主电机：AC 170kW×495r/min
		最大剪切力：4155kN

表 1 – 33 为 1880mm 薄板坯连铸连轧机的精轧机参数。

表 1 – 33   1880mm 薄板坯连铸连轧机的精轧机参数

项目 \ 机架号	F1	F2	F3	F4	F5
形式	连 轧				
允许最大轧制力/kN	39200	39200	39200	29400	29400
轧制速度/m·min⁻¹	109/289	186/494	295/783	414/1102	603/1366
主电机功率/kW	10000	10000	10000	10000	7500
主电机转速/r·min⁻¹	220/585	220/585	220/585	220/585	320/725
工作辊直径/mm	780/700	780/700	780/700	600/530	600/530
工作辊长度/mm	1880	1880	1880	2080	2080
支持直径/mm	1450/1300	1450/1300	1450/1300	1360/1230	1360/1230
支持辊长度/mm	1860	1860	1860	1860	1860

表 1 – 34 为 1880mm 薄板坯连铸连轧机的层流冷却参数。表 1 – 35 为 1880mm 薄板坯连铸连轧机的高速飞剪技术参数。

表 1-34 1880mm 薄板坯连铸连轧机的层流冷却参数

项　目	参　数
总长/m	28
分　段	6
最大用水量/$m^3 \cdot h^{-1}$	6300
卷取机卷取温度/℃	450 ~ 750

表 1-35 1880mm 薄板坯连铸连轧机的高速飞剪技术参数

项　目	技术参数
类　型	转鼓式偏心剪
剪切能力	低碳钢、中低碳钢
剪切温度/℃	最小 650
厚度规格/mm	0.8 ~ 6.0
宽度规格/mm	800 ~ 1750
剪切速度/$m \cdot min^{-1}$	最大 1100
转鼓传动电机	1 - AC 150kW × 560r/min
偏心轴传动电机	1 - AC 150kW × 1000r/min

表 1-36 为 1880mm 薄板坯连铸连轧机的卷取机参数。

表 1-36 1880mm 薄板坯连铸连轧机的卷取机参数

项　目 ＼ 卷取机	1 号卷取机	2 号卷取机
形　式	四助卷辊液压踏步式	四助卷辊液压踏步式
板卷(厚×宽)/mm×mm	(0.8 ~ 12.7) × (850 ~ 1750)	(0.8 ~ 12.7) × (850 ~ 1750)
板卷外径/mm	1200 ~ 2000	1200 ~ 2000
板卷质量/t	最大 31.5	最大 31.5
最高卷速/$m \cdot min^{-1}$	1100	1100

图 1-18 为 1880mm 薄板坯连铸连轧机的外形尺寸精度控制示意图。

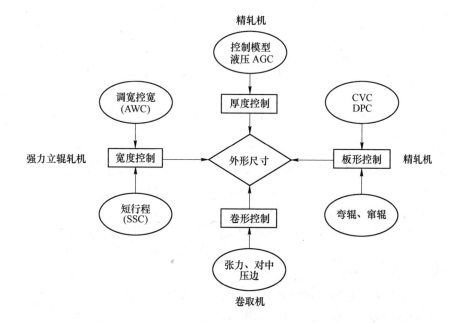

图 1-18 1880mm 薄板坯连铸连轧机的外形尺寸精度控制示意图

表 1-37 为 1880mm 薄板坯连铸连轧机的质量控制精度。

表 1-37　1880mm 薄板坯连铸连轧机的质量控制精度

质量控制项目	厚度控制范围/mm		保证偏差		百分数/%
厚度精度	厚度 $0.8 \leq H < 1.2$ $1.2 \leq H < 2.5$ $1.2 \leq H < 2.5$ $2.5 \leq H < 4.0$ $2.5 \leq H < 4.0$ $4.0 \leq H \leq 12.7$	宽度 $850 \leq W < 1200$ $850 \leq W < 1200$ $1200 \leq W \leq 1750$ $850 \leq W < 1200$ $1200 \leq W \leq 1750$ $850 \leq W \leq 1750$	带身 $\pm 16 \mu m$ $\pm 20 \mu m$ $\pm 25 \mu m$ $\pm 0.9\% \times H$ $\pm 1.0\% \times H$ $\pm 0.8\% \times H$	头尾 $\pm 40 \mu m$ $\pm 45 \mu m$ $\pm 48 \mu m$ $\pm 48 \mu m$ $\pm 50 \mu m$ $\pm 1.2\% \times H$	95
宽度精度	全部		0 ~ 9mm		95.4
板凸度精度	全部		头部（T：厚度） $T \leq 4.0mm, \pm 20 \mu m$ $T > 4.0mm, \pm 0.5\% \times T$ 带身 $T \leq 4.0mm, \pm 18 \mu m$ $T > 4.0mm, \pm 0.45\% \times T$		95
平坦度精度	厚度 $0.8 < H < 4.0$ $0.8 < H < 4.0$ $4.0 \leq H < 12.7$ $4.0 \leq H < 12.7$	宽度 $850 \leq W < 1200$ $1200 \leq W < 1750$ $850 \leq W < 1200$ $1200 \leq W < 1750$	带身 20IU 22IU 18IU 20IU	头部（无张力） 35IU 37IU 33IU 35IU	95
温度控制精度	精轧温度		带身 $\pm 14℃$，头部 $\pm 17℃$		95.5
	卷取温度		带身　　　头部 $100℃ < \Delta T \leq 150℃$ $\pm 14℃$　　$\pm 17℃$ $150℃ < \Delta T \leq 300℃$ $\pm 15℃$　　$\pm 19℃$ $300℃ < \Delta T \leq 400℃$ $\pm 16℃$　　$\pm 21℃$ （冷却量 ΔT：精轧出口温度 减去卷取温度）		95

1.7.3　2300mm 热连轧机

本钢 2300mm 热连轧机生产线的工艺和机械设备由德国西马克负责设计并提供进口配套件，电气部分由 TMEIC 设计并提供部分进口件，机组于 2008 年 12 月建成投产，年产量为 515 万吨热轧钢卷，其中不锈钢卷为 65 万吨。机组可以生产厚度为 0.8 ~ 25.4mm，宽度为 1000 ~ 2150mm，最大卷重为 40t，品种覆盖从 IF 钢到 X100 管线钢的全部钢种。图 1-19 所示为某 2300mm 热连轧机工艺流程示意图，其主要包括 4 座加热炉、11 架轧机、1 台双曲柄式飞剪、1 套层流冷却装置、3 台地下卷取机等。

2300mm 生产线具有以下先进工艺技术：

（1）4 座组合蓄热步进梁式加热炉，采用连铸坯热装工艺。

（2）粗轧除鳞机。

（3）定宽压力机，最大道次减宽量为 350mm。

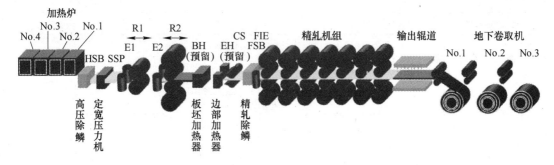

图 1-19 2300mm 热连轧机工艺流程示意图

（4）E1、E2 两台立辊轧机，其机械设备具有完全互换性，可实现自动宽度控制（AWC，Automatic Width Control）及短行程控制（SSC，Short Stroke Control），为全液压侧压系统。

（5）R1 二辊可逆轧机，最大轧制力为 30000kN，主电机功率为 2×5000kW；R2 四辊可逆轧机，最大轧制力为 55000kN，主电机功率为 2×9500kW，粗轧能力强。

（6）在 R2 后设有长度为 72m 的保温罩装置。

（7）双曲柄式飞剪，飞剪控制系统提供带有带钢头、尾成像的优化剪切控制及切分功能。

（8）在精轧除鳞机布置有蒸汽除鳞装置，供轧制不锈钢时使用。

（9）精轧机 F1 的入口设置立辊轧机，用于中间坯的导向和宽度控制。

（10）F1、F2 机架后高压水除鳞，高压水压力约 10MPa。

（11）F1～F7 精轧机为全液压压下，7 机架为液压 AGC 控制。

（12）F1～F7 液压弯辊，弯辊力为 1500kN/侧。

（13）F1～F7 采用 CVCplus 板形控制装置，窜辊最大行程为 ±150mm；

（14）全液压活套，其中 F4～F6 差动张力活套（DTL，Differential Tension Looper），增加自动调平功能（ALC，Automatic Levelling Control），活套器两边的压力传感器检测带钢横向张力的不平衡，并利用 ALC 调整。

（15）F1～F7 轧制润滑。

（16）强冷系统布置在层流冷却后，其长度约为 12m，水压约为 0.3MPa。

（17）地下卷取机采用可抽出式设计，可以离线进行检修和维护工作，3 号地下卷取机可卷取石油管线钢 X80，规格为 20.0mm×2150mm。

表 1-38 为 2300mm 热连轧机的质量控制精度。

表 1-38 2300mm 热连轧机的质量控制精度

质量控制项目	厚度范围控制	保证偏差	测量长度百分数/%
厚度精度	1.0～10.0mm 10.0～25.4mm	±0.022～±0.040mm ±0.5%h，≤±0.060mm	95.4（2σ）
宽度精度	投入 SSP 不投入 SSP	0～6.0mm 0～7.0mm	95.4（2σ）

续表 1-38

质量控制项目	厚度范围控制	保证偏差	测量长度百分数/%
断面轮廓	1.2~2.5mm 2.51~6.0mm 6.01~25.4mm	±0.015mm ±0.018mm ±0.30%h	95.4 (2σ)
平坦度	1.2~6mm	B≤1200mm, ±24IU B>1200mm, ±28IU	95.4 (2σ)
	6~25.4mm	B≤1200mm, ±19IU B>1200mm, ±24IU	95.4 (2σ)
终轧温度	全部	±14℃	95.4 (2σ)
	全部（铁素体轧制）	±20℃	95.4 (2σ)
卷取温度	全部	±15℃	95.4 (2σ)
楔 形	全部	≤0.80%h	95.4 (2σ)

图 1-20 所示为 2300mm 热连轧机的高精度外形尺寸控制示意图。

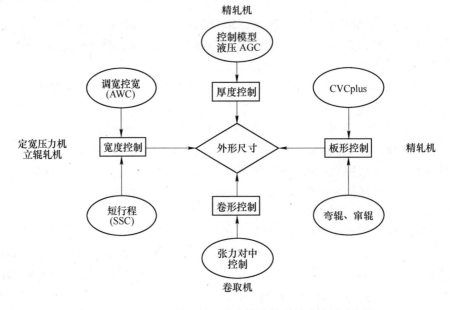

图 1-20 2300mm 热连轧机的高精度外形尺寸控制示意图

表 1-39 为 2300mm 热连轧机的产品规格和品种结构。表 1-40 为 2300mm 热连轧机的产品系列。

表 1-39 2300mm 热连轧机的产品规格和品种结构

产品	碳钢	不锈钢
厚度/mm	1.2~25.4	2~20
宽度/mm	1000~2150	1000~2150
内径/mm	762	762
外径/mm	1000~2150	1000~1950
最大卷重/t	40	37.13
单重/t	24	18.13

表 1-40 2300mm 热连轧机的产品系列

产品系列	代表产品
汽车用钢系列	汽车面板和汽车结构钢
家电用钢系列	家电板
管线和压力容器用钢系列	X80~X100
高强钢系列	超细晶钢、耐候高强钢
不锈钢系列	铁素体不锈钢
建筑用钢系列	耐候、耐火高强钢
船板钢系列	高级别船板钢

1.7.4　三个机组的产品质量控制的关键技术对比

表 1 - 41 为三个机组的产品质量控制的关键技术对比。

表 1 - 41　三个机组的产品质量控制的关键技术对比

项　目	1700mm 机组	1880mm 机组	2300mm 机组
厚　度	精轧机组液压 AGC	F1~F5 所有机架都配备了液压厚度自动控制（HAGC）	精轧机组液压 AGC
宽　度	E1、E2、E3 立辊轧机（AWC + SSC）	E1 立辊轧机（AWC + SSC）	定宽压力机，最大道次减宽量 350mm； E1、E2 立辊轧机（AWC + SSC）
板　形	液压弯辊和 F2~F4 机架 CVC 板形控制	液压弯辊和 F1~F3 机架上轧辊动态交叉装置（DPC）	F1~F7CVCplus 板形控制装置，窜辊最大行程为 ±150mm
表面质量	（1）进粗轧、精轧前的 18MPa 的高压除鳞机； （2）各机架间高压除鳞装置	（1）进粗轧、精轧前的 38MPa 的高压除鳞机； （2）各机架间高压除鳞装置	（1）进粗轧、精轧前的 21MPa 的高压除鳞机； （2）各机架间高压除鳞装置； （3）在精轧除鳞机布置有蒸汽除鳞装置，供轧制不锈钢时使用； （4）F1、F2 机架后高压除鳞，高压水压力为 10MPa
性　能	精确的终轧和卷取温度控制	精确的终轧和卷取温度控制	精确的终轧和卷取温度控制

1.7.5　1810mm 生产线典型轧制设备

　　唐钢 1810mm 生产线是国内第一条具有半无头轧制功能的连铸连轧生产线，采用 DANIELI 的 FTSC 连铸机，铸坯厚度 65~90mm；采用 BRICMONT 公司的辊底式均热炉，炉长 230.195m；轧机由 DANIELI 和三菱重工共同设计，采用 2RM + 5FM（2 架粗轧机 + 5 架精轧机）的布置形式，具有动态 PC 和 FGC 功能；卷取区采用了石川岛播磨设计制造的高速飞剪、双地下卷取机。该生产线设计年产量 250 万吨，设计厚度规格 0.8~12.7mm。1810mm 生产线的布置如图 1 - 21 所示。

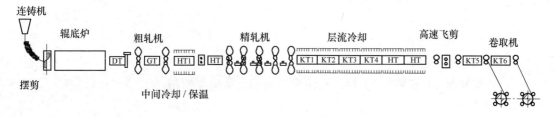

图 1 - 21　1810mm 生产线工艺布置示意图

1.7.5.1　轧机区设备

轧机区设备布置从加热炉出口至层流冷却入口，包括粗轧入口辊道、粗轧机（R1、

R2)、中间辊道、中间冷却/保温罩、切头剪、精轧机（F1～F5）。

（1）R1 进口设备。

1）R1 进口辊道。R1 进口辊道安装在辊底式加热炉和立辊轧机 E1 之间，用于输送热板坯。其技术参数为：

数量：1 组；

辊道长度：辊道头尾辊中心距为 6540mm；

辊间距：1090mm；

辊道速度：约 22m/min（最大）；

电机：7 台齿轮电机。

2）R1 进口夹送辊。R1 进口夹送辊安装在 R1 轧机进口辊道末端，立辊轧机前，夹送辊上辊由气缸控制压在板坯上面，用于防止 R1 除鳞水从板坯表面溅入加热炉。

其技术参数为：

辊速：约 22m/min；

电机：一台（带齿轮箱）电机；

辊缝：65～370mm，气缸驱动辊缝开闭，手动调节缸杆端部的螺帽补偿由于辊子的磨损导致的辊缝变化。

3）火焰切割机。火焰切割机安装在辊底炉出口侧，切割未进行轧制的板坯。

其技术参数为：

被切割产品说明：厚度 50mm、70mm、90mm；宽度 850～1680mm；温度 800℃；

介质：每台设备的最高消耗；

剪切喷嘴：SDS36F（2 个喷嘴）；

氧气：160m³/h；

丙烷：70m³/h；

冷却水：60m³/h。

4）R1 进口侧导板。此设备安装在 R1 轧机前面的立辊轧机进口侧，它的作用是引导板坯进入轧机。

其技术参数为：

类型：电机驱动齿轮齿条型；

导板头部长度：斜板部分约 3000mm，平行板部分约 2500mm；

侧导板开口度：800～1810mm；

调整速度：75mm/s；

电机：1－AC 7.5kW，900r/min。

（2）立辊轧机 E1。

1）立辊轧机 E1 安装在 R1 粗轧机前面，用于成品宽度控制。

其技术参数为：

宽度压下量：最大 27mm（13.5mm/边），板坯厚度为 90mm；

　　　　　最大 30～35mm（15～17.5mm/边），板坯厚度为 70mm；

轧制力：最大 1MN；

轧制速度：最大 22r/min（新辊）；

主传动电机：2 - AC 成对的水平电机；

轧辊开口度：最大 1770mm，最小 800mm；

轧辊：最大 ϕ640mm，最小 ϕ580mm，辊身长 380mm。

2）立辊轧机换辊装置。立辊轧机换辊是使用专用吊具由主轧跨天车进行更换。

（3）R1 粗轧机。

1）R1 粗轧机。R1 粗轧机为四辊轧机，安装在立辊轧机后，驱动主要由调速电机、减速器、齿轮机座及轧机接轴构成。

其技术参数为：

类型：四辊不可逆轧机；

最大轧制力：40MN；

轧制速度：43～77m/min（最大辊径）；

主驱动电机：AC 6600kW×108（190）r/min；

轧制力测量：每架装有两个负荷传感器，每个传感器的能力为2000t；

工作辊（中铬合金铸铁辊）：辊径最大 ϕ1050mm，最小 ϕ980mm，辊身长度1810mm；

支持辊（锻钢）：辊径最大 ϕ1450mm，最小 ϕ1300mm，辊身长度1790mm。

2）R1 除鳞机。位于 R1 轧机前，用于清除板坯表面氧化铁皮，喷头可根据板厚调整。

其技术参数为：

类型：带一对除鳞头高压除鳞；

水压：约 38MPa（387kgf/cm^2）；

流量：每 2 个喷头 1890L/min；

喷头高度调整：液压缸控制；

喷水宽度：约 1780mm。

3）R1 工作辊换辊装置。该装置安装在轧机工作侧，主要用于轧机换辊。

其技术参数为：

工作辊换辊时间：最多 10min，从轧机抽出及复位。

4）R1 支持辊换辊装置。支持辊换辊装置位于轧机操作侧地下，主要用于更换支持辊。

其技术参数为：

类型：带液压缸的换辊小车型。

（4）R2 进口辊道。

1）R2 进口辊道安装在 R1 和 R2 之间，用于将板坯从 R1 输送到 R2 轧机。

其技术参数为：

辊道长度：2745mm（首尾辊的中心距）；

辊速：约 77m/min（最大）；

电机：齿轮电机 4 - AC。

2）R2 进口侧导板安装在 R1 和 R2 轧机之间，用于将板坯顺利导入 R2 轧机。

其技术参数为：

类型：电机驱动齿轮齿条型；

导板：长度约 2500mm；

导板开口度：800～1810mm。

（5）R2 粗轧机。

1）R2 粗轧机为四辊轧机，传动经调速电机、减速机、齿轮机座到轧机接轴。R2 粗轧机距 R1 粗轧机 6900mm，R2 和 R1 及精轧机形成连轧。

其技术参数为：

类型：四辊不可逆轧机；

最大轧制力：40MN；

轧制速度：55～98m/min（最大辊径）；

轧制开口度：100mm（最大辊径）；

主驱动电机：AC 6600kW×108（190）r/min；

工作辊（高铬合金铸铁辊）：辊径最大 ϕ825mm，辊径最小 ϕ735mm，辊身长度 1810mm；

支持辊（锻钢）：辊径最大 ϕ1450mm，最小 ϕ1300mm，辊身长度 1790mm；

上出口卫板：安装了硬毡刷，由液压缸控制其伸缩；

下出口卫板：安装了硬毡刷，由液压缸控制其伸缩。

2）R2 工作辊换辊装置。该装置安装在轧机工作侧，主要用于轧机换辊。

其技术参数为：

工作辊换辊时间：最多 10min，从轧机抽出及复位。

3）R1 支持辊换辊装置。支持辊换辊装置位于轧机操作侧地下，主要用于更换支持辊。

其技术参数为：

类型：带液压缸的换辊小车型。

（6）中间辊道区。

1）中间辊道。中间辊道位于 R2 粗轧机后，切头剪前，用于将中间坯输送至切头剪。

其技术参数为：

数量：2 组；

形式：单独直接驱动的空心辊子；

辊道长度：头尾两辊中心线距离 11880mm；

辊道辊子：ϕ300mm×1810mm；

辊子数量：17 个。

2）保温罩。保温罩安装在粗轧和精轧之间的轧机工作侧，目的是用于奥氏体轧制时，减少温降。保温罩可开闭。

其技术参数为：

形式：带液压缸翻转机构的保温罩；

保温罩：总长度 9000mm，内侧宽度 2100mm。

3）中间冷却系统。冷却系统安装在粗轧和精轧之间的轧机驱动侧，用于铁素体轧制时对中间坯进行冷却。为层流冷却方式，顶部喷水部分通过液压缸可翻转。

其技术参数为：

冷却系统：层流冷却；

压力调整机构：轧线侧高位水箱系统，由一个液位计测量水位（顶部水箱容量

$12m^3$）；

冷却水梁：2组；

冷却水温度：35℃。

4）切头剪进口侧导板。侧导板安装在切头剪前，使板坯对中，并导入切头剪。侧导板主要有斜向导板、推杆及驱动装置组成。

其技术参数为：

类型：电机驱动齿轮齿条；

侧导板种类：斜向导板；

导板长度：2615mm；

侧导板开口度：800～1810mm。

5）切头剪。切头剪位于精轧机前，轧制薄规格产品时用于切除粗轧坯的头、尾，并用于事故剪切。废料头由剪下面的溜槽导入废钢斗。

其技术参数为：

类型：异周速剪切型转鼓剪；

切头剪剪切能力见表1-42。

表1-42 切头剪剪切能力

材 料	低 碳 钢	HSLA（废钢剪切时）
厚度×宽度/mm×mm	最大 20×1680	最大 30×1680
温度/℃	≥850	≥800
剪切力/N	约 $370×10^{-4}$	约 $800×10^{-4}$
切头长度/mm	最大500	

电机：1-AC 100kW；

剪刃：每一个转鼓安装一个合金钢平剪刃；

剪刃长度：1830mm；

废钢处理装置：

溜槽形式：固定式，将废钢导入剪地坑；

溜槽门：液压缸控制型，液压缸一个；

废钢斗：装载能力约12t。

（7）精轧区。

1）精轧除鳞机。精轧除鳞机位于第一架精轧机前，用于清除轧件表面的氧化铁皮。除鳞机由机架、两个夹送辊、两个辊道辊、两对除鳞头（一对备用）和所需附件组成，它们封闭在一个可旋转的喷罩中。

其技术参数为：

类型：带夹送辊的高压水除鳞机；

水压：约38MPa（387kgf/cm²）；

流量：2520L/min（FSB）；

喷水宽度：约1780mm；

上夹送辊：电机单独驱动；

辊子尺寸：$\phi510mm \times 1950mm$；

下夹送辊：

形式：实心锻钢，电机单独驱动，辊子尺寸：$\phi300mm \times 1950mm$；

辊道辊：

数量：2 个，除鳞头：2 对（1 对为备用），除鳞头高度调整：2 个液压缸控制（2 个位置）。

2）精轧机（F1 ~ F5）。五机架四辊精轧机纵向排列，间距为 5800mm；F1 ~ F3 为 PC 轧机，F1 ~ F5 均有正弯辊系统，F4 ~ F5 有负弯辊。所有机架均设置液压伺服阀控制的 AGC 系统；工作辊轴承为四列圆锥滚动（F1 ~ F3 PC 轧机带有止推轴承），平衡块中安装工作辊平衡缸（正弯辊缸）。支持辊采用油膜轴承并配有静压系统；轧机工作侧工作辊轴承座配有夹紧装置，用于保证轧制过程中辊系的稳定。为了保证轧制线水平，上下支持辊轴承座上部（下部）装有调整垫进行补偿。F4 ~ F5 安装 ORG 系统用于工作辊表面的磨削；轧机出口安装有上下导板及卫板；为保证带钢平稳输送，F5 轧机出口安装有机架辊。轧机进出口侧均安装冷却水管。工艺润滑装在进口上下刮水板架上，除尘喷水安装在每个机架的出口侧。

其技术参数为：

数量：5 架；

类型：四辊不可逆轧机；

最大轧制力：每机架 40MN；

开口度：50mm（最大辊径时）；

工作辊：

F1 ~ F3 直径：$\phi825 ~ 735mm$，辊身长度：1810mm，材质：高铬合金铸铁；

F4 ~ F5 直径：$\phi680 ~ 580mm$，辊身长度：1810mm，材质：高铬镍无限冷硬铸铁；

支持辊：

直径：$\phi1450 ~ 1300mm$；

辊身长度：1790mm；

材质：锻钢；

主电机：F1 AC10000kW × 150（340）r/min，F2 AC10000kW × 150（340）r/min，F3 AC10000kW × 150（340）r/min，F4 AC10000kW × 250（520）r/min，F5 AC7500kW × 300（650）r/min；

AGC 液压缸：

每机架 2 套（机架 F1 ~ F5），AGC 力：19.6MN（2000t/液压缸）。

工作辊弯辊参数见表 1 - 43。

表 1 - 43　工作辊弯辊技术参数

架　次	液压缸数量（每轴承座）/个	弯辊力/kN
F1 ~ F3（正弯辊）	4	0 ~ +1176 120t/轴承座

架　次	液压缸数量（每轴承座）/个	弯辊力/kN
F4~F5 （正弯辊）	4	0~+1470 150t/轴承座
F4~F5 （负弯辊）	4	0~+1470 150t/轴承座

轧辊交叉装置（F1~F3）：

形式：电机驱动交叉，交叉角：最大 1.5°，电机：4-AC/机架。

3）F4、F5 前在线磨辊（ORG）。ORG 安装在 F4、F5 进口侧导板上下工作辊前，用于在线对轧辊表面进行修磨，使工作辊表面光滑，延长轧辊使用周期，提高同宽轧制量。

其技术参数为：

类型：杯状双磨轮驱动型；

磨轮：杯状磨轮；

材料：CBN；

数量：2 个磨轮/ORG×2；

磨轮压紧：液压缸；

移动速度：液压马达驱动；

磨轮旋转：液压马达驱动。

4）精轧机工作辊换辊装置（F1~F5）。该换辊装置安装在精轧机的工作侧，主要用于精轧机工作辊换辊。工作辊换辊时间≤10min（从轧机抽出及复位）。

5）精轧机侧导板及活套。该部分由进口侧导板、出口卫板和活套组成，进口侧导板和出口卫板的作用为引导轧件穿带；活套用于保持机架间恒定的张力。

进口侧导板安装在每架轧机的进口侧，通过交流电机、减速机、万向轴、螺栓和螺母调整开口度来适应带钢宽度。进口侧导板通过蜗轮丝杠机构对高度进行调整。F1~F3 进口刮水板由气缸压在工作辊上，材料为橡胶。F4~F5 进口刮水板由气缸压在工作辊上，材料为毛毡。

轧机出口侧卫板（F1~F5）用配重压在工作辊上，材料为合成树脂。各机架间有一个活套，活套升降由低惯量扭矩电机驱动。上工作辊冷却喷头安装在每架轧机进出口侧的上下刮板支架上；下工作辊冷却喷头安装在每架轧机进出口侧的上下刮水板支架上。支撑辊冷却喷头放在每架轧机进口上侧。工艺润滑油喷头布置进口上下刮水板梁上。

进口侧导板技术参数：

宽度调整：

形式：电机驱动丝杠丝母；

电机：1-AC 15kW；

导板开口度：800~1810mm。

高度调整：

形式：齿轮马达驱动螺旋千斤顶；

电机：1-AC 1.5kW；

缩回液压缸：1个。

进口上刮水板技术参数：

形式：固定刮水板梁和橡胶刮水板（F1～F3），配重平衡和毛毡刮水板（F4～F5）。

进口下刮水板技术参数：

形式：固定刮水板梁和橡胶刮水板（F1～F3），配重平衡和毛毡刮水板（F4～F5）。

出口上卫板技术参数：

形式：配重平衡，合成树脂刮水板。

出口下卫板技术参数：

形式：配重平衡，合成树脂刮水板。

活套技术参数：

数量：4套；

形式：电机驱动摆动式；

电机：2－AC 40kW（1号，2号）；2－AC 30kW（3号，4号）；

活套辊：180mm（直径）×1810mm（辊身长）；

摆动角：最大70°。

轧辊冷却喷头技术参数：

出口侧上工作辊：2个/机架，压力约1MPa；

出口侧下工作辊：2个/机架，压力约1MPa；

进口侧上工作辊：1个/机架，压力约1MPa；

进口侧下工作辊：1个/机架，压力约1MPa；

进口侧上支持辊：1个/机架，压力为0.4MPa；

机架间带钢冷却：在F1与F2、F2与F3、F3与F4、F4与F5机架间上下各1组，压力为1MPa；

工艺润滑喷嘴：每架轧机进口侧上下部各1组，压力约1MPa；

除尘喷水：每架精轧机出口侧上部各1组，F3～F5轧机还各有2组侧喷嘴分别安装在工作侧和驱动侧，压力约1MPa；

活套辊冷却：内水冷，压力为0.4MPa；

卫板冷却：仅F5轧机有一组，压力为0.4MPa；

导辊冷却：指F1、F2垂直立导辊，压力约1MPa；

工作轴承座冷却：F3～F5轧机各有2组工作轴承座冷却，分别安装在工作侧和驱动侧，压力约1MPa；

阻油喷水：F4～F5轧机各有2组阻油喷水装置，分别安装在工作侧和驱动侧，压力约1MPa。

1.7.5.2 卷取区设备

（1）层流冷却区。

1）输出辊道。输出辊道位于精轧机和卷取机之间，将带钢从轧机输送到卷取机，辊道上装有带钢层流冷却装置。

其技术参数为：

类型：单独驱动空心辊辊道；

辊子材质：厚壁管，辊身表面喷焊；

辊子尺寸：$\phi 260\text{mm} \times 1810\text{mm}$；

辊距：300mm；

辊子数量：127 个；

辊道速度：1300m/min（最大）；

电机：127 – AC；

辊子冷却：由冷却集水管外部冷却，位于测量仪表下的辊子采用内水冷，辊子内部装有冷却水管，冷却水通过旋转接头供给；

内水冷辊数量：16 个，其中精轧机出口端 10 个，高速飞剪进口侧导板前 6 个；

冷却水：0.4MPa（4kgf/cm²）。

2）带钢层流冷却系统。该系统安装在精轧机出口和地下卷取机之间的输出辊道上，用于冷却精轧后的带钢，在轧线侧采用高架水箱系统，冷却区分为 6 段，上部喷水横梁为液压缸驱动的可升降式。

其技术参数为：

冷却系统：层流；

冷却区长度：27m；

冷却段数量：6 段；

冷却能力：300℃（在速度为 1080m/min 时 1.2mm，在速度为 100m/min 时 12.7mm）；

冷却水温：35℃；

设备冷却水：0.4MPa（4kgf/cm²）。

3）侧喷水设备。侧喷水喷嘴安装在精轧机和每个冷却段的后面，向带钢的上表面喷射水压大约为 1MPa（10kgf/cm²）的高压水，目的是吹走带钢表面的冷却水，保证带钢温度均匀。

其技术参数为：

侧喷点数量：7 套；

侧喷位置：辊道工作侧；

流速：每套 330L/min；

侧喷水压力：1MPa（10kgf/cm²）。

（2）高速飞剪区。高速飞剪区设备包括：飞剪进口辊道、飞剪进口侧导板、飞剪进口夹送辊、高速飞剪机和飞剪出口夹送辊。

1）飞剪进口辊道。飞剪进口辊道安装在高速飞剪前，用于将带钢输送到高速飞剪，辊道分成两部分，一部分在飞剪进口夹送辊前，另一部分在飞剪进口夹送辊和高速飞剪之间。

其技术参数为：

形式：单独驱动辊；

辊子尺寸：$\phi 260\text{mm} \times 1810\text{mm}$；

辊距：300mm；

辊子数量：51 个（45 个在飞剪进口夹送辊前；6 个在飞剪进口夹送辊和高速飞剪之

间）；

辊道速度：1300m/min（最大）；

电机：51 - AC；

辊子冷却：外部冷却，水压 0.4MPa。

2）飞剪进口侧导板。飞剪进口侧导板安装在飞剪进口辊道上，用于将带钢导入飞剪进口夹送辊和高速飞剪。

其技术参数为：

形式：带有斜导板的液压式侧导板；

导板长度：斜导板：5750mm，平行导板：6280mm，导板开口度：800～1810mm。

3）飞剪进口夹送辊。飞剪进口夹送辊安装在高速飞剪前，当剪切带钢时，保证带钢的后张力（与精轧机间的张力）。夹送辊由一对上下夹送辊、夹送辊牌坊、万向轴、电机以及进出口侧的导板和刮板组成。

其技术参数为：

形式：牌坊式液压夹送辊；

上夹送辊：$\phi900mm \times 1810mm$，空心辊；

下夹送辊：$\phi500mm \times 1810mm$，空心辊；

辊冷却：外部冷却，水压 0.4MPa；

辊线速度：1300m/min（最大）；

电机：上夹送辊：1 - AC，下夹送辊：1 - AC。

4）高速飞剪机。高速飞剪机安装在地下卷取机前，用于在半无头轧制时将带钢剪切成设定长度。飞剪为偏心轴式转鼓剪。当不适用飞剪时，剪鼓由液压缸驱动从轧线抽出，同时用填充辊道替换转鼓。

其技术参数为：

形式：偏心轴式转鼓剪，曲线剪刃；

剪切带钢厚度：0.8～4.0mm；

剪刃线速度：1080m/min（最大）；

剪切力：最大正常剪切力1MN，最大事故剪切3MN；

带钢温度：500℃；

转鼓电机：1 - AC；

偏心轴电机：1 - AC（伺服电机）；

剪刃：由螺栓用楔铁固定在转鼓上，装有弹簧支撑的剪刃护罩；

填充辊道：

形式：单独驱动空心辊，辊子数量和尺寸：2个；

转鼓更换装置：

形式：液压缸驱动侧移式小车。

高速飞剪机结构如图 1 - 22 所示。

5）飞剪出口夹送辊。飞剪出口夹送辊安装在高速飞剪后，防止带钢剪切时甩尾。

其技术参数为：

形式：牌坊式，气动压下，电动调节辊缝；

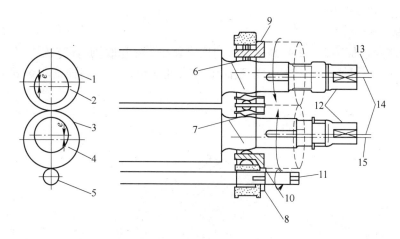

图 1-22 高速飞剪结构图

1—上偏心套；2—上转鼓；3—下偏心套；4—下转鼓；5—传动齿轮；6—上转鼓轴承；7—下转鼓轴承；
8—偏心套传动齿轮；9—上偏心套齿轮；10—下偏心套齿轮；11—偏心套驱动轴；
12—转鼓套驱动轴；13—上偏心套轴线；14—转鼓轴线；15—下偏心套轴线

辊线速度：1300m/min（最大）；

辊缝调整：电动丝杠；

夹送辊冷却：外部水冷。

（3）卷取区。卷取区设备包括：1号和2号夹送辊、1号和2号侧导板、1号和2号高速通板装置、1号和2号卷取机等。

1）1号卷取机进口辊道安装在1号卷取机前，用于将带钢输送到卷取机。辊道分为两部分，一部分位于高速飞剪和飞剪出口夹送辊之间，另一部分在飞剪出口夹送辊和1号地下卷取机之间。

其技术参数为：

形式：单独驱动空心辊；

辊子尺寸：$\phi 260mm \times 1810mm$；

辊距：300mm；

辊子数量：22个（2个在高速飞剪和飞剪出口夹送辊之间，其余20个在飞剪出口夹送辊和1号地下卷取机之间）；

辊道速度：1300m/min（最大）。

2号卷取机进口辊道安装在2号卷取机的进口，用于将带钢输送到2号地下卷取机，作用和结构同1号卷取机进口辊道，辊子数量：25个。

2）1号高速通板装置。1号高速通板装置安装在1号卷取机前进口辊道上，用于在使用高速飞剪进行带钢分段剪切时，保证薄带钢头尾段平稳输送，可进行离线/在线选择。

其技术参数为：

形式：空气喷射式；

带钢厚度：0.8～1.2mm；

带钢宽度：850~1680mm；

气室数量：3个。

3）2号高速通板装置。2号高速通板装置安装在2号卷取机前进口辊道上，作用和结构与1号高速通板装置相同。技术参数同1号高速通板装置。高速通板装置如图1-23所示。

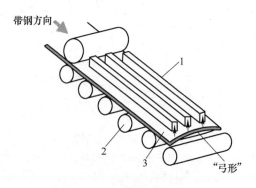

图1-23 高速通板装置
1—气室；2—辊道；3—带钢

4）1号卷取机进口侧导板。1号卷取机进口侧导板安装在1号卷取机前进口辊道上，将带钢导入1号夹送辊和1号卷取机。

其技术参数为：

形式：液压缸驱动型侧导板；

导板长度：3950mm；

导板开口度：800~1810mm。

5）2号卷取机进口侧导板。2号卷取机进口侧导板安装在2号卷取机前进口辊道上，将带钢对中轧线并导入2号卷取机。其结构和作用同1号卷取机进口侧导板。

其技术参数为：

导板长度：5700mm；

其他同1号侧导板。

6）1号卷取机前夹送辊。1号卷取机前夹送辊安装在1号卷取机进口。在单块轧制时将带钢头部导入1号地下卷取机；在半无头轧制时，将带钢在1号和2号卷取机之间交替切换。夹送辊由一对上下夹送辊、夹送辊牌坊、万向轴、电机地脚板以及进出口侧的导板组成。与其他夹送辊不同，其下辊可以在轧制方向上水平移动，改变辊缝的方向。

其技术参数为：

形式：牌坊式液压夹送辊（下辊可移动）；

上夹送辊：$\phi900mm \times 1810mm$，空心辊；

下夹送辊：$\phi500mm \times 1810mm$，空心辊；

辊冷却：外部水冷0.4MPa；

辊线速度：1300m/min；

电机：上夹送辊：1 – AC，下夹送辊：1 – AC。

7）2 号卷取机前夹送辊。2 号卷取机前夹送辊安装在 2 号卷取机进口。将带钢头部导入 2 号下卷取机。夹送辊由一对上下夹送辊、夹送辊牌坊、万向轴、电机地脚板以及进出口侧的导板组成。其组成和结构与 1 号夹送辊基本相同，不同点是 2 号下辊固定，不能平移，出口侧没有刮板。

其技术参数同 1 号夹送辊。

8）1 号地下卷取机。1 号地下卷取机位于 1 号夹送辊下部，用于将带钢卷成钢卷。包括：芯轴、助卷辊、传动部分等。

其技术参数为：

形式：液压式 4 助卷辊地下卷取机；

卷取带钢厚度：0.8 ~ 12.7mm；

卷取带钢宽度：850 ~ 1680mm；

卷取单重：18kg/mm（最大）；

卷重：30t（最大）；

卷取速度：最小 100m/min，最大 1080m/min；

带钢外圆直径：最小 φ1200mm，最大 φ2025mm；

两台卷取机最小工作间隔：

单块轧制：90s；

无头轧制：第一卷和最后一卷 60s，其他卷 90s；

芯轴：4 扇楔块两级膨胀型；

芯轴直径：正常膨胀状态 759mm，过膨胀状态 772mm，收缩状态 721mm，芯轴外圆线速度：1200m/min（在芯轴直径为 φ759mm 时）。

1 号卷取机前夹送辊是实现带钢高速分卷的关键，上、下辊由电机分别传动，上辊的升降及辊缝的调整由液压缸驱动，液压缸由 IHI（日本石川岛重工业）开发的直接驱动式伺服阀控制，可以实现高精度的辊缝和夹紧力控制；下辊可沿着轧线方向移动，改变辊缝的方向，使带钢在高速状态下顺利转向，实现高速分卷，如图 1 – 24 所示。

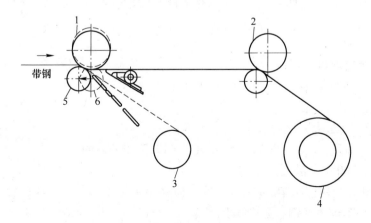

图 1 – 24   高速分卷示意图

1—1 号夹送辊；2—2 号夹送辊；3—1 号卷取机；4—2 号卷取机；5—1 号卷取位；6—2 号卷取位

9）2 号地下卷取机。2 号地下卷取机位于 2 号夹送辊下部，其组成和结构与 1 号卷取机基本相同，不同点是 2 号卷取机没有偏转辊。

其技术参数同 1 号卷取机。卷取机结构及控制图如图 1-25 所示。

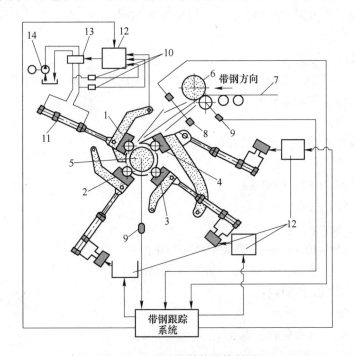

图 1-25   卷取机结构及控制图

1—1 号助卷辊；2—2 号助卷辊；3—3 号助卷辊；4—4 号助卷辊；5—芯轴；6—夹送辊；7—带钢；8—激光传感器；9—转动角度传感器；10—压力传感器；11—液压缸；12—电液伺服控制系统；13—伺服阀；14—液压泵

10）废钢收集槽。废钢收集槽安装在 2 号夹送辊后部 2 号卷取机上方，用于在事故状态下收集通过夹送辊后未进入卷取机的带钢。

11）1 号和 2 号卸卷小车。1 号（2 号）卸卷小车位于 1 号（2 号）卷取机芯轴下，当卷取结束后将钢卷从芯轴卸下，并经钢卷站将钢卷运到横移小车上。两台小车的功能和结构完全相同。

其技术参数为：

数量：每个卷取机 1 台；

移动行程：4600mm；

提升行程：1250mm；

载重量：30t（最大）；

钢卷尺寸：宽度 850~1680mm，钢卷直径 ϕ1200~2025mm；

钢卷温度：700℃（最大）。

12）1 号和 2 号横移小车。1 号（2 号）横移小车位于 1 号（2 号）卷取机旁，将钢卷从每个卸卷小车运送到钢卷运输线上。

其技术参数为：

数量：每个卷取机 1 台；

移动行程：4410mm；

卷重：30t（最大）；

钢卷尺寸：宽度 850～1680mm；

钢卷直径 ϕ1200～2025mm；

钢卷温度：700℃（最大）。

（4）钢卷运输线。从卷取机卸下的钢卷通过钢卷线运至钢卷库。钢卷线设备包含 1 号、2 号、3 号和 4 号步进梁式钢卷运输机，在步进梁式运输线上安装了钢卷回转提升机、打包机、称重装置和打号机。

1）1 号、2 号、3 号和 4 号步进梁式钢卷运输机。

其技术参数为：

形式："V"型鞍座步进梁式钢卷运输机，由液压缸驱动；

输送卷重：30t（最大）；

输送钢卷尺寸：宽度 850～1680mm；

钢卷直径：ϕ1200～2025mm；

钢卷温度：700℃（最大）；

钢卷运输间隔：90s（最小）。

运输机分为四部分：

① 1 号步进梁：从横移小车到钢卷提升机；

② 2 号步进梁：从钢卷提升机到交叉点鞍座；

③ 3 号步进梁：从交叉点鞍座到直线运输的尾部；

④ 4 号步进梁：从交叉点鞍座到侧移运输线（运送钢卷到另一个钢卷库）。

提升回转机安装在 1 号、2 号步进梁式及运卷小车的交接处。在 2 号步进梁上，依次安装了下列设备：钢卷打包机、钢卷称重装置、钢卷打号机。

存卷数量和步进梁长度如下：

1 号步进梁：10 卷，27000mm；

2 号步进梁：14 卷，42000mm；

3 号步进梁：5 卷，12000mm；

4 号步进梁：13 卷，36000mm；

平移行程：3000mm；

提升行程：1～3 号步进梁 230mm，4 号步进梁 440mm；

平移速度：200mm/s（最大）。

2）钢卷回转提升机。钢卷回转提升机位于钢卷运输线上，将钢卷从卷取区标高提升到地平线，待检钢卷由提升回转机旋转 90°。提升回转机安装在一个存卷位上，代替步进梁的固定鞍座。

其技术参数为：

形式：液压缸驱动；

位置：在钢卷运输线上；

提升速度：200mm/s；

旋转角度：90°；

承载卷重：30t（最大）；

钢卷尺寸：宽度 850～1680mm；

钢卷直径：φ1200～2025mm；

钢卷温度：700℃（最大）。

3）运卷小车。运卷小车安装在钢卷运输线的一侧，用于运送钢卷至钢卷检查线上。其技术参数为：

形式：带有可提升鞍座的平移车；

平移液压马达：1个液压齿轮马达通过圆锥齿轮驱动；

承载卷重：30t（最大）；

钢卷尺寸：宽度 850～1680mm；

钢卷直径：φ1200～2025mm。

4）钢卷打包机。钢卷打包机位于钢卷运输线一个固定鞍座处，主要由框架、打包带分配器、打包头、打包导槽、控制器组成。

其技术参数为：

形式：气动打捆带导槽插入型周向打包机；

打捆道数：钢卷外圆最多捆扎 3 道（5 个位置），打捆机可横移，打捆机位置的固定鞍座有五个凹槽，便于打包带导槽插入；

钢卷温度：700℃；

拉紧力：13.72kN（最大）；

捆扎头移动装置：气缸驱动型；

包装带分配器：窄带型和摆动缠绕型两种；

打包时间：一道大约 30s；

压缩空气压力：39.2N/m^2（最小）。

包装用钢带：

① 材料：冷轧低碳钢；

② 修整：发蓝或涂蜡；

③ 形式：摆式捆绕钢卷；

④ 包装带（卷）的尺寸：厚度 1.0mm ± 10%，宽度 31.5mm ± 0.127mm，内径 406mm，最大外径 φ700mm；

⑤ 质量：摆动绕带型约 200kg，窄带型约 50kg；

卡子：

① 材料：冷轧低碳钢；

② 形式：自动喂送卡子。

地面操作控制台：安装在打包机上。

5）钢卷打号机。钢卷打号机位于钢卷输送线固定鞍座的侧面，钢卷在打包和称重后打号。在钢卷的端面和外圆打印上数字和数据。

其技术参数为：

形式：自动点式喷涂打印型；

打印位置区：钢卷的端面和外圆表面；

号码数量：端面 10 个字 × 1 行，外圆 10 个字 × 4 行；

打印区尺寸：100mm × 50mm ~ 60mm × 30mm；

钢卷尺寸：宽度 850 ~ 1680mm；

钢卷直径：ϕ1200 ~ 2025mm；

钢卷温度：700℃（最大）。

6）钢卷称重装置。钢卷称重装置位于钢卷运输线的固定卷位的下面，用于测量卷重。

其技术参数为：

形式：固定式负荷传感器型；

称重能力：30t（最大）；

最小称重单位：10kg。

7）钢卷检查线。钢卷检查线位于钢卷运输线一侧，用于对钢卷检查和取样。

① 托辊和开卷器。托辊和开卷器用于将钢卷打开并运送带钢至检查线上，以检查带钢表面缺陷。

其技术参数为：

托辊：2 个；

压带辊：3 个；

托辊电机：2 - AC。

② 取样剪和废钢斗。取样剪安装在开卷器的出口，用于剪切带钢样品。上剪刃固定在剪框架上，下剪刃由液压缸驱动上下移动，由耐磨板导向。废钢斗位于取样剪出口侧下方，它可以由液压缸驱动横移离线来输送剪下的带钢。

其技术参数为：

取样剪形式：液压缸驱动上切式剪；

剪切力：106t（最大）；

剪刃斜度：1/30；

剪切带钢尺寸：厚度 0.8 ~ 6.0mm，宽度 850 ~ 1680mm。

③ 检查线辊道和送带辊。检查线辊道位于托辊和开卷器之后，由托辊和开卷器打开的带卷在辊道上展开 6m，以检查带钢的下表面质量。

其技术参数为：

辊道：

形式：25 个辊子由一台交流齿轮电机通过链条驱动；

2 个自由辊：

辊子：27 个；

电机：1 个交流齿轮电机；

送带辊：

形式：由交流电机通过行星减速器和万向接轴驱动；

辊子：1 个；

电机：1 - AC；

带钢头部收集装置和夹送辊：

带钢头部收集装置安装在辊道末端，用于收集 5 ~ 6m 长带钢。由气动马达驱动的夹送辊安装在收集装置的入口侧。收集的带钢随收集装置一起由电机葫芦抬至水平，使用天车将收集的带钢吊走。

形式：气动马达驱动型；

夹送辊：1 个；

直径：φ140mm。

1.8　先进热轧宽带钢生产技术

作为钢铁行业中高新技术相对集中的领域，热轧生产历来就是人们关注的焦点。现代热轧生产中，除了对产品质量的要求进一步提高以外，轧制工艺流程的连续化、紧凑化，生产过程的自动化、信息化成为人们追求的新目标。纵观当今热轧板带生产领域的新技术、新工艺，无不反映了以上特点。

1.8.1　连铸坯热送工艺

按照温度的高低，连铸坯热送工艺可分为三种情况：

（1）热装轧制 HCR（Hot Charge Rolling）。将经过（或不经过）表面处理的热板坯在大约 400 ~ 700℃ 装入加热炉。

（2）直接热装轧制 DHCR（Direct Hot Charge Rolling）。按照和连铸同一序号，将经过（或不经过）表面处理的热板坯在大约 700 ~ 1000℃ 装入加热炉。

（3）直接轧制 DR（Direct Rolling）。将与连铸同一序号的热板坯不经加热炉在约 1100℃ 条件下直接轧制。

连铸坯热送、热装和直接轧制技术，实现了炼钢、炉外精炼、连铸和热连轧一体化。

1.8.2　蓄热式加热炉技术

在轧钢生产中，加热炉是主要的耗能设备之一。合理选用加热炉，提高燃料利用率，对于降低能源消耗，减少钢坯氧化烧损，提高加热质量，从而充分创造整个轧线生产过程的经济效益，具有非常重要的意义。蓄热式加热炉是将助燃空气和高炉煤气经换向系统后经各自的管道送至炉子左侧各自的蓄热式燃烧器，自下而上流经其中的蓄热体，分别被预热到 950℃ 以上，然后通过各自的喷口喷入炉膛，燃烧后产生高温火焰加热炉内钢坯，火焰温度较同种煤气做燃料的常规加热炉高 400 ~ 500℃。然后，高温烟气进入右侧通道，在蓄热室进行热交换，将大部分余热留给蓄热体后，烟温降到 150℃ 左右进入换向机构，然后经排烟机排入大气。几分钟后控制系统发出指令，换向机构动作，空气、高炉煤气、烟气同时换向将系统变为下一个状态，此时空气和高炉煤气从右侧喷口喷出并混合燃烧，左侧喷口作为烟道，在排烟机的作用下，高温烟气通过蓄热体后排出，一个换向周期完成。由于 90% 以上的热量被蓄热体回收，比常规加热炉节能 30% ~ 50%，具有高效余热回收、高预热空气温度和低 NO_x 排放等多重优越性。

1.8.3　板坯定宽侧压技术——定宽压力机

压缩调宽技术是人们为了克服立辊轧制调宽的缺点，增大压缩工具与板坯的接触长度，改善板坯断面狗骨形，减少板坯头尾部的鱼尾和舌头及失宽，提高成材率而提出的。实现压缩调宽技术的设备是定宽压力机（SP，Sizing Press）。定宽压力机位于粗轧高压水除鳞装置之后，粗轧机之前，用于对板坯进行全长连续的宽度侧压。与立辊轧机相比，SP 轧机具有以下优势：

（1）板带成材率提高。SP 轧机具有较强的板坯头尾形状控制功能，金属切损少。

（2）调宽能力提高。目前 SP 轧机的最大侧压量达到了 350mm，有效减轻了连铸机不断变换宽度规格的负担，提高了连铸机生产率和连铸坯质量及板坯的热装率和热装温度。

（3）调宽实效提高。侧压变形更深透，板坯变形均匀，平轧时宽展回复减小。

（4）宽度精度提高。SP 轧机的锤头间距可严格控制，有很强的定宽作用。

1.8.4 保温装置——保温罩和热卷箱

保温装置位于粗轧与精轧之间，用于改善中间带坯温度均匀性和减小带坯头尾温差。采用保温装置，不仅可以改善进精轧机的中间带坯温度，使轧机负荷稳定，有利于改善产品质量，扩大轧制品种规格，减少轧废，提高轧机成材率，还可以降低加热板坯的出炉温度，有利于节约能源。常用的保温装置主要有保温罩和热卷箱，其共同的特点是不用燃料，保持中间带坯温度。但设备结构大相径庭，迥然不同。

保温罩布置在粗轧与精轧机之间的中间辊道上，一般总长度 50~60m，由多个罩子组成，每个罩子均有升降盖板，可根据生产要求进行开闭。罩子上装有隔热材料，罩子所在辊道是密封的。中间带坯通过保温罩可大大减少温降。

热卷箱（如图 1-26 所示）是布置在粗轧机之后，飞剪机之前，采用无芯卷取方式将中间带坯卷成钢卷，然后带坯尾部变成头部进入精轧机进行轧制，可以基本消除带钢头尾温差。其不仅可以保持带坯温度，而且可以大大缩短粗轧与精轧之间的距离。

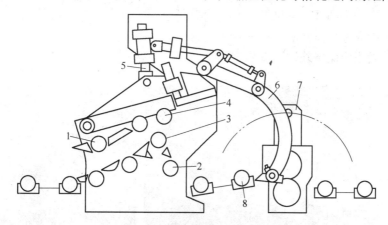

图 1-26 典型的热卷箱结构

1—入口导辊；2—成型辊；3—下弯曲辊；4—上弯曲辊；5—平衡缸；6—开卷臂；7—移卷机；8—托卷辊

热卷箱的优点有：

（1）减少中间坯头、尾温差，确保带钢轧制温度。热卷箱对中间坯有明显的保温作用。若不用热卷箱，成品厚度越薄，中间坯的头尾温差越大。

（2）精轧机可以采用恒速或加速轧制。

（3）均衡整体中间带坯的轧制温度，稳定精轧机的轧制负荷，从而提高轧制过程的稳定性，以确保成品精度。

（4）缩短粗轧机至精轧机之间的距离，节约工程投资，尤其对原有热轧生产线的改造。

（5）热卷箱还具有挽救带钢报废的功能。

（6）进一步消除中间带坯表面的氧化铁皮。热卷箱在卷取和反开卷过程中，可使粗轧阶段产生的二次氧化铁皮得以疏松，大块氧化铁皮从带坯表面脱落，从而起到机械除鳞的效果，显著增强了精轧机组前除鳞箱的使用效果。

（7）采用热卷箱后，精轧机组开轧温度和终轧温度得到有效控制，仅用前馈方式即可得到较高的卷取温度控制精度，可以得到均匀组织和良好性能的匹配。

（8）采用热卷箱，使精轧温度变化小，轧制状态稳定，带钢外形尺寸得到良好控制，在轧制时，除了带钢头部几米由于穿带时建立张力引起的偏厚，以及带钢尾部由于抛钢降速和失去张力引起的少量偏厚外，其余部分通板均控制在较好范围内，大大提高产品质量。

（9）保证足够的事故处理时间，提高成材率。热卷箱可起到缓冲作用，延长精轧及卷板后部工序处理时间，降低了中间废品率。中间坯头尾温差减小，切头切尾量减少，综合成材率可提高。

1.8.5　微张力有（无）套轧制

活套装置（如图 1 - 27 所示）设置在精轧机组两机架间，是热连轧机组必须配备的，活套装置类型有气动型、电动型、液压型三种形式，目前普遍使用的是电动型和液压型。它的作用是：

（1）消除带钢头部进入下机架时产生的活套量；

（2）轧制中通过调整活套维持恒张力轧制；

（3）施加微张力保持轧制状态稳定。

图 1 - 27　机架间的活套辊

活套一个完整的起落周期包括起套、活套调整、落套三个部分。起套是带钢咬入下一机架后，活套臂从机械零角开始升起，按给定张力将带钢绷紧的过程。起套过程要求在

1s 内完成，以避免带钢在无张力控制状态下轧制产生厚度波动段过长。活套调整是轧制过程中根据机架间带钢长度的变化调整活套高度实现恒定微张力控制的过程。落套是带钢尾部离开前一机架时活套降回机械零位以避免带钢甩尾的过程。落套信号由热金属检测器发出，经延时后使活套电机反转落套。落套过程中的活套辊不应突然下降，应是带钢在轧机中顺利通过，落套过程时间要求小于 0.5s。

活套装置要求响应速度快、惯性小、起动快且运行平稳，以适应瞬间张力变化。气动型活套装置现已基本淘汰。电动型活套装置为减小转动惯量，提高响应速度，由过去带减速机改为电机直接驱动活套辊，电机也由一般直流电机改为特殊低惯量直流电机。有的厂家为进一步提高活套响应速度采用了液压型活套，由液压缸直接驱动活套辊，如武钢 2250mm 精轧机活套为液压活套。随着机架间张力控制技术的进步，部分机架采用微张力无套轧制和张力 AWC 控制，如宝钢 2050mm 精轧机组 F1、F2 机架就采用了上述张力控制技术。

1.8.6　热轧工艺润滑技术

热轧工艺润滑技术是在轧制过程中向轧辊表面喷涂一种特制的润滑剂（热轧油），通过轧辊的旋转，将其带入变形区，轧辊与轧件表面形成一层极薄的油膜。这层油膜改变了变形区的变形条件，降低了轧制力，减轻了轧辊磨损，提高了产品表面质量。润滑轧制是热轧板带轧机节省电力和轧辊消耗，提高产品质量的新兴技术。现在，除精轧机组采用润滑轧制外，粗轧机、立辊轧机也开始逐渐采用这一技术。

轧制润滑最早应用于冷轧，主要目的是降低轧制力，改变变形条件，提高产品质量。但随着热轧薄板生产技术的发展，成品尺寸越来越薄，速度越来越快，生产向连续、高速、自动化方向发展，轧制力也越来越大，单个机架的设计载荷已达到了 40～50MN，热轧薄板生产的工艺特点具有了某些冷轧的特点，并且轧辊的使用周期明显相对缩短，频繁地换辊造成了作业时间的损失，从而使产量受到影响。为了解决这些问题，世界上一些公司逐渐将轧制润滑技术引入到热轧板带生产中。20 世纪 90 年代，我国首次从国外引进了热轧工艺润滑技术。

润滑剂喷涂方式有与轧辊冷却水混合、与蒸汽混合和直接喷涂三种。喷涂位置分别为支持辊、工作辊和二者都喷。但目前在世界热轧薄板生产线上采用最多的是将润滑剂与冷却水混合后向工作辊喷涂。在润滑轧制技术中，主要难点是如何解决轧件咬入困难及防止润滑剂管路堵塞等问题。这些问题目前可以通过严格控制润滑剂喷射时间和按规定检修设备来解决。

现代热轧薄板工艺特点是：高温、高速、高压，润滑剂使用条件比较恶劣，因此要求润滑剂满足以下条件：

（1）要求具有优良的润滑性及足够的油膜强度，并具有适合使用状态的最佳摩擦系数。

（2）对轧辊表面具有良好的吸附性、展开性和乳化性，能够均匀地附着在轧辊表面形成牢固的油膜。

（3）轧制后的钢板表面质量良好。

（4）轧制油的稳定性好，具有较高的闪点和热分解稳定性。

（5）供油管路简单可靠，维护容易。

（6）灰分少，无发烟现象，或发烟量少，对人体无害。

（7）钢板表面的油容易除去，在以后的处理工序中，无有害或附着引起的不良影响，同时不能给以后的处理工序带来麻烦。

（8）经济性。

（9）废液容易处理，防止污染。

以上是对润滑剂（热轧油）的一些基本要求，根据轧辊材质的不同，又对其有不同的要求。表1-44为各种材质工作辊的特性和对润滑剂的要求。

表1-44　各种材质工作辊的特性和对润滑剂的要求

材　质	优　点	缺　点	对润滑剂的要求
半钢辊 （阿达迈特铸铁）	价格便宜； 易形成稳定的氧化膜，不会产生龟裂	耐磨性差； 硬度较低	降低摩擦系数； 降低磨损
高铬钢辊	耐磨性好，易形成氧化膜	易打滑，易产生龟裂； 价格贵	降低摩擦系数； 减轻热划伤
镍基铸铁辊	钢性好； 不会产生辊裂和氧化皮黏辊	难形成氧化膜	降低摩擦系数； 形成牢固的油膜
高速钢辊	耐磨性好	轧制力增大； 价格贵	降低摩擦系数； 尽量降低氧化皮的黏结量

由表1-44可知，润滑剂有以下作用：

（1）保护轧辊，降低轧辊的磨损。轧辊磨损是由于轧辊在500~600℃的高温瞬间接触条件下变形区摩擦作用的结果。使用润滑剂降低了轧辊表面的工作温度，形成覆盖在轧辊表面的保护性油膜，缓和了水的急剧冷却和氧化作用。轧辊表面的氧化膜的作用是可以减少因轧辊表面氧化铁皮膜引起的缺陷和异常情况，可以改善轧辊表面的状态，减少氧化铁皮膜的形成和剥落，防止烧结、抑制裂纹生长，减少磨损。使用热轧润滑技术可以使工作辊磨损降低35%~40%。

（2）改善带钢表面质量。降低轧辊表面龟裂和轧辊磨损速度，提高轧件的几何尺寸精度；轧辊表面产生氧化膜，防止带钢表面产生氧化铁皮。

（3）提高生产率。可以延长轧制公里数，减少换辊次数。

（4）由于摩擦系数的减小，使轧制力降低，热轧力能参数发生变化，降低能耗。轧辊表面氧化膜的另一个作用是可以降低摩擦系数，从而减少轧制力，减少电力损失。

（5）对摩擦系数的影响：未使用热轧油时 $f = 0.35$；使用热轧油并且其成分和油膜厚度适量时 $f = 0.12$。

（6）对轧制力的影响：轧制力最大可降低15%~25%，一般条件下可降低5%~10%。

表1-45为某厂使用润滑工艺对轧辊使用周期的影响对比。

表 1-45 使用润滑工艺对轧辊使用周期的影响对比

项 目	铸铁辊	高铬钢辊
使用润滑工艺	2000t（50km）	5000t（170km）
未使用润滑工艺	1000~2000t	2000~4000t

1.8.7 高速钢轧辊技术

1988 年，高速钢轧辊研制成功，高速钢轧辊具有很好的耐磨性、红硬性、抗事故性，换辊周期明显延长，对轧材质量、轧辊使用寿命和生产效率显著提高，已在热轧粗轧机、热轧带钢精轧机、冷轧带钢轧机、型钢轧机上获得了广泛应用。高速钢材质从 80 年代末由日本开发用于轧辊制造，其耐磨性能为高铬铁轧辊的 5 倍左右，能循环上机再使用而无需修磨辊面，抗热裂纹性能也大大提高。对于提高精轧板形、降低生产成本、自由编排轧制计划（板卷宽度可调节）等都有很好的促进作用。到目前为止，日本的热连轧精轧机组全部使用高速钢轧辊。20 世纪 90 年代，欧洲和北美国家也相继开发使用高速钢轧辊，并取得良好的使用效果。由于高速钢轧辊的使用能带来巨大的经济和社会效益，所以国内许多厂家进行了许多探索和实践。

高速钢（High Speed Steel，HSS）是由大量 W、Mo、Cr、Co、V 等元素组成的高碳、高合金钢（如图 1-28 所示）。高速钢中加入这些合金元素主要是形成 MC、M_2C、M_6C 等高硬度的碳化物（VC 的显微硬度可达 2700~2990HV），在回火时弥散析出，产生二次硬化效应，能显著提高轧辊的红硬性、硬度和耐磨性，见表 1-46。

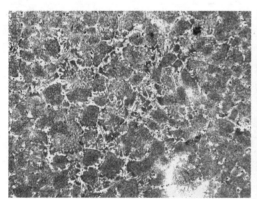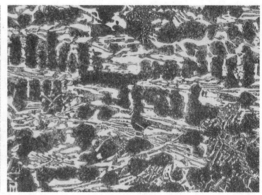

图 1-28 高速钢的金相照片

表 1-46 高速钢轧辊的碳化物特点

轧辊材质	碳含量 /%	共晶碳化物			抗拉强度 /MPa	室温/℃	碳化物硬度	弹性模量 /GPa
		类型	尺寸/μm	形状				
HSS	1.8~2.3	MC	45	粒状	700~900	80~85	2500~3000	2.3
HCr	2.5~3.0	M_7C_3	100~150	束状	650~800	70~90	1200~1500	2.2
HNiCr	3.0~3.5	M_3C	200~500	莱氏体	400~600	75~85	840~1100	1.7

虽然高速钢辊与传统高铬铁辊相比有诸多优势，但高速钢轧辊的使用对轧线要求的条件苛刻得多。为了保证轧辊在轧钢时表面形成良好的氧化膜，轧机冷却水必须能满足轧辊下机后辊温保证在65℃以下这个首要条件；其次，高速钢的摩擦系数、热膨胀率都发生了很大改变，必须重新建立与高速钢轧辊使用相适应的数学模型；另外，高速钢轧辊对裂纹比较敏感，若检测或磨削手段不能跟上，很容易再次上机发生剥落、断辊等恶性事故。以上等诸多因素成为许多热轧厂不能使用高速钢轧辊的限制条件。

高速钢轧辊主要采用离心铸造法（简称 CF）、连续浇注外层成型法（简称 CPC）和电渣重熔法（简称 ESR）制造。我国目前主要采用离心铸造法生产，容易产生成分偏析和裂纹是主要难题。尽管如此，还是可以预见，随着轧机设备控制能力的提高、轧辊使用环境的改善，高速钢辊也必将成为精轧机架轧辊的主流。目前国内使用的高速钢轧辊基本依赖进口，价格高、供货周期长，随着国内用量不断加大，研制出自己的高速钢轧辊是轧辊制造者不断努力的方向。

1.8.7.1 铸造高速钢轧辊的特点

铸造高速钢轧辊的特点如下：

（1）高耐磨性。高速钢轧辊一般采用高碳、高钒型高速钢，含有较多 Cr、Mo 合金元素，在凝固和热处理过程中形成高硬度碳化物，具有高硬度性。轧辊材质中碳化物的形态和硬度见表1–47。

表1–47 轧辊材质中碳化物的形态和硬度

轧辊材质	碳化物类型	形　态	硬度 HV
高镍铬轧辊	Fe3C	网状	840～1100
高铬铸铁轧辊	Cr7C3	菊花状	1200～1600
	Cr23C6	粒状（二次）	1200
高速钢	MC	颗粒状	3000
	M2C	棒状和羽毛状	2000
	M6C	鱼骨状和细板条状	1500～1800

（2）较好的热稳定性。高速钢轧辊中含有较多 V、Cr、Mo、W 和 Nb 等合金元素，具有较好的热稳定性。

（3）良好的淬透性。

（4）优良的强韧性。高速钢轧辊与常规轧辊力学性能比较见表1–48。

表1–48 高速钢轧辊与常规轧辊力学性能比较

部位	项　目	轧辊外层材料		
		高速钢	高铬铸铁	高合金无限冷硬铸铁
外层	肖氏硬度 HSC	80～90	70～90	70～85
	抗压强度/MPa	2500～3200	1700～2200	1900～2500
	临界应力强度因子/MPa·$m^{1/2}$	25～28	21～34	18～25
	抗拉强度/MPa	700～1000	700～900	400～600

部位	项目	轧辊外层材料		
		高速钢	高铬铸铁	高合金无限冷硬铸铁
结合层	抗拉强度/MPa	500~700	300~400	300~500
芯部	抗拉强度/MPa	700~1000	400~500	300~500

（5）良好的形成氧化膜能力。轧制过程中在轧辊表面形成连续、致密、均匀、黏结性好的氧化膜不但可以降低轧辊与材质间的摩擦系数，而且可以提高轧材尺寸精度和表面质量。

（6）良好的抗热疲劳性。

1.8.7.2 高速钢轧辊的使用事项

高速钢复合轧辊尽管具有良好的耐磨性，但实际使用中发现以下问题：遇到皱折、折边等事故时，形成的裂纹深度比传统轧辊深；高速钢复合轧辊的摩擦系数大，轧制负荷高和热膨胀系数大，从而使轧辊热凸度增加、使带钢板形变差；使用高速钢轧辊易出现氧化铁皮缺陷；研磨高速钢轧辊时，辊身上脱落的硬质碳化物容易划伤辊面。使用时应该注意以下几个方面：

（1）轧辊表面易产生氧化、裂纹掉块等缺陷。高速钢轧辊与其他材质轧辊相比，对轧制环境非常敏感，其表面容易产生氧化、裂纹、掉块等缺陷。高速钢轧辊冷却条件比高铬铸铁轧辊冷却条件强，冷却水量应尽量充分，宜采用扁平嘴取代原来的锥形喷嘴，并且将3/4冷却水用于轧辊出钢口侧的冷却，将轧辊表面温度控制在50℃以下。辊身中部的冷却水量应成倍于辊身边部的冷却水量，否则易造成轧辊裂纹。一些轧钢厂家甚至需要增加40%~60%冷却水，因此在使用高速钢轧辊前应考虑冷却水量的问题。

（2）轧辊与轧材之间摩擦系数增加。高速钢轧辊与轧材之间摩擦系数大，轧制负荷增加，可通过适当控制各机架压下量，采取油润滑、带钢表面冷却、降低坯料温度的方式减小摩擦系数。

（3）因轧钢事故造成轧辊损坏。由于高速钢材料冲击韧性较低，脆性大，抗事故性能差，因此要加强管理，确保轧机正常运转。另外，高速钢轧辊对裂纹比较敏感，轧辊上机前各种缺陷必须消除干净，否则，轧辊带缺陷上机使用，很容易导致轧辊辊面剥落、断辊等恶性事故发生。高速钢轧辊耐磨性极好，拥有不磨削使用多个轧制周期的能力，但是过长轧制周期将加大出现事故的几率。因此，必须按正常周期换辊，检查辊面状况。

（4）线膨胀系数。高速钢材质热膨胀系数大，在轧制时易引起辊形变化，影响轧材精度。因此，高速钢轧辊在板带材轧机上使用时，不仅要改变冷却系统的设计，而且还要重新改变辊形的设计。

（5）探伤检测。由于耐磨性好，使用寿命长，结合层可能因疲劳、经受过多冲击形成缺陷，因此定期进行超声波探伤检测非常必要。表面裂纹扩展造成大的非正常辊耗是轧钢生产中常见的，高速钢轧辊磨削周期长，磨净裂纹避免带裂纹上机是必需的，因此应严格进行涡流探伤。

（6）磨削。高速钢轧辊耐磨性高，车削和磨削难度增大，加工效率大大降低，加工工时约为普通合金轧辊的3~4倍，但磨削频率可降低3~5倍。下机后磨削时必须特别注意砂轮引起的磨痕缺陷，这是高速钢中坚硬碳化物小颗粒黏附在砂轮上引起的。砂轮应采用细而硬的磨粒和自锐性好、强度高的黏结剂，较理想的是细氧化铝陶瓷黏结剂。

（7）轧辊使用记录。记录轧辊的上机使用历史，做出客观评价，及时与制造厂家沟通，共同提高轧辊使用寿命。记录内容包括上机时间、下机时间、上机直径、下机直径、在机时间、轧材品种规格、轧制吨位、辊面磨损量、磨削量、辊面状况、有无轧制事故及事故类型。

1.8.7.3　高速钢在热连轧机上的应用

图1-29所示为高速钢工作辊在2250mm热连轧机的第二机架（F2）上经过三次使用后的下机辊面情况。由图可以看出，高速钢轧辊经过三个单位的重复轧制，辊面氧化膜依然保持较完好，表面粗糙度高。通过对高速钢轧辊三次循环再使用下机辊形进行测量，轧辊的累计磨损仅为0.04mm，辊形保持很好，几乎未发生变化。

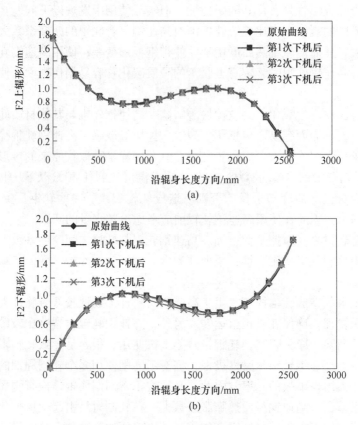

图1-29　第二机架工作辊使用前后的对比情况
（a）上工作辊；（b）下工作辊

对热连轧机精轧机组第二机架上的普钢单位进行跟踪后，高速钢轧辊每个单位平均磨损量与高铬铁轧辊轧制一个单位的磨损量对比如图1-30所示。

图1-31所示为高速钢工作辊在2250mm热连轧机的第三机架（F3）上经过三次使用后的下机辊面情况。通过对高速钢轧辊三次循环再使用下机辊形进行测量，辊形保持很好，几乎未发生变化。

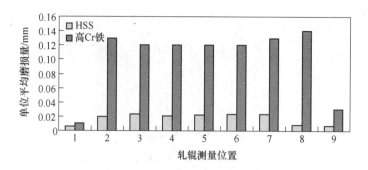

图 1-30 HSS 轧辊与高 Cr 铁轧辊在第二机架（F2）磨损量对比

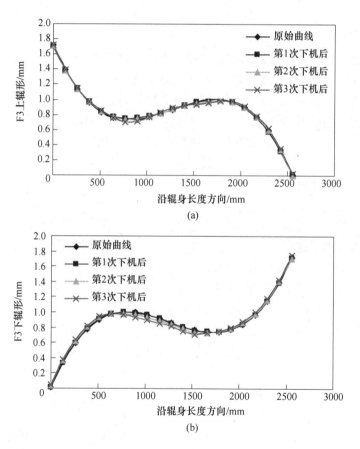

(a)

(b)

图 1-31 第三机架工作辊使用前后的对比情况
（a）上工作辊；（b）下工作辊

对热连轧机精轧机组第三机架上的普钢单位进行跟踪后，高速钢轧辊每个单位平均磨损量与高铬铁轧辊轧制一个单位的磨损量对比如图 1-32 所示。

根据实际使用统计，高速钢轧辊在循环轧制 3 个周期后的平均单次磨削量为 0.2mm，而以往的统计数据高铬铁轧辊轧制一个单位磨削量在 0.4mm 以上。由此看来，高铬铁的耐磨性与高速钢轧辊相比，仅相当于高速钢轧辊的 1/6[（0.2/3）/0.4 = 1/6] 左右。

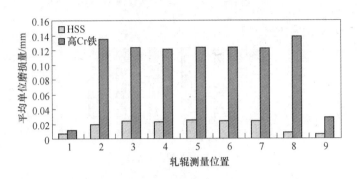

图 1-32 HSS 轧辊与高 Cr 铁轧辊在第三机架 (F3) 磨损量对比

1.8.8 在线磨辊技术

板形和表面质量作为热轧带钢的重要质量指标，直接影响到产品的竞争力。轧制中磨损造成的轧辊辊缝轮廓变化和辊面质量恶化，对带钢板形和表面质量有严重影响。为了保证板形和表面质量，精轧一套轧辊在轧制一定公里数后必须换辊。轧制公里数和换辊周期限制了热轧计划编制的灵活性，制约了生产作业率的进一步提高。自由规程轧制（Schedule-Free Rolling，简称 SFR）是带钢热轧中实现柔性生产组织和最高生产效率的必由之路。

从表面上看，自由规程轧制似乎与轧辊辊形无关，但是实现自由规程轧制的手段——工作辊轴向窜动与工作辊的辊形有关，因而，也将其归结为热轧中与辊形研究有关的问题。

在常规热连轧中，轧制是按轧制单位组织进行的，即轧制完一定数量、一定规格的带钢后更换工作辊，然后进行下一个单位的轧制。轧制规程，也就是各种规格板坯的轧制顺序，其编排的合理性对带钢的板形质量、生产成本、轧制能耗等有重大的影响。在常规热轧中由于几方面原因，轧制规程的编排受到以下限制：

（1）为了保证板形控制所需要的工作辊辊形，将轧制单位内的轧制总长度和同一宽度规格的轧制长度限制在某一范围内。

（2）为了避免工作辊的不均匀磨损造成带钢局部高点的出现，轧制规程的编排通常是由宽到窄，即"Coffin"轧制规程。

（3）为了保证带钢的厚度精度、板形精度和轧制的顺利进行，避免在一个轧制单位内带钢的厚度大幅度变化，同时要求所轧带钢钢种相近。

热轧生产技术发展的一个方向是低耗、高效。这一发展方向的直接产物是热装热送、连铸坯直接轧制技术的成功应用，而连铸坯直接轧制的一个特点是热轧来料基本上为单一宽度的板坯。从另一方面讲，市场激烈竞争的结果使得热轧生产厂家需按用户的要求组织生产，热轧生产也必须朝着多规格、小批量的趋势发展。显然，以上轧制规程的限制不能适应上述两点要求。打破轧制规程限制，实现自由规程轧制是热轧亟待解决的问题。

工作辊轴向不均匀磨损是限制轧辊规程自由编排的直接原因，而在线磨辊技术和工作辊轴向移动技术是均匀化轧辊磨损最有效措施，因而也是当前实现自由轧制的两种重要手段。

日本三菱重工自 20 世纪 80 年代开始开发主要与 PC (Pair Cross) 轧机相配套的 ORG

（On-line Roll Grinder，在线磨辊技术）和 OPM（On-line roll Profile Meter，轧辊在线检测装置），已先后应用于新日铁、川崎制铁、NKK、韩国浦项等公司所属的热轧厂。在线磨辊技术 ORG 最先由 NKK（日本长野工业）于 20 世纪 80 年代末在热轧带钢精轧机上投入使用，效果比较理想。所谓在线磨辊技术是指在轧制过程中即可对轧辊进行修磨而无需将它从轧机上拆下来的新技术。

在线磨辊技术的发展使 PC 轧机得到了很大的发展。该工艺利用磨轮对工作辊进行在线研磨，从而可以保证良好的辊形，使工作辊表面粗糙度达到工艺要求，可以消除轧辊在轧制过程的台阶，可以实现自由轧制程序。这样很大程度上减少了换辊次数，大大提高了生产效率。对轧辊进行在线研磨，能在一定程度上修正轧辊辊形，因而能改善板形，在线磨辊技术是一项很有潜力的新技术，它的发展与完善将给轧钢工业以巨大的推动。

我国于 1996 年在宝钢 1580mm 热轧厂首先引进了在线磨辊装置。唐钢的超薄带钢生产线也采用这一先进的轧辊在线修磨技术。此系统安装在轧机入口处，用于上工作辊磨削的磨辊装置安装在滑动机架上，而用于下工作辊磨削的磨辊装置安装在侧导板上。

日立制作所自 20 世纪 90 年代以来，推出其采用立方氮化硼（CBN）砂轮的在线磨辊装置，磨辊装置本身具有在线检测功能，并在抗振性、磨削控制等方面具有明显的优越性，如图 1-33 所示。该装置所用磨具采用薄板圆盘的形式，一端通过连接毂固定在回转轴上，另一端通过树脂结合剂固定环状的磨料层，回转磨具的轴线与轧辊轴线成一微小角度。从磨具中央看，磨料层与轧辊的接触线仅在一侧形成，使薄板圆盘能因轧辊与磨料层之间的接触力不同而改变挠曲量，以吸收来自轧辊的振动，为了使来自磨料层的磨削热容易散发并减少径向可动部的质量，薄板圆盘采用铝合金制成。回转磨具的驱动马达通过输出轴、皮带传动机构带动磨具的旋转，马达输出轴与皮带轴通过平行花键连接，磨具回转轴支承在机构主体上，其后端装有压力传感器，用来检测磨具与轧辊之间的接触力。径向进给马达通过无间隙型的预压式滚珠丝杠使机构主体产生进给运动，并通过编码器检测进

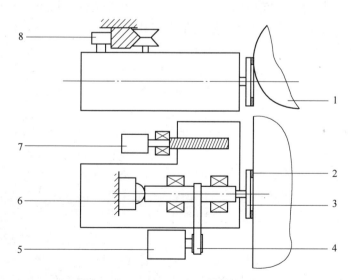

图 1-33 日立 RSM 机械结构示意图

1—轧辊；2—磨料；3—砂轮盘；4—带轮；5—砂轮驱动马达；6—压力传感器；
7—径向进给马达；8—轴向摆动机构

给马达的回转角度，从而精确得出磨具的进给位置。磨削机构的轴向摆动则通过齿轮齿条传动来实现。

上海宝钢1780mm热轧厂引进了三菱日立制铁机械株式会社最新型的驱动式杯型CBN材质磨石的在线磨辊（ORG）装置，具有研磨效率和控制精度高的特点。

在线磨辊装置安装在F5～F7机架的入口侧的刮水器框架内，上下各一套。该装置由控制磨石倾动的驱动装置、消除传动系统间隙的平衡液压缸、磨石横向移动装置、磨石伸缩装置和磨石本体等组成，如图1-34所示。磨石沿辊面倾斜—非常小的角度，且磨石旋转轴心离轧辊的轴心有一微小的偏移量，旋转着的磨石压靠到工作辊的辊面，沿着轴向方向移动进行研磨。在线磨辊装置通过磨石沿轧辊长度方向移动对工作辊辊面进行全面或段差研磨，消除轧辊辊面不均匀磨损和辊面细小"凹坑"，可提高生产作业效率，改善板带质量，并可实现柔性的生产计划。

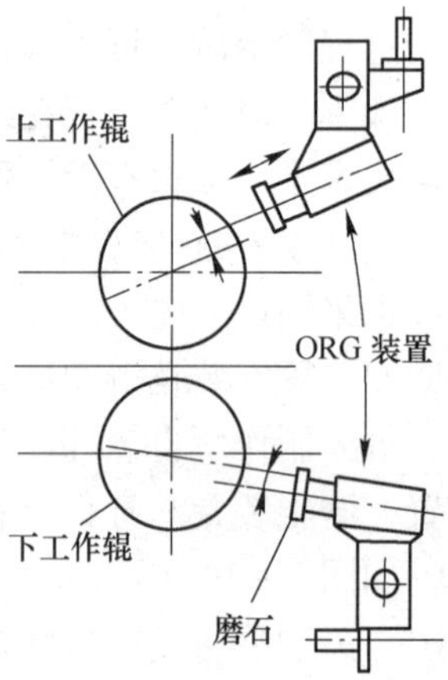

图1-34 ORG装置示意图

在线磨辊装置技术主要有以下特点：（1）延长工作辊更换周期；（2）延长同宽轧制公里数；（3）实现宽度反跳轧制（窄到宽）；（4）去除轧辊辊面缺陷；（5）为实现DHCR/HCR、碳钢/不锈钢混合轧制创造条件。

ORG研磨方式分为全面研磨和段差研磨，全面研磨对轧辊全长进行研磨，消除工作辊辊面的粗糙、通板区域端部的尖角和带钢甩尾造成的划痕，以改善轧辊辊面质量，提高同宽轧制公里数，延长换辊周期。段差研磨只对非通板区域进行研磨，由于缩小了通板与非通板区域间的落差，因而能突破带钢宽度跳跃量和同宽轧制公里数对带钢生产中作业计划的限制，可以实现由窄到宽的宽度反跳轧制。

ORG控制流程如图1-35所示，其中MPC（Mill Pacing Control）为轧制节奏控制。由轧辊磨损模型分别对上/下工作辊的磨损量进行计算，计算出上/下工作辊的磨损轮廓；轧辊轮廓再计算模块根据研磨实际对轧辊轮廓进行再计算；按段差量算出段差研磨量，或按轧辊的磨损量算出研磨量；对研磨时机、研磨能力、摆动速度、磨石旋转速度、磨石压靠压力等进行计算；生成各坐标点（间隔5mm）的研削量、摆动次数等控制指令；通过电磁阀对ORG摆动、倾动、磨石压靠压力、旋转速度等进行动态控制。

由于模型能精确算出上/下工作辊沿长度方向上的辊形轮廓，所以ORG不但能进行单个轧辊的全面研磨处理，而且还能在轧辊全长范围内进行准确的段差研磨，即在任一区域内的突起部分都能用段差研磨来消除，所以控制精度高。此外，可以通过油压来动态调整磨石对轧辊的压靠压力，使其会随着轧辊速度变化而变化，以保证稳定的研磨能力，因而ORG每次摆动的研磨量保持一致，研磨精度高。

热轧在线磨辊装置正朝着结构紧凑、运行可靠、便于维护、抗振性好、磨削效率高、砂轮使用寿命长等方向发展，主要表现为：

（1）改进磨头的刚性结构，提高砂轮的抗振性是避免轧辊表面因振动产生辊面缺陷的有效手段。

（2）改进整套磨辊装置的结构布置，在结构紧凑的基础上兼顾便于检修与维护的要

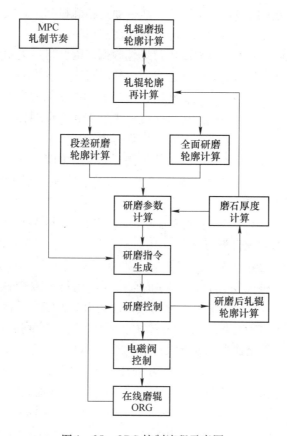

图 1-35 ORG 控制流程示意图

求，以适应狭小的安装空间的限制。

（3）通过实验研究研制高效强力砂轮，选择合适的磨料类型、粒度、集中度和结合剂，提高磨削比，以延长砂轮的使用寿命，避免频繁更换砂轮。

（4）与在线辊形测量功能配套，能实现自动控制磨削。

（5）优化砂轮速度、轴向摆动速度、磨削深度等磨削工艺参数，提高磨削质量。

（6）采用高速磨削提高磨削精度和轧辊表面磨削质量，提高磨削效率。

1.8.9 铁素体轧制技术

铁素体区轧制技术即相变控制轧制，是近几年发展起来的一种新的轧制工艺。这一新技术，可以生产出高伸长率的带卷，并具有成本低、生产率高、产品质量高等优点，已经成为热轧带钢生产工艺的一个重要发展方向。

传统的轧制工艺，即奥氏体轧制工艺，采用高的加热温度、高的开轧温度、高的终轧温度和低的卷曲温度，而铁素体区轧制工艺则要求粗轧在尽量低的温度下使奥氏体发生变形，以增加铁素体的形核率，精轧则在铁素体区进行，随后采用较高的卷取温度，以得到粗晶粒铁素体组织，降低热轧带钢的硬度。传统的热轧工艺要求精轧温度在相变转变点之上，以避免在相变区内进行轧制，否则，就会由于流变应力的突变造成带钢力学性能不均匀及最终产品的厚度波动，而铁素体轧制则是在轧件进入精轧机前，就完成奥氏体向铁素体的相变。粗轧仍在全奥氏体状态下完成，然后通过精轧机和粗轧机之间的超快速冷却系统，使带钢温度在进入第一架精轧机前降低到相变点以下。

由于铁素体区轧制的钢坯加热温度比常规轧制低，因此可以大幅度降低加热能耗，加热炉的产量也得以提高。低的加热温度还可减少轧辊温升，从而减少由热应力引起的轧辊疲劳龟裂和断裂，降低轧辊磨损；低温轧制还可降低二次氧化铁皮的产生，提高热轧产品的表面质量，同时也可提高酸洗线的运行速度。生产实践已证明，用铁素体区热轧所生产的超薄带钢代替传统的冷轧退火带钢，可大大降低生产成本。

根据钢的化学成分和轧制条件，铁素体轧制适合生产的产品有：（1）直接应用的热轧薄带钢，可以替代常规冷轧退火薄板；（2）一般冷轧用钢；（3）深冲、超深冲冷轧用钢；（4）铁素体区域热轧后直接退火的钢板。

铁素体轧制的优点：（1）由于低的加热温度，加热炉既节约能源又提高了生产率；（2）由于进入精轧机组的轧件温度降低，从而显著地降低了对工作辊的磨损，因此可以延长轧辊寿命，提高轧机生产效率；（3）在生产薄带钢时温降比较大，精轧难以实现在完全 γ 状态下轧制，末机架精轧机产生的非均匀变形可能导致带材的跑偏和板形缺陷；此外，在奥氏体和铁素体共存的情况下轧制时，还会引起带钢力学性能不均匀和最终产品厚度波动（由于变形抗力的变化，引起轧制力的变化，使得厚度控制难度加大）。对超低碳钢和低碳钢，精轧在完全铁素体或绝大部分为铁素体状态下进行，就可以克服 $\gamma \to \alpha$ 相变区轧制时的危害；（4）铁素体轧制的好处还在于其较软的产品特性，这在产品冷轧阶段得到体现。根据冷轧带钢轧机的实际生产能力，既可以提高轧机生产效率（在可逆轧机上，可增大压下，减少轧制道次），还可以增加来料（热轧板带）厚度，这样无论哪种情况都可以提高轧机的产量；（5）利用铁素体轧制，产品柔软且有好的加工成型性能，可以扩大产品品种规格范围；（6）通过采用润滑轧制，可以提高塑性应变比 r 值，获得良好的深冲性能。

薄板坯连铸连轧生产线采用铁素体轧制时，关键要解决 3 个技术问题：一是为实现带钢冷却，即实现奥氏体向铁素体转变，机架间距离及冷却装置的设置；二是精轧机与卷取机间距离的设置；三是带钢轧后冷却方式的选择以确保卷取温度。

1.8.10 短流程生产方式

短流程生产方式，即薄板坯连铸连轧技术，是 80 年代后期发展起来的一种新工艺。与传统的带钢热轧工艺相比，可大大缩短生产环节，节约能源，降低生产成本，降低设备故障率、备件费用及检修费用等。世界上第一条薄板连铸连轧生产线于 1989 年在美国纽克（Nucor）公司克拉福兹维莱钢厂建成生产，目前在全世界范围内已建或在建的有近 40 条生产线。德国原施罗曼－西马克公司开发的 CSP（Compact Strip Production）技术是短流程技术中最典型也是应用最广泛的生产方式。我国的邯钢、包钢、珠江钢厂以及兰州钢厂都采用了 CSP 技术，唐山钢铁厂也正在建设 CSP 生产线。除了 CSP 生产方式外，典型的短流程生产方式还有德国原曼内斯曼－德马克公司开发的 ISP（Inline Strip Production）工艺，意大利达涅利公司开发的 FTSRQ（Flexible Thin Slab Rolling for Quality）工艺，奥地利奥钢联工程技术公司开发的 CONROLL 技术，美国蒂金斯公司开发的 TSP（Tippins-Samsung Process）工艺，SMS 公司、蒂森公司和法国尤诺尔沙西洛尔公司共同开发的 CPR

工艺（Casting Pressing Rolling），日本住友金属公司开发的 Sumitomo 工艺等。

1.8.11　无头轧制

　　传统的板带热连轧精轧机组生产均以单块中间坯进行轧制，因此，不可避免地要经过进精轧机组时的穿带、加速轧制、减速轧制、抛钢、甩尾等一系列过程。由此发生的尺寸公差和力学性能的不均匀性很难在原有工艺框架内得到解决。热轧无头轧制新技术正是解决这些问题的一项重要的技术突破。在传统热连轧中，板坯是在精轧机中一块一块地轧制的，带钢的头部在出了精轧机到卷取机之前的这段长度上以及尾部出精轧机后的这段长度上处于无张力的状态，造成每一卷带钢的头尾部分尺寸公差和板形难以保证。同时，单块坯轧制时因尾部无张力，故在精轧机架间常发生甩尾形成 2 ~ 3 层折叠咬入，从而产生轧辊表面裂纹和压痕伤；而无头轧制是将大约 10 块带坯在出粗轧机后的中间辊道上头尾焊合在一起，接着进入精轧机中连续轧制，带坯在恒张力下轧制，因此几何精度和板形不良的比例大幅度下降。无头轧制因穿带和抛尾的减少，可以做到稳定的润滑轧制。与此同时，稳定的润滑轧制可使轧制力降低，因而可在较低温度下进行轧制，生产出具有良好深冲性能的带钢，并可降低能源消耗。

　　无头轧制工艺是传统热轧带钢生产的一项技术突破，是指粗轧后的板坯在中间辊道上进行焊接，并连续不断地通过精轧机组的一种技术。和传统生产方式相比，由于减少了带钢在精轧机组穿带和甩尾环节，带钢在恒张力条件下轧制，因此带钢头尾的几何精度和板形不良的比例大幅度下降，力学性能更均匀，收得率提高，机组的劳动生产率提高，并且可大量稳定地生产极薄带钢。1996 年 3 月，无头轧制技术首先应用于日本川崎钢铁公司千叶厂 3 号热轧带钢生产线。日本新日铁公司将其大部分厂的传统热连轧机组改造为无头轧制生产线并于 1997 年 10 月投入运行。此外，德国、韩国、意大利等钢铁公司也都致力于在常规热轧生产线上开发无头轧制技术并已取得显著成果。无头轧制技术将成为热轧生产今后发展的重要方向。

1.8.12　超薄带钢的轧制

　　热轧带钢产品的成品厚度很少小于 2mm。伴随着近年来短行程工艺和无头轧制技术的不断成熟，热轧成品最小厚度不断减小，使得热轧产品取代部分冷轧产品成为可能。这样就可大大缩短生产流程，降低生产成本，提高产品的附加值；并且由于在热轧生产中可以采用控轧控冷技术，因而可以在很大范围内较好地控制热轧带钢的组织和性能。日本川崎钢铁公司千叶厂自应用了无头轧制技术之后，已经轧出了 0.76mm 厚度的热轧带钢。我国几条连铸连轧生产线带卷的最小厚度均为 1mm，武钢 1700mm 热连轧机组甚至已成功地轧制出 1mm 以下厚度的带钢，这对于这套宽带钢机组来说尤为难得，具有重要意义。以上机组极大地缓解了我国热轧薄带的需求状况，"以热代冷"也是热轧生产发展的主流。

1.8.13　自由规程轧制

　　在热轧生产中，工作辊的磨损较大，在轧制过程中会在工作辊中部与带钢接触范围内产生较为明显的磨损箱形。此时若轧制的带钢宽度大于该磨损箱形的宽度（如图 1 - 36 所示），必然会给带钢板形造成非常恶劣的影响，在带钢的肋部产生较大的浪形，而这正是常规轧机最难以控制的带钢板形缺陷。因此，理想的轧制条件是使带钢的宽度始终位于磨损箱形之内。所以在编排轧制规程时，一般遵循由宽到窄的"coffin 图"原则（如图 1-37 所示），并对同宽轧制和逆宽轧制（先窄后宽）实行严格的限制。这样的编排一方面使轧制生产受到限制，降低了劳动生产率，另一方面难以保证轧制初期带钢的板形。实际生产中在轧制重要的商品材之前通常需要进行一定数量的过渡材轧制以稳定辊形，避免造成收得率的降低。

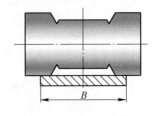

图 1-36　工作辊磨损示意图

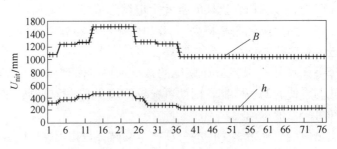

图 1-37　热轧带钢轧制规程

一直以来热轧生产都在研究实现自由的批量同宽轧制和大逆宽轧制，即自由规程轧制（Schedule Free Rolling）。传统热轧轧制和自由规程轧制对比如图 1-38 所示。短流程生产方式以及无头轧制技术的出现使自由规程轧制愈显其重要性。自由规程轧制即宽度可连续自由变化（由宽到窄、同宽和由窄到宽）轧制，一般主要是指可"批量同宽轧制"或"大逆宽轧制"。实现自由规程轧制的思路可以是减少甚至消除工作辊表面磨损、均匀化磨损分布或者开发特殊的可补偿磨损对辊缝影响的板形控制技术。武钢 1700mm 热连轧精轧机组通过工作辊轴向的长行程窜辊（±150mm）使工作辊磨损均匀化，同时配合带有特殊辊形曲线的 ASR 工作辊，使磨损曲线的"盆地"型消失并呈低阶次的近似光滑平缓曲线，再结合工作辊强力弯辊可以保持承载辊缝形状的完全正常和可控，可以进行批量同宽轧制和大逆宽轧制，实现任意的自由规程轧制，并可连续生产凸度小于 0.02mm 的所谓"超平材"。

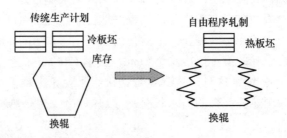

图 1-38　传统热轧轧制和自由规程轧制对比

所以，自由规程轧制打破钢种、厚度和宽度限制，适应连铸-热装直接轧制。它可以缩短工序，减少板坯库存；灵活编制出生产计划，实现小批量化生产；迅速及时满足不同用户的要求。其主要的实现途径就是通过 WRS 工作辊窜辊技术和 ORG 在线轧辊磨削技术来均匀化轧辊磨损，均匀化之前与之后如图 1-39 所示。

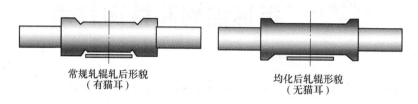

常规轧辊轧后形貌　　　　　　　　均化后轧辊形貌
（有猫耳）　　　　　　　　　　　（无猫耳）

图 1-39　实现自由规程轧制之前与之后

1.8.14　智能化控制

智能控制实际上是对自动控制理论与技术发展到一个新阶段的综合，自 20 世纪 60 年代诞生以来就一直是人们高度关注的焦点。1966 年，J. M. Mendel 首先主张将人工智能用于飞船控制系统的设计，1984 年小园东雄将人工智能引入轧制领域，实现了对型钢的最优剪切控制。作为控制理论发展的高级阶段，它主要用来解决那些用传统控制理论难以解决的复杂系统的问题。热轧生产是一个十分复杂的动态过程，蕴含大量不确定偶发因素，具有多变量、非线性、强耦合的特性。单纯依靠传统的控制理论已无法满足其控制精度的要求。随着计算机水平的迅猛发展以及智能控制理论研究热潮的兴起推动了智能控制思想在轧制过程中的应用。它避开了过去那种对轧制过程深层规律的无止境的探求，转而模拟人脑来处理问题，以事实和数据为依据，来实现对过程的优化控制。这种方法针对性强，可靠性高，更有利于对轧制过程的优化控制。从目前国内外发表的文献来看，智能控制在板带轧制生产中应用最多的是神经网络（Artificial Intelligence）与模糊控制（Fuzzy Control）技术。此外，对于专家系统（Expert System）、遗传算法（Genetic Algorithm）、模拟退火法（Simulated Annealing）等智能控制方法的研究也取得了一定成果。这些智能控制方法在生产计划编排、材料性能预报、轧制力预报、模式识别、轧机动态设定、故障诊断、轧制规程设定以及成品库的管理等方面得到了广泛的应用并且取得了明显的实绩。

人工智能控制思想在工业生产中的应用在控制领域具有里程碑式的意义，给控制领域注入了无限的生机，成为近年来国内外研究的热点。作为一门新兴的学科领域，人工智能还处于它的发展初期，并没有形成完整的理论体系。在工业生产领域中还处于探索应用阶段，但具有非常广阔的应用前景。将这一先进的控制理念与现代化大生产相结合，具有深远的理论和现实意义，同时也需要我们进一步的研究和探索。

2 板形控制和检测技术

热轧钢板硬度低，加工容易，延展性能好。热轧带钢产品包括钢带（卷）及有其剪切而成的钢板。钢带（卷）可以分为直发卷及精整卷（分卷、平整卷及纵切卷）。随着制造业的迅速发展，用户对优质钢板的需求量越来越大，同时对钢板综合质量的要求也越来越高。钢板的综合质量除包括力学性能外，几何外观参数也是一个重要因素。板带的几何特性在宏观上讲，包括板带的厚度、宽度；在微观上讲，包括带钢的凸度、平坦度、楔形及板廓形状。板带的几何参数直观反映了带钢的质量，是最容易得到的数据，因此，对板带几何特性的控制是对板带质量控制的基础。

在板带轧制过程中，因带钢纵向延伸不均匀，轧后的带钢常出现垂直于板面方向的板形缺陷，如图 2 - 1 所示。钢板的力学性能决定了其抗拉、抗压等性能；而钢板的几何外观对其承载、储油、涂漆、涂镀、冲压成型及抗擦伤性能等有直接的影响。如热轧卷板表面局部高点造成冷轧卷板成品表面产生黏结浪形；汽车梁成型后后腿部距离回弹不一致，导致下工序衬板、加强板组装困难；集装箱板浪形影响集装箱整体焊接质量和外观；工程机械钢卷板瓢曲造成吊车吊臂无法焊接等。因此，对板带产品综合质量进行了解，并研究相应的控制手段，对于提高钢板综合性能，促进冶金工业和制造业的发展是非常重要的。

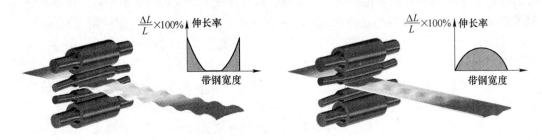

图 2 - 1 带钢浪形缺陷

2.1 板形的描述

横截面外形（Profile）和平坦度（Flatness）是目前用以描述带钢板形的两个最重要的指标。横截面外形反映的是沿带钢宽度方向的几何外形特征，而平坦度反映的是带钢沿长度方向的几何外形特征。这两个指标相互影响，相互转化，共同决定了带钢的板形质量，是板形控制中不可或缺的两个方面。

2.1.1 横截面外形

横截面外形的主要指标有凸度（Crown）、边部减薄（Edge drop）和楔形（Wedge）。带钢板廓如图 2 - 2 所示。

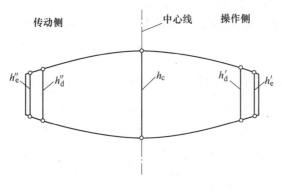

图 2-2　带钢板廓

（1）凸度。凸度 C 是指带钢中部标志点厚度 h_c 与两侧标志点平均厚度之差，它是反映带钢横截面外形最主要的指标，见式（2-1）。根据所取标志点距带钢边部的距离，分别用 C_{25}、C_{40}、C_{100} 表示。

$$C = h_c - \frac{h_d' + h_d''}{2} \qquad (2-1)$$

式中，C 为带钢凸度；h_c 为带钢中点厚度；h_d' 为带钢操作侧标志点厚度；h_d'' 为带钢传动侧标志点厚度。

对于宽带钢，有时需要进一步把带钢凸度区别定义为一次凸度 C_{W1}、二次凸度 C_{W2} 和四次凸度 C_{W4}。此时，在横截面上从左侧标志点到右侧标志点的范围内测取多个厚度值，并把它们拟合为曲线：

$$h = b_0 + b_1 x + b_2 x^2 + b_4 x^4$$

可以根据需要定义各次凸度表达式，如采用车比雪夫多项式，则有

$$C_{W1} = 2b_1$$
$$C_{W2} = -(b_2 + b_4)$$
$$C_{W4} = -\frac{b_4}{4}$$

式中，b_0、b_1、b_2、b_4 为多项式的系数，由拟合得到。

此外，有时也要用到比例凸度，即凸度与横截面中点厚度或平均厚度之比。

（2）边部减薄。边部减薄又称为边降，是指带钢边部标志点厚度与带钢边缘厚度之差（见式（2-2））。

$$E_o = h_d' - h_e'$$
$$E_d = h_d'' - h_e''$$
$$E = \frac{E_o + E_d}{2} \qquad (2-2)$$

式中，E 为带钢整体的边部减薄；E_o 为带钢操作侧边部减薄；E_d 为带钢传动侧边部减薄；

h'_e为带钢操作侧边缘厚度；h''_e为带钢传动侧边缘厚度。

（3）楔形。楔形 W 是指带钢操作侧与传动侧边部标志点厚度之差（见式（2-3））。

$$W = h'_d - h''_d \qquad (2-3)$$

（4）局部高点。局部高点是带钢截面的局部突起（局部高点）或凹陷（局部低点）的总称。局部高点示意图如图 2-3 所示。

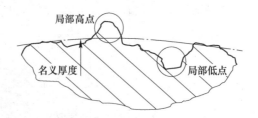

图 2-3　局部高点示意图

2.1.2　平坦度

带钢平坦度是指带钢中部纤维长度与边部纤维长度的相对延伸之差。带钢产生平坦度缺陷的内在原因是带钢沿宽度方向各纤维的延伸存在差异，导致这种纤维延伸差异产生的根本原因是由于轧制过程中带钢通过轧机辊缝时，沿宽度方向各点的压下率不均所致。当这种纤维的不均匀延伸积累到一定程度，超过了某一阈值，就会出现"可见的"板形不良或称为"明板形"。最常见的几种浪形及其形成过程如图 2-4 所示。

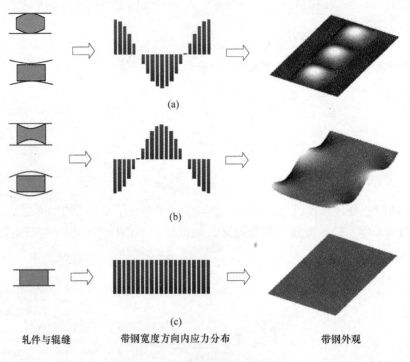

| 轧件与辊缝 | 带钢宽度方向内应力分布 | 带钢外观 |

图 2-4　几种常见浪形的形成
（a）中浪；（b）边浪；（c）平直

如果内应力虽然存在，但不足以引起带钢翘曲，外观上不见浪形，则称为"潜在的"板形不良或称为"暗板形"。大多数情况下，两种形式同时存在，因为当带钢产生翘曲后，内应力不一定完全释放。当带有浪形的带钢被施加足够大的张力时，浪形有可能消失或减小，此时"浪形"部分或全部转换成了"暗板形"。当解除张力后，明板形又会出现。同理，当把一块内部存在内应力但又没有起浪的带钢沿纵向切开成纤维条时，各纤维条就会出现长度差，而内应力就会完全消失。可见带钢的起浪、纵向纤维长度差和内应力分布不均是板形不良的三种表现形式，三者有着非常密切的关系。

2.1.2.1 常见带钢板形的类别

常见的带钢板形如图2-5所示。其中，图中第一行为应力分布图，图中第二行为外观示意图。

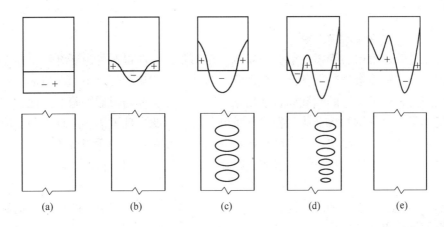

图2-5　带钢常见板形

(a) 理想板形；(b) 潜在板形；(c) 可见板形；(d) 混合板形；(e) 张力影响的板形

(1) 理想板形。理想板形应该是平坦的，内应力沿带钢宽度方向上均匀分布。当去除带钢所受外力和纵切带钢时，带钢板形仍然保持平直。

(2) 潜在板形。潜在板形产生的条件是内部应力沿带钢宽度方向上不均匀分布，但是带钢的内部应力足以抵制带钢平坦度的改变。当去除带钢所受外力时，带钢板形仍然保持平直。然而，当纵切带钢时，潜在的应力会使带钢板形发生不规则的改变。

(3) 可见板形。可见板形产生的条件是内部应力沿带钢宽度方向上不均匀分布。同时，带钢的内部应力不足以抵制带钢平坦度的改变，结果局部区域发生了弹性翘曲变形。去除带钢所受外力和纵切带钢都会加剧带钢的可见板形。

(4) 混合板形。混合板形指的是带钢的各个部分板形形式不同。例如，带钢的一部分呈现潜在板形，其他的部分呈现可见板形。

(5) 张力影响的板形。如果张力产生的内应力足够大，以至于可以将整体的（内部的和外部的）压应力减小到将可见板形转变为潜在板形的水平，则张力影响的板形可能是平坦的。

2.1.2.2 带钢翘曲的力学条件

由弹性力学可知，带钢发生翘曲的力学条件为：

$$\sigma_{CR} = k_{CR} \frac{\pi^2 E}{12(1+\nu)} \cdot \left(\frac{h}{B}\right)^2, \ \sigma \geqslant \sigma_{CR}$$

式中，σ_{CR} 为带钢发生翘曲的临界应力，MPa；σ 为带钢的内应力，MPa；k_{CR} 为带钢翘曲的临界应力系数，需由试验获得；E 为带钢材料的弹性模量，MPa；ν 为带钢材料的泊松比；h 为带钢的厚度，mm；B 为带钢的宽度，mm。

上式反映了带钢的厚宽比 h/B、带钢翘曲的临界应力系数 k_{CR} 等对带钢发生翘曲的临界应力 σ_{CR} 的影响。带钢发生翘曲的临界应力系数 k_{CR} 取决于应力分布特征及板材边部支撑条件。一些研究结果指出：对于冷轧板材，当产生边浪时 k_{CR} 约为 12.6，产生中浪时 k_{CR} 约为 17.0。对热轧薄板产生边浪时 k_{CR} 约为 14，产生中浪时 k_{CR} 约为 20。根据应力分布特征及板材边部支撑条件确定了 k_{CR} 和 σ_{CR} 后，即可用上式分析板材的翘曲情况。

2.1.2.3　平坦度表示方法

现代冷连轧过程中，带钢一般会被施以一定的张力，使得这种由于纤维延伸差而产生的带钢表面翘曲程度会被削弱甚至完全消除，但这并不意味着带钢不存在板形缺陷。它会随着带钢张力在后部工序的卸载而显现出来，形成各种各样的板形缺陷。因此，仅凭直观的观察是不足以对带钢的板形质量做出准确判别的。由此出现了诸多原理不同、形式各异的板形检测仪器，如凸度仪，平坦度仪等。它们被安装在轧机的适当位置，在轧制过程中对带钢进行实时的板形质量监测，以利于操作人员根据需要调节板形，或是指导板形自动调节机构进行工作。

在带钢的轧制过程中和成品检验时一直使用着多种平坦度测量手段，所以也就存在着多种平坦度描述方法。

(1) 相对延伸差法。带钢产生翘曲，实质上是带钢横向各纤维条的不均匀延伸造成的。将有平坦度缺陷的带钢裁成若干纵条并平铺在平直的检测台上，可明确地看出各纤维条的长度不同。

如图 2-6 所示，最普通的三种带钢表观板形表现的纤维延伸不均与平坦度之间的定性关系如下（见式 (2-4)~式 (2-6)）：

单边浪：

$$L_M < L_C < L_O \quad 或 \quad L_M > L_C > L_O \tag{2-4}$$

双边浪：

$$L_C < L_M \quad 及 \quad L_C < L_O \tag{2-5}$$

中浪：

$$L_C > L_M \quad 及 \quad L_C > L_O \tag{2-6}$$

纤维相对延伸差法指的是在自由带钢的某一取定长度区间内，用横向某一纤维条的实际长度 $L(z)$ 与其基准长度 L 的相对差来表示带钢的平坦度（见式 (2-7)）。

$$\rho(z) = \frac{L(z) - L}{L} = \frac{\Delta L}{L} \tag{2-7}$$

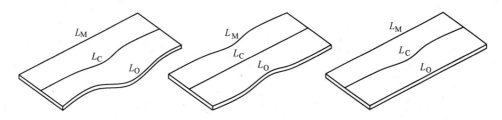

图 2 - 6 带钢纤维延伸不均与平坦度的定性关系

式中，$\rho(z)$ 是带钢延伸量沿横向的相对变化量，由于相对延伸差一般很小，故将其放大 10^5 倍后，表示为 I 或 IU。当只有中浪和边浪的情况下相对延伸差可以表示为：

$$\rho_0 = \frac{L_c - L_e}{\overline{L}} \times 10^5 \qquad (2-8)$$

式中，L_c、L_e 分别为带钢中部和距边部 40mm（或 25mm）处的纤维长度；$\overline{L}$ 为纤维平均长度。

当 $\rho_0 = 0$ 时，表示板形良好；$\rho_0 > 0$ 时，表示产生了中浪；$\rho_0 < 0$ 时，表示产生了边浪。

（2）浪形表示法。波高（R_w）：带钢在自然状态下浪形翘曲表面上的点偏离检测台平面的最大距离叫做波高。这种平坦度表示方法直观、容易测量，在工程中应用广泛。

波浪度（d_w）：指的是用带钢翘曲浪形的浪高 R_w 和波长 L_v 比值的百分率来表示，d_w 也叫做陡度（Steepness）或者翘曲度，这个指数也是经常用的板形平坦度标准（见式（2 - 9））。

$$d_w = \frac{R_w}{L_v} \times 100\% \qquad (2-9)$$

这种表示法直观且易于测量，因而被广泛采用，许多国家的带钢平坦度标准就是以 d_w 作为定义参数的。当然，浪形表示法只能用于表示"明板形"。

（3）两种平坦度指标之间的关系。当图 2 - 7 所示浪形假设为正弦函数曲线时，波浪度 d_w 与相对延伸差 ρ 之间的关系可用以下方面求解：

因设波形曲线为正弦波，则波形 H_w 可表示为：

$$H_w = \frac{R_w}{2} \sin\left(\frac{2\pi y}{L_v}\right)$$

图 2 - 7 带钢浪形表示

所以，

$$L_w = \int_0^{l_v} \sqrt{1 + \left(\frac{\mathrm{d}H_w}{\mathrm{d}y}\right)^2}\,\mathrm{d}y = \frac{L_v}{2\pi}\int_0^{2\pi} \sqrt{1 + \left(\frac{\pi R_w}{L_v}\right)^2 \cos^2\theta}\,\mathrm{d}\theta \approx L_v\left[1 + \left(\frac{\pi R_w}{2L_v}\right)^2\right]$$

$$\rho = \frac{L_w - L_v}{L_v} \times 10^5 \approx \left(\frac{\pi R_w}{2L_v}\right)^2 \times 10^5 = \frac{\pi^2}{4}d_w^2 \times 10^5 = 2.465 \times 10^5 d_w^2 \qquad (2-10)$$

相对延伸差表示波浪部分的曲线长度对于平直部分标准长度的相对增长量，一般用带钢宽度上最长和最短纵条上的相对长度差表示。因为该数值很小，国际上通常将相对长度差乘以 10^5 后，再用来表示带钢的平坦度，该指标称为 I – unit 单位，简写为 I（或 IU）单位。一个 I（或 IU）单位表示相对长度差为 10^{-5}。即相对延伸差 ρ 的单位是 I（或 IU），$1IU = 10^{-5}$，例如：$R_w = 20\mathrm{mm}$，波长 $L_v = 1000\mathrm{mm}$，则相对延伸差为 0.00099，即带钢平坦度为 99 个 IU 单位。

2.1.3　凸度与平坦度的转化

作为衡量带钢板形的两个最主要的指标，凸度与平坦度不是孤立的两个方面，它们相互依存，相互转化，共同决定了带钢的板形质量。

带钢比例凸度 $\Delta\gamma$（$\Delta\gamma = C/h$，C 为带钢凸度，h 为带钢厚度）发生了改变，则会引起带钢平坦度 λ 的变化（如图 2 – 8 所示）。两者之间关系为：

$$\lambda = \pm\frac{2}{\pi}\sqrt{|\Delta\gamma|} \qquad (2-11)$$

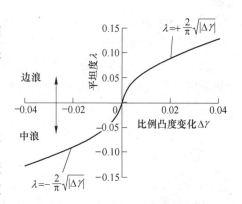

图 2 – 8　平坦度与比例凸度
的转化关系

式（2 – 11）是在不考虑轧件宽展的条件下得出。如果轧制过程中带钢发生了一定的宽展变形，则可以允许带钢的比例凸度在一定范围内波动而带钢的平坦度保持不变。

根据上述带钢平坦度良好（$\lambda\to0$）的必要条件是 $\Delta\gamma\to0$，即带钢在轧制前后比例凸度保持恒定：

$$\frac{C_h}{h} = \frac{C_H}{H} = \mathrm{const}(\text{常量}) \qquad (2-12)$$

式中，C_h 为出口轧件凸度；C_H 为入口轧件凸度；h 为出口轧件平均厚度；H 为入口轧件平均厚度。

需要指出的是，式（2 – 12）是在不考虑带钢横向金属流动情况下得出的结论。在热轧生产中尤其是粗轧及精轧机组的上游机架，带钢厚度大，金属在轧制过程中很容易发生横向流动。因此，比例凸度可以在一定范围内波动而平坦度也可以保持良好。通常用 Shohet 判别式表示如下：

$$-\beta K < \delta < K \qquad (2-13)$$

式中，$\delta = \dfrac{C_H}{H} - \dfrac{C_h}{h}$，$K = \alpha\left(\dfrac{h}{B}\right)^{\gamma}$；$\dfrac{C_H}{H}$ 为入口轧件的比例凸度；$\dfrac{C_h}{h}$ 为出口轧件的比例凸度；K 为阈值；α、β 为带钢产生边浪、中浪的临界参数。一般取 $\alpha = 40$，$\beta = 2$；γ 为常数。K. N. Shohet 利用切铝板的冷轧实验数据和切不锈钢板的热轧实验数据，导出 $\gamma = 2$；而 Robert R. Somers 采用了其修正形式，将 γ 值缩小为 1.86，增加了带钢"平坦死区"（Flatness Dead Band，简称 FDB）的范围。

当出口与入口比例凸度的变化 $\delta > K$ 时，将出现中浪；当 $\delta < -\beta K$ 时，将出现边浪；当 $-\beta K < \delta < K$ 时，将不会出现外观可见的浪形，如图 2-9 所示。

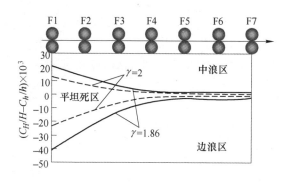

图 2-9　带钢板形的"平坦死区"

图 2-10 所示的数据是 1700mm 热轧机组 6 道次的带材平坦度死区。带钢从热轧机组 F1 机架到 F6 机架，F1 机架压下量较大，厚度变化较大，而 F6 机架压下量较小，厚度变化较小，从图中看到，从 F1 到 F4 的 δ 值基本落在平坦度死区内，而经过 F5 和 F6 时的带钢则落在平坦度死区外。

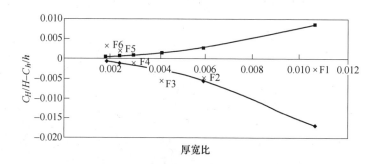

图 2-10　1700mm 热轧机组 6 道次的工件出口厚宽比与 δ 的变化关系

由式（2-13）可得：

$$\frac{C_H}{H} - \frac{C_h}{h} > -\beta\alpha\left(\frac{h}{B}\right)^{\gamma} \qquad (2-14)$$

$$\frac{C_H}{H} - \frac{C_h}{h} < \alpha\left(\frac{h}{B}\right)^{\gamma} \qquad (2-15)$$

由式（2－14）和式（2－15），可得到 C_h 的最大值和最小值，即

$$C_{hmax} = C_H \frac{h}{H} + \beta\alpha \frac{h^{\gamma+1}}{B^{\gamma}} \tag{2－16}$$

$$C_{hmin} = C_H \frac{h}{H} - \alpha \frac{h^{\gamma+1}}{B^{\gamma}} \tag{2－17}$$

式中，C_{hmin} 和 C_{hmax} 分别表示带钢在轧机出口处的最小凸度值和最大凸度值，也就是平坦度死区的边界值；取 $\alpha=40$，$\beta=2$，$\gamma=1.86$。

图 2－11 所示为前 3 道次出口处的凸度值范围，即最大值 C_{hmax} 和最小值 C_{hmin} 范围。图中，虚线表示各个道次按照式（2－16）计算出的最大值 C_{hmax}，实线表示根据式（2－17）计算出的最小值 C_{hmin}。由图可以看出，F1 机架的 C_h 可变化范围（即 $\Delta C = C_{hmax} - C_{hmin}$）最大，而随着轧制道次的增加，$C_h$ 可变化范围大幅度减小。

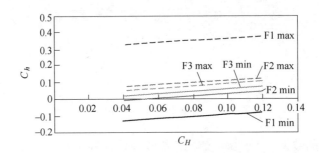

图 2－11　前 3 道次出口处的凸度值范围

带钢凸度可变化范围 ΔC 为：

$$
\begin{aligned}
\Delta C &= C_{hmax} - C_{hmin} \\
&= C_H \frac{h}{H} + \beta\alpha \frac{h^{\gamma+1}}{B^{\gamma}} - \left(C_H \frac{h}{H} - \alpha \frac{h^{\gamma+1}}{B^{\gamma}} \right) \\
&= \alpha \frac{h^{\gamma+1}}{B^{\gamma}}(\beta+1) \tag{2－18}
\end{aligned}
$$

由式（2－18）可以看出，ΔC 与厚度 h、宽度 B 以及 α、β、γ 有关。当 α、β、γ 一定时（取 $\alpha=40$，$\beta=2$，$\gamma=1.86$），ΔC 只与厚度 h、宽度 B 有关。

图 2－12 所示为 1700mm 热轧机组各道次的带钢凸度可变化范围，其中，图 2－11（b）为图 2－11（a）中 F3 ~ F6 的放大部分。可以看出，随着轧制道次（或机架号）的增加，带钢凸度可变化范围 ΔC 明显减小。所以，带钢越靠近成品机架，板形越难控制。

图 2－13 所示为不同带钢宽度下的 1700mm 热轧机组各道次的带钢凸度可变化范围。由图可以看出，随着轧制带钢宽度的增加，带钢凸度可变化范围明显减小，也就是说，带钢宽度越宽，带钢板形越难控制。

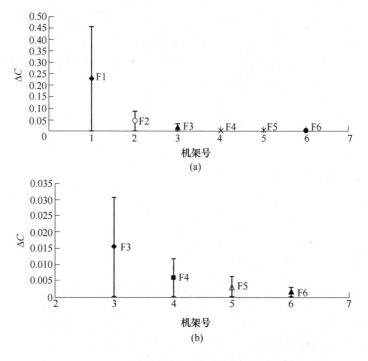

图 2 - 12 1700mm 热轧机组各道次的带钢凸度可变化范围
(a) F1 ~ F6；(b) F3 ~ F6

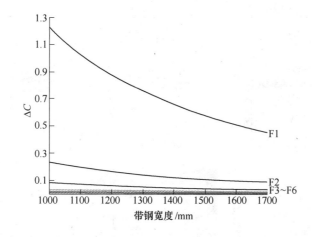

图 2 - 13 不同带钢宽度下的 1700mm 热轧机组各道次的带钢凸度可变化范围

2.2 板形控制影响因素

板带的板形受到许多因素的影响，在金属本身方面有其物理特性的影响，例如硬化特性和变形抗力等；在几何特性方面，其宽厚比影响到板带的板形流动规律，也是影响板形的另一个重要因素；在轧制条件方面，其影响因素更为广泛和复杂。概括来讲，凡是影响轧制压力及轧辊凸度的因素（如摩擦条件、轧辊直径、张力、轧制速度、弯辊力、弯辊形式、轧辊的磨损等）和能改变轧辊间接触压力分布的因素（如轧辊外形、轧辊窜辊、交叉、初始轧辊凸度），都可以影响板形。

控制板形的实质是控制辊系的在线辊缝，因此凡是影响辊缝形状的因素便是影响板形的因素。概括起来有以下三个方面，如图 2-14 所示：

（1）轧机方面：轧辊原始凸度、轧辊热凸度、轧辊磨损、轧辊弹性弯曲等；

（2）轧件方面：轧件材质、加热温度、轧件厚度等；

（3）变形过程方面：轧制力、轧制张力、轧制速度等。

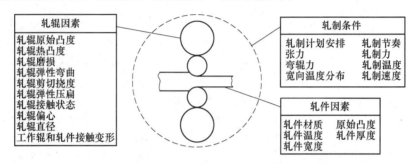

图 2-14　板形的影响因素

板形控制和厚度控制的实质都是对承载辊缝的控制。厚度控制只需控制辊缝中点处的开口精度，而板形控制则必须控制沿带钢宽度方向辊缝曲线全长。在热轧精轧机组中控制承载辊缝的手段很多，包括各机架辊形配置、压下调节、正负弯辊、轧辊轴向窜动等。改变任何一种手段，都将改变承载辊缝的形状。除此之外，带钢规格、轧制压力及其分布、磨损辊形、热辊形、来料板形等发生变化，也会影响承载辊缝的形状，如图 2-15 所示。如果已知一定轧制工况，各板形影响因素的变化规律，就可预测轧后带钢的板形状况。

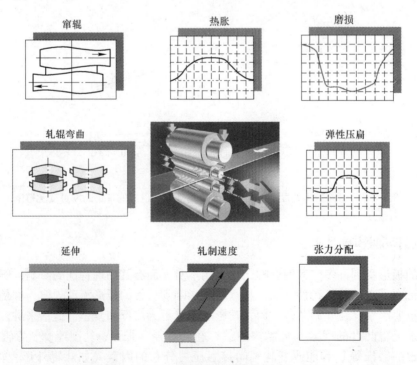

图 2-15　影响板形控制因素

　　由于工作辊的辊形直接决定了空载辊缝的形状,辊形的变化是导致带钢板形变化的主要干扰因素之一。轧辊辊形包括初始辊形、热辊形、磨损辊形及由控制手段（如弯辊、窜辊、CVC、PC 技术）等引起的变化辊形。这些辊形的叠加（即综合辊形）,导致工作辊与支持辊之间、工作辊与轧件之间产生不均匀缝隙,从而影响辊缝凸度。工作辊的辊形直接构筑辊缝形状,并且由于热膨胀及磨损等原因,其辊形的变化及对辊缝的影响均比支持辊显著。可以认为,工作辊的辊形是影响板形最直接的因素,其仿真计算精度对于在线控制模型的建立具有重要意义。图 2 - 16 所示为某钢厂 1450mm 热连轧机工作辊综合辊形的形成图。

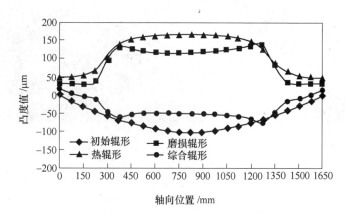

图 2 - 16　1450mm 热连轧机工作辊综合辊形图

2.3　板形控制和检测系统

　　板形研究的根本目的在于解决板形质量问题,而解决板形问题的方向是实现完善的板形控制系统（如图 2 - 17 所示）,因此板形控制理论的研究成果最终要反映为板形控制系统中的板形控制技术,即板形检测技术、板形调控手段和板形控制模型。

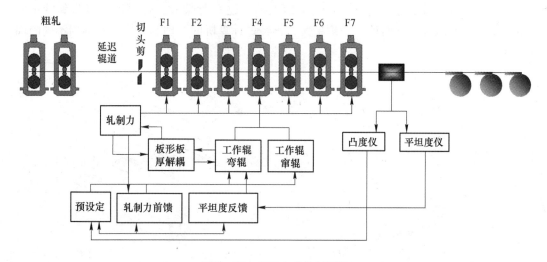

图 2 - 17　板形自动控制系统

在带钢轧制生产中，板形的在线连续检测是控制产品板形质量的重要一环。为了适应高温、高速、振动、水蒸气、高粉尘的热轧环境（如图 2 - 18 所示），满足非接触测量、响应速度快和抗干扰等方面的要求，基于辐射吸收测量的非接触式凸度仪和基于激光三角法的非接触式平坦度检测仪得到了广泛的应用。

图 2 - 18　实际热连轧生产环境

2.4　凸度仪

凸度仪主要用于热轧生产，其测量原理是辐射吸收测量原理，一般采用非接触的 X 射线或 γ 射线测量带钢厚度，如图 2 - 19 所示。当 X 射线源发出的射线穿透钢板后，一部分射线被带钢吸收，剩余的射线到达检测探头，射线强度转化成电离室的电流。电流强度的变化与带钢的厚度成指数衰减关系。因此，测出 X 射线被吸收后的电离室电流强度即可推知带钢的厚度，当多个检测器连成一排，则可以测量出在带钢宽度方向的厚度曲线。

图 2 - 20 所示为德国 IMS 公司生产的间接测量法 C 型架凸度仪。C 型架的上方安装有射源，下方设有数量不等的传感器，当带钢连续通过 C 型架时，传感器将接收到的不同能量转换成电流信号传送给信号处理单元，再经过计算机的处理和计算不断得到不同断面的凸度。

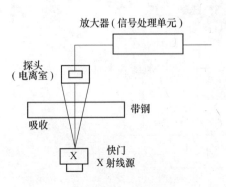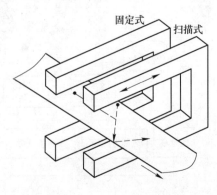

图 2 - 19　凸度仪测量原理图　　　　　图 2 - 20　C 型架凸度仪

间接凸度仪使用了两个 C 型架，一个固定，用于测量带钢的中心厚度，另一个 C 型架在几何空间上尽可能地靠近第一个 C 型架，并且射源以一定速度沿带钢宽度方向来回移动，用于扫描测量带钢的厚度分布。然后比较两个带钢的测量结果，间接计算出带钢的凸度。

随着技术的发展，扇形 X 射线源（Fan-shaped Radiation Beams）与列阵式检测器（Linear Array Detectors）相结合的 TomoGraphic 板廓测量仪（如图 2 - 21 所示），可以得到更为精确的结果。采用这种测量方式可以得到多个时间段带钢同一横截面的厚度测量值，带钢边部的状况也能得到较好的记录。因此，该板廓测厚仪可以应用于实时控制中。

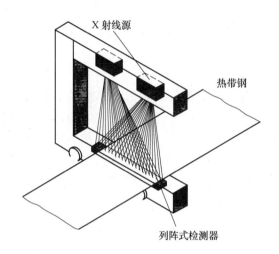

图 2 - 21　多功能板形仪

2.5　平坦度仪

带钢断面几何形状和平坦度是目前表示带钢板形的两个主要的指标，断面几何形状可以用带钢沿板宽方向厚度的变化来反映，而平坦度表示的是带钢在垂直于板面方向的翘曲程度。两者相互影响，相互转化，共同决定了带钢的板形质量，是板形控制中不可或缺的两个方面。

平坦度检测是板形自动控制中的一个关键环节，只有向控制系统提供准确而可靠的平坦度信息，系统才能向板形调节机构发出正确的指令。平坦度测量与控制的研究始于 20世纪 50 年代，瑞典电气公司 ASEA 于 1967 年研制出第一台测量冷轧带钢平坦度的多段接触辊式平坦度仪，并首先在加拿大铝公司的 Kingston 厂的四辊冷轧机上投入运行，取得了明显的经济效益。此后，各国都投入了大量的人力和物力用以开发板形检测设备，英国、法国、德国和日本等国都相继开发出了自己的板形检测装置。

尽管各国研制的板形仪千姿百态，外形各异，但都可以归为两大类型：接触式和非接触式。早期的板形仪几乎都采用接触式测量方法，接触式板形检测装置由于和板带直接接触，检测到的板形信号比较直接，可靠度高，因此测量的板形指标比较精确（现已达±0.5IU）。但是接触式板形检测装置在检测过程中易划伤板带表面，造成板带新的缺陷，而且造价昂贵，维护困难，尤其是备件太昂贵；接触辊辊面磨损后必须重磨，磨后需进行技术要求很高的重标定；此外，在维修和更换传感器时，轧机必须停车，严重影响生产，因而非接触式板形检测方法受到了越来越多的重视。非接触式板形仪的硬件结构相对简单而易于维护，造价及备件相对便宜；传感器为非转动件，安装方便；非接触式不会划伤板面。但非接触式板形仪的板形信号为非直接信号，处理不好容易失真，因此测量精度低（目前精度最高约为 ±2.5IU）。

冷轧带钢通常在较大的张力下轧制，加之冷轧钢板又比较薄，在张力作用下，冷轧板的平坦度缺陷因板材弹性延伸大多体现为张力分布不均，对此种隐性板形缺陷多采用测带钢宽度方向的张力（应力）场的方法检测板形。目前，在冷轧上应用较多的是瑞典 ABB 公司的分段辊式和英国 DAVY 公司的空气轴承式板形仪。此外，典型的接触式板形仪还有：德国 BFI 研究所的分段辊式张应力分布检测仪，以及韩国浦项制铁的 FlatSIL 接触式板形检测装置。

热轧带钢通常在微张力下轧制，为防止振动和高温产生干扰，通常采用非接触式方法测量板形。从 70 年代起，几乎所有能反映板形质量的物理量都被尝试用于板形检测方法的研究，如测距法、测张法、电磁法、振动法、电阻法、声波法、放射线法、水柱法、位移法和光学法等，其中以非接触式的光学测量方法在热轧上应用最广泛，如图 2-22 所示。此后，随着激光技术和光电元件的发展，采用激光作为光源的板形仪已比较普遍，主要利用了激光亮度高、准直性好等优点。近年来，随着数字投影技术的飞速发展，采用数字投影技术的板形仪也开始出现，其优势是可以实现面结构照明及自适应投影。

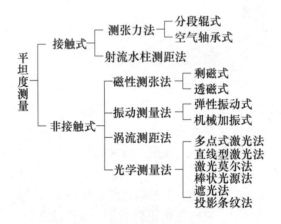

图 2-22 带钢平坦度测量方法分类

1977 年，比利时冶金研究中心的 Robert Pirlet 等人最先发表文章，报道了采用激光三角法测量热轧带钢平坦度的新方法，并于 1980 年推出第一套 ROMETER 板形仪。此后，其他公司也陆续推出基于激光三角法的板形仪产品，如德国 PSYSTEME 公司的 BMP-100 型（宝钢 2050mm 热轧厂在 1984 年引进）和 BMP-110 型（武钢二热轧在 2002 年引进），法国 SPIE-TRINDEL 公司的三点式激光板形仪（武钢 1700mm 热轧在 1990 年引进）。还有人对三角法进行了改进，开发出了准确度更高、测量范围更广的板形仪，如日本三菱电机的双光束平坦度仪（宝钢 1580mm 热轧厂在 1996 年引进），比利时 IRM 公司的 ROME-TER2000 平坦度仪（梅山热轧厂在 2002 年引进）。

为了提高激光平坦度仪的检测性能，1983 年新日铁北村公一等人采用激光莫尔法测量热轧带钢平坦度获得成功；1988 年日本住友金属松井健一等人采用三光束激光光切法在线测量平坦度，将平坦度测量的研究工作推向新阶段。

1998 年，德国操作运行研究所与蒂森·克虏伯钢公司和光学测量技术公司合作，由 Michael Degner 等人研制了基于投影条纹法的平坦度测量系统，并在多特蒙德热带钢轧机上成功地进行了在线试验，后由德国 IMS 公司制出基于该方法的 TopPlan 三维平坦度测量系统（承德燕山带钢有限公司轧钢生产线在 2002 年引进，澳大利亚 BHP 钢铁公司在 2002 年引进）。

在国内，板形仪的开发工作起步较晚，但进展很快。1990 年，由东北重型机械学院研制出第一台磁弹变压器式的接触式板形仪；1995 年，西安建筑冶金学院采用次声级激振法测量板形，通过测量板带振动频率得到板形信息；1997 年，清华大学研制出了基于激光截光法的多激光束热轧带钢 LF-100 型板形仪，并在攀钢热轧板厂 1450mm 热连轧机上成功投入运行；2000 年，西安建筑科技大学利用激光束照射板带，通过测量照射点的振动频率得到板形信息；2001 年，北京科技大学采用遮光法和图像边缘检测技术，开发了应用于生产现场的计算机图像板形检测系统；2003 年，北京科技大学提出了直线型激光检测板形方法，并在实验室研究中获得成功；2005 年，中南大学与宝钢合作开发出 PDZ-1 激光钢板平坦度自动测量系统，并在宝钢冷轧生产线上投入使用，该系统属于离线测量系统，测量时需短暂停顿生产线。2005 年，西安建筑科技大学研究了一种利用棒状激光器检测热轧板带钢板形的方法，并进行了模拟检测试验。

利用非接触式光学方法测量热轧带钢平坦度的方法有很多种，随着光电技术和计算机技术的发展，各种方法也不断改进、交叉，目前尚没有统一的分类方法。下面按照测量原理的不同，对典型的非接触式平坦度测量方法进行介绍。

2.5.1 棒状光源法

棒状光源法（如图 2-23 所示）是应用较早的非接触板形检测方法之一。其原理是利用电视摄像机摄取棒状强光源在板面上的影像，并使之显示于电视显像屏上。在带钢一侧竖立一灰度达 2200K 的棒状荧光灯，它发出一束强光直射在带钢表面上，经带钢反射后由安装在带钢另一侧的摄像机摄取，当带钢的板形缺陷不同时，在摄像中会形成不同

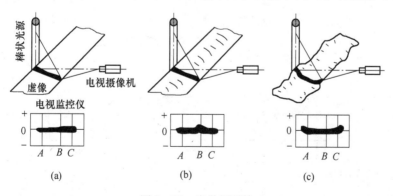

图 2-23　光学板形仪
(a) 平直；(b) 中浪；(c) 边浪

的像。

　　如果带钢是平直的，则带钢反射后形成的虚像为一水平线，如图2-23（a）所示；如果带钢上出现浪形，则带钢反射后的虚像在与浪形对应的位置上将产生向上或向下的弯曲，如图2-23（b）和图2-23（c）所示。带钢波浪越严重，则虚像的弯曲部分偏离直线位置越大，其偏移量与带钢板形缺陷成正比。

　　与这种板形仪配套的有板形自动闭环控制系统。该系统先对电视显像屏上的图像信息作适当处理，然后与事先设定的板形相比较，用由此得出的偏差信号经过放大后控制液压弯辊等板形控制装置，达到控制板形的目的。

2.5.2　激光三角法

　　随着激光、光电元件的进步，采用激光作光源的非接触式平坦度测量仪已经普遍应用。这主要是因为激光的相干性强、方向性好、波长范围窄和亮度高等特点。

　　激光三角法是最常用的激光测位移方法之一，也是最早用于热轧带钢平坦度的测量方法。这种测量方法简单，响应速度快，在线数据处理容易实现，现在仍广泛应用于板形测量领域，如图2-24（a）所示。激光测位移系统由激光光源（LD）和接收装置（CCD）两部分组成。激光器 LD 发出的光经过透镜 L1 会聚照射在被测带钢表面的点 O，其散射光由透镜 L2 接收会聚到线性光电元件（CCD）上的点 O'。当被测量带钢表面相对激光器 LD 发生位移 y，而使物光点偏离零点 O，像光点也将产生位移 Y 而偏离光电元件的零点 O'。y 与 Y 之间有如下关系：

$$y = \frac{aY\cos\theta_1}{b\sin(\theta_1 + \theta_2) - Y\cos(\theta_1 + \theta_2)} \tag{2-19}$$

式中，a、b 为与透镜成像有关的参数；θ_1 为激光束光轴和被测面法线的夹角；θ_2 为成像透镜光轴和被测面法线的夹角。

　　激光三角法包括直射式和斜射式（如图2-24所示），各有如下特点：

　　（1）直射式可接收来自被测物的正反射光，当被测表面为镜面时，不会因散射光过弱

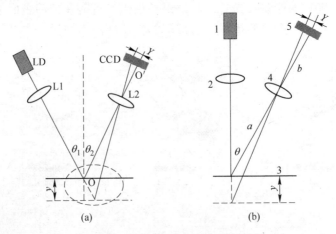

图2-24　激光位移测量原理

（a）斜射式；（b）直射式

而导致光电探测器输出信号太小而使测量无法进行，适于测量散射性能好的表面。

（2）随着带钢的运动，斜射式入射光点在带钢表面发生偏离，无法知道被测带钢某点的位移情况，而直射式结构可以。

（3）斜射式传感器分辨率高于直射式，但其测量范围小、体积大。

最基本的平坦度检测系统由多组测量单元组成，每组测量单元由激光发射部分和光接收处理部分组成。激光发射部分是激光器，发射可见红光；光接收部分是装有 CCD 的摄像机。激光束以一定角度照射到被测带钢表面上，形成一个高亮度光斑，光斑经透镜成像在 CCD 的光敏阵列上。在信号经过采样和数据处理，最后计算出带钢的平坦度参数。采用激光三角法的平坦度仪的典型方案有：法国 SPIE-TRINDEL 公司的三点式激光板形仪（如图 2 - 25 所示）；比利时 Robert Pirlet 等人开发的 ROMETER - 5 型平坦度仪（如图 2 - 26 所示）；德国 PSYSTEME 公司的 BMP - 100 型（如图 2 - 27 所示）和 BMP - 110 型平坦度仪；REMINUM INSTRUMENTS 公司的 FIBERSHAPE 平坦度仪（如图 2 - 28 所示）等。

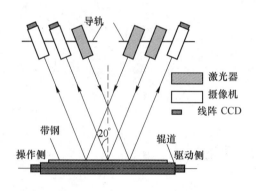

图 2 - 25　法国 SPIE - TRINDEL 公司
开发的平坦度测量仪

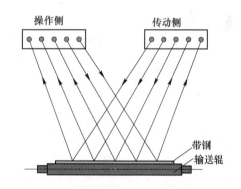

图 2 - 26　比利时 ROMETER - 5 型
平坦度仪

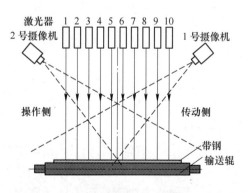

图 2 - 27　德国 BMP - 100 型平坦度仪

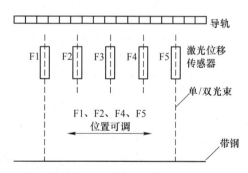

图 2 - 28　五点位置可调式激光平坦度仪

各种方案的区别主要在于：位移传感器的形式（直射式，斜射式）；测量点布局（沿带钢宽度方向 3 点，5 点，10 点，11 点等）；为适应带钢不同宽度规格采用的测量点移动（宽度方向）方案（固定，移动反射镜，移动传感器）。

在传统热轧带钢平坦度测量系统中，普遍采用激光三角法，即用激光传感器根据带钢表面与一个固定参照水平面间的距离来确定带钢纤维长度。在宽度方向上的分辨率取决于所用传感器的数量，传感器的间隔一般为 100～200mm。带钢的瓢曲和垂直方向上的移动都会降低用这种方法测量平坦度的准确性，特别是在卷取张力不能拉紧的带钢头尾部位。

当激光器测量带钢宽度方向上某点时，随着带钢的连续运动，可测得测量点所在的带钢纤维上各点高度变化。实际测量时得到的高度值 y 是离散采样值 y_0，y_1，y_2，y_3，$\cdots$，y_n，如图 2 - 29 所示。则纤维长度为：

$$L_j = \sum_{i=0}^{n} \sqrt{(y_i - y_{i-1})^2 + v_i^2(t_i - t_{i-1})^2}, (i = 0, 1, \cdots, n; j = 1, 2, \cdots, m) \qquad (2-20)$$

式中，L_j 为沿带钢宽度不同宽度位置的纵向纤维长度；y_i 为第 i 次采样时带钢纤维上点的高度；v_i 为第 i 次采样时带钢的运动速度；t_i 为第 i 次采样的时间。

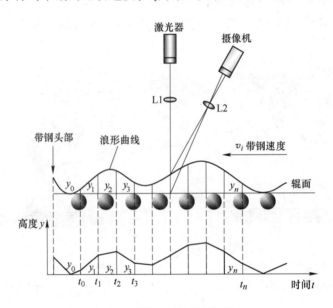

图 2 - 29　带钢纤维长度测量原理

带钢纵向纤维与理想水平纤维的伸长率为：

$$\varepsilon(\chi_j) = \frac{L_j - L_0}{L_0} \times 10^5 \quad (\text{I}) \qquad (2-21)$$

式中，$\varepsilon(\chi_j)$ 为 χ_j 点处的伸长率；L_0 为理想平直纤维长度。

当测量点沿带钢宽度方向移动时，可得到不同位置的浪形信息，当测量点足够多时便可以推算出带钢的平坦度参数。由式（2-20）可知，只有 $y_i (i = 0, 1, \cdots, n)$ 是激光位移传感器在线测量值，根号内的第一项 $(y_i - y_{i-1})^2$ 直接含有带钢浪形信息（宽度、高度两个方向）。第二项 $v_i^2(t_i - t_{i-1})^2$ 中 v_i 一般由末架轧机工作辊测速发电机提供，是带钢运动的线速度；$(t_i - t_{i-1})$ 由计算机中的定时器决定。因此，第二项所包含的带钢浪形信息（纵向）并非直接来自于被测带钢的形状变化。

（1）带钢速度和时间引起的误差。由于这种测量方法必须实时测量带钢瞬时速度值 v_i，速度值 v_i 的不准确会直接导致纤维长度 L_j 不准确，这样就会将速度值 v_i 引起的误差带入测量结果。时间 t_i 是由计算机定时器决定，与真实值相比也会有一定的误差，这种误差同样也会引入式（2-20）中。

（2）带钢振动引起的误差。带钢在水平运动的同时伴随着垂直振动。带钢的振动可分为两种类型：一是带钢的自由衰减振动，它由偶然的冲击载荷引发。这种振动信号随机产生，由于阻尼的影响很快衰减消失；另一类是带钢的强迫振动，由带钢周围的激励性振源引起。当激光传感器通过测量浪形曲线上点的高度来表征平坦度指数时，其测量的数据不仅包含了带钢的浪形信息，而且也可能含有带钢垂直振动信号。再来看测量点高度值 y_i，由于式（2-20）中含有时间 t，这就意味着浪形高度是在不同时刻所测得。由于带钢在辊道上运动时会伴随着振动和飘摆，并且带钢在不同时刻的运动状态差异很大，从而使测量结果受到带钢振动和飘摆的严重干扰，与实际浪形值差距很大，甚至会对浪形产生误判。

如图2-30所示，实曲线表示在某时刻 t 处于正常位置的浪形，此时测得的高度为 y_i，在CCD上反映的激光光斑像位移为 Δx_1；虚曲线表示由于带钢振动导致的偏离正常位置的浪形，此时测得的高度为 $y_i + \Delta h$，在CCD上反映的激光光斑像位移为 Δx_2，显然 Δh 就是带钢偏离正常位置的距离。实际测量时会将 $y_i + \Delta h$ 作为测量点高度值代入式（2-20），这样便将高度误差 Δh 引入计算结果中。

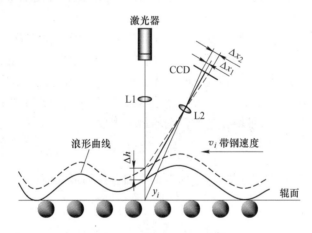

图2-30　带钢振动导致测量误差

（3）带钢飘摆引起的误差。飘摆运动主要有两种形式：上下飘摆和摇动飘摆。上下飘摆是指沿宽度方向上所有点相对于平坦平面的距离是相同的。摇动飘摆指在带钢中心线上的点相对于平坦面无偏离，只在两侧有偏离，且波动具有相反相位。无缺陷带钢发生摇动飘摆时，沿带钢宽度方向，中间纵向纤维条上的点无上下波动，其位置对于带钢平坦平面没有偏离，而两侧位置处纤维条上点的位移相反，如图2-31所示。

假设带钢没有浪形，在平稳运动状态下，t_{i-1} 和 t_i 两时刻激光传感器在边部区域测得的高度 y_{i-1} 和 y_i 也相等，t_{i-1} 和 t_i 两个时刻之间测量所得的纤维长度应为 $v_i(t_i - t_{i-1})$。现在若 t_i 时刻带钢在辊道上一边翘起，则 t_i 时刻测得的高度为 $y_i + \Delta h$，其中 Δh 为 t_i 时刻带钢边部翘起量，则 t_{i-1} 和 t_i 两个时刻之间测量所得的纤维长度应为 $\sqrt{\Delta h^2 + v_i^2(t_i - t_{i-1})^2}$；同样，在下一时刻，带钢在辊道上向另一边翘起，会同样出现类似的情况，这样带钢看起来

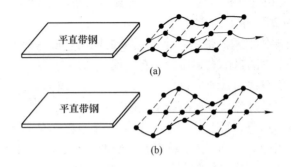

图 2-31　带钢飘摆运动示意图

(a) 上下飘摆；(b) 摆动飘摇

似乎是摇摆着向前运动，根据式（2-20）计算带钢伸长率，最后可能得出带钢具有双边浪的结论，同样与实际情形不符合。

（4）测量点的不确定性引起的误差。用多点式激光平坦度仪测量带钢浪形时，如果采用斜射式，那么激光扫描的轨迹不在同一条纵向纤维条上，而是位于具有一定宽度的带钢上，此时再利用式（2-20）计算得到的带钢纵向纤维条的长度将比其实际长度要长一些。

如图 2-32 所示，当带钢浪形发生变化时，激光光斑的高度变化了 y，横向位置从带钢表面的 O 点移动到了 A 点，同时发生了垂向与横向的位置变化，如图 2-33 所示。可见，用这种方式测量带钢表面位移变化时，光点照射在不同的点上，无法知道被测带钢表面上某点的位移情况。因此，在中心处、操作侧、驱动侧测量点上所跟踪的不是一条曲线，而是有一定宽度的一条带钢，这条带钢的最大宽度为

$$d_{max} = y_{max} \times \tan\theta_1 \tag{2-22}$$

式中，d_{max} 为光斑横向最大位移量；y_{max} 为带钢表面位移的最大值；θ_1 为激光束与铅垂线的夹角。

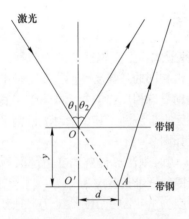

图 2-32　斜射式三角法测量点的不确定性

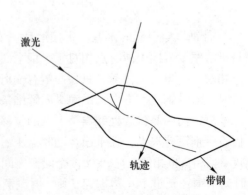

图 2-33　激光在浪形表面扫描过的轨迹

例如，对于武钢热轧三点式激光平坦度仪，其最大测量范围 $y_{max} = 350mm$，$\theta_1 = 20°$。那么激光光斑最大横向偏移量为

$$d_{max} = 350 \times \tan20° \approx 127mm \qquad (2-23)$$

从以上分析可以看出，三角测量法的缺陷非常明显，这些缺陷也是一维测量方法所普遍存在的问题。但是由于这种方法原理简单，响应速度快，容易实现在线数据处理，至今仍广泛应用于冶金行业。

带钢振动和飘摆给带钢纤维长度测量带来了不确定的误差。为了克服这一缺点，有人对三角法进行了改进，在带钢传送方向增加激光束数量，带钢每条纤维上同时测量的激光由 1 束增为 2 束（或 3 束）。当带钢发生振动时，双光束传感器两个测量点（很近）同时测量到含有振动的位移，从而消除带钢振动对平坦度测量的影响。采用激光三角法改进方案的平坦度仪有：日本三菱电机的双光束平坦度仪（如图 2-34 所示）和比利时 IRM 公司的 ROMETER2000 平坦度仪（如图 2-35 所示）。在 ROMETER2000 平坦度仪中，共采用了 7×3 阵列 21 束激光，对每条纤维都使用 3 束激光（沿纤维长度方向布置，间距 50mm）同时测量，在宽度方向布置 7 组激光，第 1 和第 7 组激光分别距离带钢边部 100mm，第 4 组激光位于带钢中心线上，其余 4 组激光均布在带钢两侧；通过一定的算法修正由于带钢在辊道上振动对测量造成的扰动。

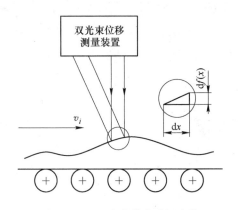

图 2-34　双光束激光平坦度仪

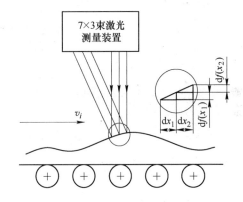

图 2-35　7×3 束激光平坦度仪

2.5.3　光切法和截光法

用激光三角法进行板形检测可能会出现很大误差，甚至会出现与实际板形相反的结果。其出现误差的根源在于计算纵向纤维时，需要利用不同时刻传感器测到的高度值进行计算，而由于振动和飘摆，不同时刻传感器测到的高度值含有不同程度的误差，从而使纵向纤维条长度的计算出现很大误差，最终导致板形计算结果不准确。

为了消除由于测量时间不同而引起的误差，松井健一提出的三激光束光切法（如图 2-36 所示）和杨溪林提出的 7×3 激光点阵截光法（如图 2-37 所示）从测量原理上解决了这一问题，它们都是只利用一幅图像的信息（在某一时刻采集）来计算伸长率，不存在对时间积分的问题，但无论光切法还是截光法，伸长率计算公式都是近似公式，并且在某些时刻还会计算出错误的结果。

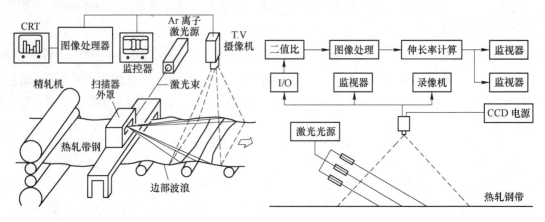

图 2 - 36 光切法——三激光束板形仪   图 2 - 37 截光法——多束激光板形仪

（1）板形计算模型引起的误差。在光切法中，如图 2 - 38 所示，伸长率为：

$$\varepsilon = \frac{\overline{AB} + \overline{BC} - \overline{AC}}{\overline{AC}} \times 10^5 \quad (\text{I}) \tag{2-24}$$

由式（2 -24）可知，该方法以 $\overline{AB}$、$\overline{BC}$ 和 $\overline{AC}$ 分别代替 $\overarc{AB}$、$\overarc{BC}$ 和 $\overarc{AC}$，近似计算伸长率。实际上，这种以直线代替弧线的方法必定会产生误差，且当测量点较少时（只有三个测量点）误差会比较大；另外 $\overline{AC}$ 在绝大多数时刻是一条斜线，并非水平纤维的长度，所以这个板形计算模型存在着不小的误差。

在截光法中，如图 2 - 39 所示，伸长率为：

$$\varepsilon_N = \frac{\overline{AB} + \overline{BC} - \overline{AD}}{\overline{AC}} \tag{2-25}$$

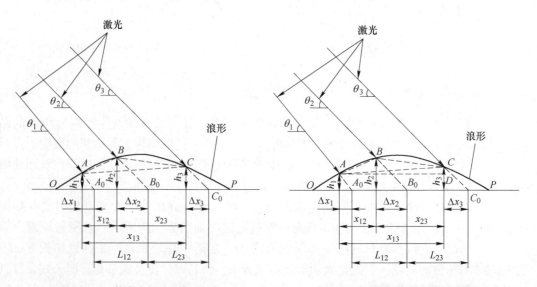

图 2 - 38 激光光切法测量原理   图 2 - 39 激光截光法测量原理

与光切法相似，截光法计算模型也采用了以直线代替弧线的方法，同样会引起误差。与光切法不同的是，式中以 $\overline{AD}$ 代替 $\overparen{AC}$，显然 $\overline{AD}$ 正是水平纤维的长度。据分析，在带钢浪形一个波长范围内，只有两点处（即 B 点位于正弦波的波峰和波谷处），ε 与 ε_N 有相同的值；在其他点，ε 与 ε_N 差异较大。总体上说，ε_N 更接近于实际伸长率值。因此，截光法计算模型比光切法有所改进，但仍是近似计算模型，与实际值误差较大。

（2）"拐点失效"现象引起的误差。利用式（2-25）计算伸长率存在"拐点失效"问题。当带钢运动时，三束激光照射在带钢上的落点也在时刻变化。假设带钢被测区间的平坦度不变，当激光照射浪形的位置变化时，$\triangle ABC$ 的边长和面积都会发生变化，这时由式（2-25）计算的伸长率也会相应变化。但在某些特殊的位置，如 B 点在波峰和波谷中间，也即在正弦波拐点附近，或者 A、B、C 三点共线时，如图2-40所示。此时由式（2-25）计算出的伸长率与实际值严重不符，对平坦度测量好像突然失效一样，故称为"拐点失效"现象。关于"拐点失效"现象随测量波形的位置而变化的规律的具体解析可以参见相关文献。杨溪林于1997年提出的截光法计算模型能够有效地避免"拐点失效"现象对平坦度测量的不利影响。显然，式（2-25）比式（2-24）计算出的伸长率更接近实际值。

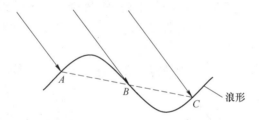

图2-40 激光光切法测量时的"拐点失效"现象

（3）浪形波长变化引起的误差。光切测量法只是对浪形曲线近似测量，并且受到浪形波长的影响。如果把浪形曲线近似地视为正弦或余弦曲线，那么在实际测量中，最适宜的激光光束间距为浪形波长的1/4，通常在标定时就将激光光束的标准间距确定下来，在测量过程中激光光束位置保持不变，间距也不变。当轧制的带材品种或者轧制参数发生变化时，可能会导致浪形波长也随之发生变化，不再满足光束间距为浪形波长的1/4，此时误差就会产生。当间距/波长比值偏离1/4越多，误差也就越大。若浪形波长变得很小，如图2-41所示，以 $\overline{AB}$、$\overline{BC}$ 和 $\overline{AC}$ 分别代替 $\overparen{AB}$、$\overparen{BC}$ 和 $\overparen{AC}$ 完全失去了意义，因为它们之间长度差别太大，根本无法代替。在这种情形下，式（2-24）或式（2-25）计算出的伸长率与实际值严重不符。若浪形波长变得很大，如图2-42所示，由于激光光束间距相对于波长来说太小，此时计算出的伸长率值会很小，同样与实际值严重不符。有关文献中曾对此问题进行过详尽的研究和对比。

从以上分析可以看出，光切法比三角法有所改进，包含有一定的带钢三维信息，受带钢振动和飘摆影响小，这是它的优势所在。

但是光切法的缺陷同样明显。测量点过少（每条纤维只有三个测量点）导致信息量不够，增加了误差；测量时受到浪形波长变换的影响；板形计算模型上的缺陷也导致结果

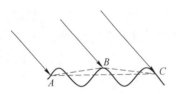

图 2 – 41   浪形波长变小引起测量误差

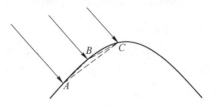

图 2 – 42   浪形波长变大引起测量误差

不够准确；另外这种方法对硬件的要求很高，三光束激光光切法采用大功率（4W）Ar⁺激光器，价格极其昂贵，发光强度高，对人眼危害较大。

截光法的缺陷与光切法类似，此外其照射光源采用了 21 束半导体激光，增加了仪器安装、调试和标定的复杂程度。

2.5.4   直线型激光测量法

在直线型激光测量法（如图 2 – 43 所示）中，沿带钢横向和纵向各采用 3 ~ 5 支直线型激光器倾斜照射，在激光线上方安置 2 ~ 5 个面阵 CCD 摄像头，带钢的浪形反映在 CCD 里的是曲线，将几个 CCD 摄取的激光线图像进行拼接，组成带钢横向的一幅完整图像，如图 2 – 44 所示。提取图像中的特征曲线，拟合浪形曲面，进而获得浪形参数。应该说，这种方法是一种比较好的三维全场式测量方法，信息量较一维方法大为增加，并且仅由一幅图像就能求解板形参数，避免了带钢振动和飘摆的干扰，但是这种方法也有其局限性。

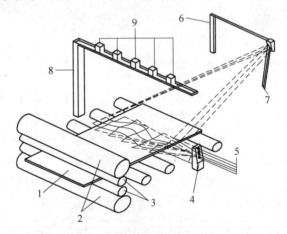

图 2 – 43   直线型激光板形仪

1—带钢；2—支持辊；3—工作辊；4—纵向激光支撑架；5—纵向激光发生器；6—横向激光支撑架；
7—横向激光发生器；8—摄像头支撑架；9—摄像头

（1）测量原理上的缺陷。由于在横向和纵向都布置了若干线形激光，这就导致了在带钢纵向（带钢运动方向）其实只有 3 条激光线，与三光束激光光切法很类似，在带钢中部、边部和带钢宽度 1/4 处，每根纤维条与 3 条激光线只有 3 个交点，即每根纤维条上只能获取 3 个测量点的深度（浪形高度）值。在带钢的横向（带钢宽度方向）有 5 条激光线，由于带钢浪形致使激光线变形为曲线，而曲线上的点都分散在不同的纤维条上，因

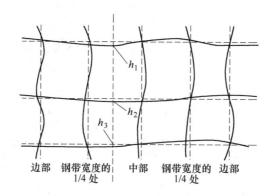

图 2-44　投射到带钢表面的激光线

而这 5 条激光线上各点的深度值无法直接用于计算纤维条长度。

　　因此，在 2003 年北科大刘江研究的直线型激光板形测量系统中，采用了利用变形激光线拟合浪形曲面的方法。在拟合曲面时，充分利用了纵横激光线所包含的板形信息。当拟合出浪形曲面后，便很容易获取浪形的各项参数。

　　但是，由于曲面拟合的数据量和计算量都比较大，影响了测量的速度，因此这种方法并不适合于板形在线检测；而且，该方法先利用激光线拟合浪形曲面再求取板形参数，而不是直接利用激光线求取板形参数，这种间接求取的方法在实际测量中意义不大，因为在板形闭环控制系统中，需要的仅是板形参数，并非浪形曲面。

　　可以设想，若将激光器都布置到一个方向（比如纵向）上，使得变形激光线所包含的浪形信息更加集中，直接提取线形计算板形参数，将会比上述方法有效和实用得多。

　　（2）系统硬件上的缺陷。首先，若采用数量较少的直线型激光器，比如纵向和横向各 3~5 支，那么对于具有一定宽度的带钢来说，无法满足准确拟合浪形曲面的要求；若采用数量较多的直线型激光器，比如纵向和横向各 9~15 支，那必然会大大增加线形提取和曲面拟合的数据量和计算量，导致测量速度更慢。其次，如果采用数量较多（总数 ≥9 支）的激光器，对于测量系统的安装、调试以及标定都很不方便，并且增加了测量误差的来源。再次，目前商用的直线型激光器还存在技术上的限制，比如投射距离较远时板带上的激光线宽度值会比较大，增加了线形提取的误差；直线型激光一般是由点式激光扩束得到，与激光点相比，激光线的亮度大大下降，削弱了激光高亮度的优势，若采用大功率激光器，在亮度增加的同时，价格将呈指数上升。

2.5.5　投影栅相位法

　　激光是一种高亮度的定向能束，单色性好，发散角很小，是光电测量技术中较为理想的光源之一。然而，利用激光测量板形也有其局限性：由于单激光束只能实现点或线结构的投影，为了测量整段带钢的板形，往往需要采用几束甚至几十束激光，不仅抬高了成本，还使系统结构复杂，制造、安装都很困难，并且误差产生的来源也相应增多。因此，利用激光作为光源很难实现面结构的投影。

　　1998 年，德国操作运行研究所、蒂森·克虏伯钢公司和光学测量技术公司合作，开发出一种基于投影条纹法的平坦度在线测量仪，并在多特蒙德热轧带钢厂成功地进行了现场试验。这套仪器的测量面积为 $2m \times 2m$，高度方向分辨率达 $1mm$，宽度和长度方向分辨率达 $2mm$，在浪形波长为 $0.5m$ 的情况下，能分辨出 1 个 IU 的不平度偏差；后由德国 IMS 公司推出了基于该方法的 TopPlan 板带平坦度仪，并在 2002 年成功运行于澳大利亚 BHP 钢厂（如图 2 – 45 所示）及承德燕山带钢有限公司的轧钢生产线。

图 2 – 45 　IMS 平坦度仪

（1）测量原理。IMS TopPlan 平坦度仪利用干涉条纹测量技术，通过投影灯将一组条纹投射到板带表面，由摄像机采集条纹图像进行检测，如图 2 – 46 所示。计算机根据无带钢时的条纹位置与有带钢运动时的条纹图像进行比较，根据条纹的相位移，进行平坦度的计算。

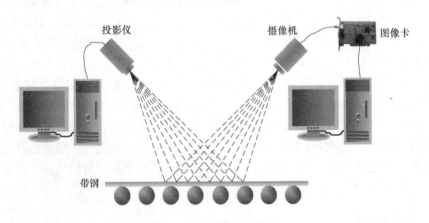

图 2 – 46 　测量系统组成

（2）相位求解原理。如图 2 – 47 所示，一台投影灯以一定的角度投射条纹到一个平坦的表面上（高度 z_0，参考高度），一台布置在投影上方的摄像机检测条纹图像。摄像机在处理图像时把单幅条纹的灰度值 g 描述成一条正弦曲线 $g_0(x_0, z_0)$。当参考高度发生变化到高度 z_1 时，在灰度图像上的投影条纹 $g_1(x_1, z_1)$ 就会发生移动。从两条灰度值曲线 g_1 和 g_2 的相位移动，高度 z_1 能直接得以确定。测量范围的宽度由条纹的最大宽度加上条纹的水平移动来确定，板带上驻波的形成不会导致测量错误，测量的精度为 3IU 左右。

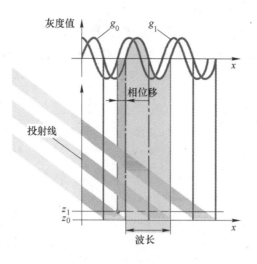

图 2 – 47　相位求解原理图

（3）安装应用。在多特蒙德的热轧带钢厂，一套 TopPlan 系统被安装于精轧机出口处，另一套位于卷取机之前，这两套系统在几何结构上有所不同。在 F7 后的测量室内，摄像机和投影灯采用面对面的安装形式，如图 2 – 48 所示。在卷取机之前的测量室内，由于空间的原因，摄像机和投影灯采用互为上下的安装形式，如图 2 – 49 所示。在卷取机之前安装 TopPlan 系统是出于以下 3 个原因：在卷取之前观察板带的不平度；比较和分析板带在精轧机出口和在卷取机之前的不平度（分析冷却线的影响）；在精轧机出口，以前馈控制（FFC）的方式，可以通过不平度的预定目标值来影响板带在卷取机之前的不平度。·

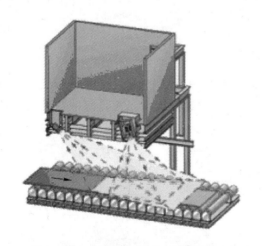

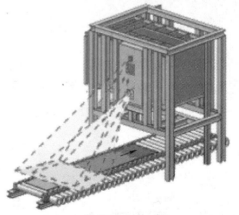

图 2 – 48　TopPlan 板形仪 – 精轧机出口　　　图 2 – 49　TopPlan 板形仪 – 卷取机入口

2.5.6　激光莫尔法

激光莫尔法首先由日本新日铁生产技术研究所的北村公一等人在 1983 年开发并用于热轧带钢板形测量。激光莫尔法测量原理是利用相同级次的莫尔条纹代表钢板在相同高度的位移,如图 2-50 所示。受点光源照射,被测带钢上方设置一格栅 G,距格栅高 l 处设置点光源 S,这时被测带钢上会留下格栅的影像。若在与点光源 S 同水平高度距离为 d 的 T 点,通过格栅 G 观察钢板变形后的格栅影像,就可观察到由变形格栅像与格栅的空间位置周期变化而产生的莫尔条纹,观察到的这些条纹的级次 N,依次为 1,2,…,N。

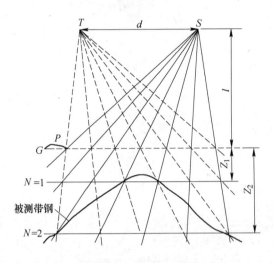

图 2-50 激光莫尔法测量原理图

格栅由耐热材料制成,宽 2m,长 1m,节距 P 为 1~1.5mm,直线型。格栅置于被测带钢上方 1.2m 处。为了使亮条纹表示距格栅的等高条件成立,点光源 S 与观察点 T 距格栅相等高度是必要的。若 Z_N 表示被测带钢上亮条纹位置距格栅的距离,则在被测带钢上的第 N 次亮条纹用下式表示:

$$Z_N = \frac{Nl}{\dfrac{d}{P} - N} \tag{2-26}$$

由式(2-26)可知,两亮条纹间隔 $\Delta Z_N = (Z_N - Z_{N-1})$ 随 N 变化,当测量范围不太大时,ΔZ_N 可视为不变。图 2-51 所示为实际测量系统,光源是脉冲发光式 YAG

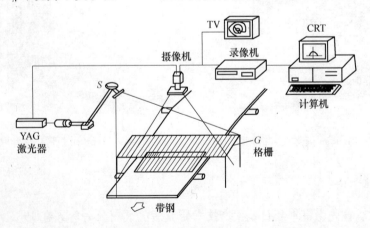

图 2-51 激光莫尔法

激光器（532nm），脉冲频率10Hz，每次发光时间为20ns，发光能量最大350mJ/P（脉冲）。激光束经扩束后照射耐热（1000℃以上）格栅，产生的莫尔条纹是由带滤光片的电视摄像机拍摄，经录像机存储，再由计算机作数据处理，监视器便于在线观察莫尔条纹。

该测量系统在新日铁先后在1983年用于热轧薄板和连铸坯，以及1988年用于热轧厚板的板形测量。经在线实际测量证明，当被测带钢温度高于1000℃时，仍能获得清晰的莫尔条纹图像，采用脉冲发光式YAG激光器作光源，对运动速度在10m/s以上的带钢仍能拍摄到几乎静止的莫尔条纹，并且全部测量结果可覆盖被测带钢的全长。

该方法的优点是可以测量运动中带钢的真实形状，缺点是自动检测莫尔条纹级次和提高在线数字图像处理速度比较困难，随着计算机技术的进步，若能开发出在线测量模型，预计这是今后比较理想的板形测量方法之一。

2.5.7　投影条纹法

投影条纹法首先由北京科技大学孙剑于2007年提出，其测量系统硬件部分主要由DLP（Digital Light Processing）投影仪、面阵（Area-Scan）CCD摄像机、镜头（Lens）、图像采集卡（Frame Grabber）、计算机及其他附件组成。测量系统结构如图2-52所示。

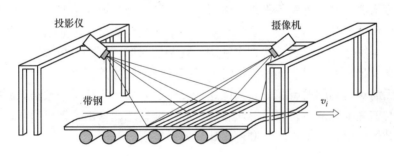

图2-52　投影条纹法

该测量方法首次将数字投影技术引入到板形检测领域，这种技术利用计算机程序编制条纹生成器，以实现条纹自适应投影。所谓条纹自适应投影，是指能够根据实际测量要求，任意调节投影条纹的样式和参数，包括条纹形状、宽度、间距、颜色或灰度分布（0~255灰度等级）等。

在投影条纹法中，将DLP投影仪倾斜安装于带钢中心侧的正上方，依据投影仪的位置，条纹图形被投影到覆盖整个带钢宽度、长约1m的一段带钢表面上，投影的角度和范围可根据实际情况进行适当调整。通常情况下，投影仪光轴及投影光切面的入射角度在20°~50°范围内较为适宜。该系统选定测量窗尺寸约为1.0m×1.0m，而投影到带钢上的条纹范围应略大于此尺寸，约为1.2m×1.2m。

面阵CCD摄像机安装于与投影仪位置对称的另一侧，安装高度与投影仪相同，摄像机与投影仪位置的连线平行于带钢纵向中心线。摄像机的光轴可以垂直于带钢表面，也可以令摄像机光轴倾斜角度仍为20°~50°，与投影仪光轴倾斜角度相近。在CCD摄像头前安装滤光片，以滤除杂质光源（如热轧板带的近红外光）。

条纹图像的实时采集工作由 CCD 摄像机和图像采集卡完成。投影条纹经带钢表面漫反射后，被透镜会聚到 CCD 像元阵列上，CCD 对接收到的信号进行光电转换，将光信号转换为模拟电压信号输出，图像采集卡对模拟电压信号进行 A/D 转换，生成数字点阵图像存入缓存中。图像采集卡采集到的条纹图像被传输至计算机内存中，用数字图像处理技术进行分析和处理。本文提出了两种条纹图像拾取与处理方法：条纹中轴提取和条纹边缘检测，图像处理的目标是得到若干条能够反映条纹变形情况的单像素宽度的连续的条纹特征曲线（中轴或边缘线）。

浪形引起带钢纵向纤维相对于参考平面发生偏移和扭曲，带钢表面的条纹也因而产生变形；若带钢无浪形，则条纹是笔直的。所有板形特征信息都包含在变形条纹的图像中。

然而，仅由二维条纹图像无法直接推算板形，必须利用坐标变换，将二维条纹图像点复原为三维空间点，即利用已知的图像点的二维坐标反求其对应的空间点的三维坐标，如此得到带钢浪形表面条纹中轴（边缘）线上各点的深度值。

利用这些点的深度值和平坦度计算模型，便可以推算板形参数。该系统采用的平坦度推算方法是：在带钢的传动侧（DS）、中心侧（CS）和操作侧（OS）及宽度 1/4 处各取 1 条纵向纤维，求出这 5 条纤维与各级条纹特征曲线的交点位置，而这些交点的深度值在前面已经求出。用分段求和的方法近似计算这 5 条纤维的长度值，或者用函数拟合出纤维曲线，再用曲线积分的方法计算出纤维长度值。将纤维长度值代入板形计算公式，可得伸长率、平坦度指数和非对称度等平坦度参数，从而判断带钢浪形情况。

基于投影条纹法的平坦度测量系统主要由 6 个功能模块组成，如图 2-53 所示。这种测量方法属于全场式三维测量方法，仅利用一幅条纹图像即可进行板形推算，每一幅条纹图像中都包含有足够的带钢表面三维信息。由于各级条纹的图像是在一个时刻拍摄，计算板形参数时无需对时间轴进行积分，因此这种方法能有效地避免带钢振动和飘摆对板形测量的干扰，与前文提到的几种测量方法相比，能更准确地测量出带钢板形参数值，并且整个测量系统结构简单，成本不高，硬件上比较容易实现。

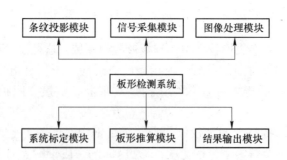

图 2-53 平坦度测量系统功能模块

该测量系统在带钢长度和宽度方向上的分辨率约为 0.6mm，在高度方向上分辨率达到约 0.3mm。因此，在浪形波长为 0.5m 的情况下，可分辨出约 1 个 IU 的不平度偏差。

2.5.8 棒状激光法

目前，国内外热轧板材板形测量所采用的方法主要有：激光三角法和激光莫尔法等。

激光三角法的实质是用激光位移传感器测量板材因存在浪形而上下跳动的位移量，计算出板材沿宽度方向上不同点的纵向纤维长度。但这种方法无法避免因板材振动和侧向移动而造成的测量误差。激光莫尔法可以实时测量板材表面的形状，也可以通过数据处理消除板材振动和侧向移动等因素对所测量板形的影响，但由于其所使用的大型耐热格栅的加工、耐热、变形以及安装等问题影响了测量系统的可靠性，使得该方法难以推广应用。

棒状激光板形仪的板形检测方法是利用沿板材宽度方向上排列的 5~8 个棒状激光器测量板材沿宽度方向因"浪形"产生的纵向相对位移，由此计算出板材的纵向纤维长度，从而得出板材的相对延伸差。本检测方法可以避免板材振动、漂浮和横向移动所产生的测量误差，用棒状激光器代替点状激光器，使设备结构简单，安装、调试方便，易于实现在线板形检测。

图 2-54 所示是棒状激光热轧板材板形检测系统的检测示意图，其原理是：棒状激光器安装在被测板材上方 0.7~1.10m 的位置，沿板材轧制方向上以一定的倾斜度照射被测板材表面，使激光入射光线与被测板材表面呈 22°~32°夹角，并在经过的任意一段都会形成沿板材运动方向分布的一段直线型光斑，光斑长度不大于 150mm，因此瞄准区域小。

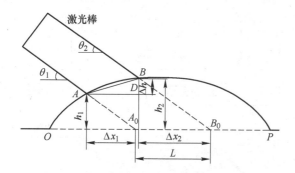

图 2-54　棒状激光热轧板材板形检测系统的检测原理

当板材因板形缺陷产生浪形时，线形光斑长度随着板材"波形"而发生长短变化，两端相对于基准位置 A_0、B_0 发生位置移动至 A、B；通过对基准位置的标定可以确定 A_0、B_0、L、θ_1、θ_2 的数值，Δx_1、Δx_2 可由设置在被测板材上方的线性 CCD 摄像机测量确定。然后，根据测量原理的几何关系（如图 2-54 所示）可得：

$$\left.\begin{aligned}
h_1 &= \Delta x_1 \times \tan\theta_1 \\
h_2 &= \Delta x_2 \times \tan\theta_2 \\
\Delta h &= |h_1 - h_2| \\
\overline{AD} &= L + \Delta x_1 - \Delta x_2 \\
\overline{AB} &= \sqrt{(\overline{AD})^2 + \Delta h^2}
\end{aligned}\right\} \qquad (2-27)$$

板材一般相对延伸差 ε_0 可按式（2-27）计算，在工业应用中，为实际需要及测量计算方便，可以用近似算法［式（2-29）］的近似值 ε 来代替 ε_0。

$$\varepsilon_0 = \frac{\widehat{OP} - \overline{OP}}{\overline{OP}} \times 10^5 \qquad (2-28)$$

$$\varepsilon = \frac{\overline{AB} - \overline{AD}}{\overline{AD}} \times 10^5 \tag{2-29}$$

通常板材形成波浪的部位在边部、中部和板材宽度的 1/4 处，如果将 5～8 个棒状激光器沿板材宽度方向在这些部位的上方平行排列（由板材宽度来确定棒状激光器的个数），测量板材宽度方向上几个位置的 ε，即掌握了这些部位纤维条的延伸状况，就可得出被测板材的板形情况。由于这种方法与板材的运动速度和时间无关，所以能够消除板材振动、漂浮、横向移动等对板形测量的影响。根据板材的轧制速度，可以设置、调整采样时间间隔，可以在线收集板材全长的板形信息，从而为板形控制提供可靠的板形信号。

该板形检测系统由激光光源装置、工业摄像装置（CCD）、图像采集卡、模数转换（A/D）卡、计算机图像处理系统和数据处理系统及一些附件组成，如图 2-55 所示。5～8 个棒状激光器沿板材宽度方向排列，入射激光线与板材夹角呈 22°～32°，线性 CCD 摄像机设置在板材被测段的正上方，且在摄像头前安装滤光片，以滤除杂质光源（如热轧板材的近红外光），摄像机摄取到含有板材板形信息的光斑图像，经模数转换（A/D）进入高速图像处理系统，剔除噪声，进行窗口采集和计算光斑位置，再由计算机计算相对延伸差，监视器显示被测板材的实际情况。

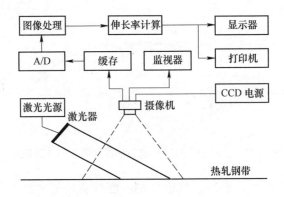

图 2-55 棒状激光热轧板材板形检测系统示意图

图 2-56 所示是板形检测实验装置结构示意图，它由西安建筑科技大学的王快社于 2000 年提出，其由激光器支架、夹送辊、液压支撑辊、传送辊道、导向辊、加热炉、传动辊及电机、计算机、CDC 摄像机和一些附件组成。连接好的板材在夹送辊的传动下，以 3～7m/min 的速度通过加热炉加热到 900～950℃，然后再由夹送辊输送到传送辊道上，以此模拟热轧板材从最后一架轧机中出来的情形。

2.5.9 挡板遮光法

挡板遮光法由北京科技大学和宝钢的张勇等人于 2000 年联合开发，系统硬件部分主要由计算机、打印机、图像采集卡、工业摄像机（CCD）、模数转换（A/D）卡、光源装置及一些附件组成，如图 2-57 所示。

在冷轧机组生产线的入口段，热轧来料钢卷在这里展开后进行激光焊接后进入下一工段——酸洗，此时钢卷在生产线上基本处于自然状态或低张力状态，其板形特征（明板

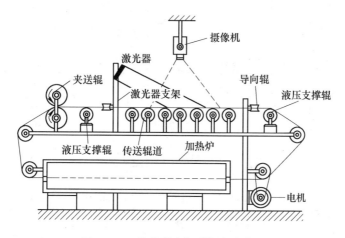

图 2 - 56　棒状激光板形仪实验装置

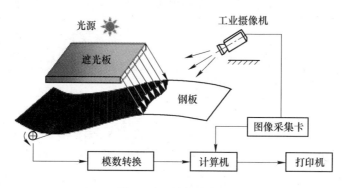

图 2 - 57　挡板遮光法

形）最为明显，本检测系统检测的对象正是该处的运动钢卷。根据光学投影原理，光线通过遮光板沿钢板纵向投射到钢板表面，会形成界限分明的明暗两个区域，而明暗的分界线会因钢板表面形状的变化而异。利用这样的装置，运动钢板的板形可以通过分界线所呈现的变化而间接得到反映。

分界线在能反映钢板板形特征的基础上，通过工业摄像机把包含该分界线的图像获取后送入图像采集卡，图像采集卡经过数字解码、模数转换等处理之后，得到数字图像。该数字图像再经计算机进行图像处理，就可以得到代表板形特征的分界线的具体数学表示，这样钢板横向的板形曲线便可获得。在一定的采样频率下，不断重复进行上述过程，这样最终会在沿钢板纵向的时间轴上得到若干横向板形曲线（如图 2 - 58 所示）。利用特定的空间坐标变换处理横向板形曲线以后，可获得统一空间坐标体系下的纵向钢板板形离散数据。从数字积分的角度而言，完全获取整个钢板的板形特征信息。在原始板形数据的基础上，经过后序的数据分析、处理和存储等功能模块，可以提供生产现场所需的钢板板形技术指标以及图、表等。

2.5.10　平坦度检测方法对比

平坦度检测方法对比见表 2 - 1。

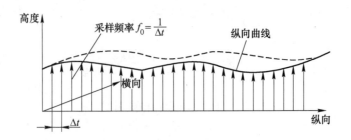

图 2 - 58　图像采样合成示意图

表 2 - 1　平坦度检测方法对比

平坦度检测方法	空间维数	克服干扰	硬件成本	结构复杂	精度/mm	实际应用
激光三角法	1.5	不能	较低	简单	±1.0	较多
挡板遮光法	2	不能	很低	简单	较低	较少
棒状光源法	2	不能	低	简单	较低	较少
激光截光法	2	近似能	低	复杂	±1.0	较少
激光光切法	2.5	近似能	较高	复杂	±1.0	较少
直线型激光法	2.5	能够	低	复杂	±0.55	研制
激光莫尔法	3	能够	较高	复杂	±0.5	较少
投影条纹法	3	能够	低	简单	±0.5	研制

2.6　板形控制主要手段

2.6.1　液压弯辊系统

液压弯辊的基本原理是：通过向轧辊辊颈施加液压弯辊力（如图 2 - 59 (a) 所示），使轧辊产生附加弯曲，来瞬时地改变轧辊的有效凸度，从而改变承载辊缝形状和轧后带钢的延伸沿横向的分布，以补偿由于轧制压力和轧辊温度等工艺因素的变化而产生的辊缝形状的变化，保证生产出高精度的产品。由于工作辊表面直接与带钢接触，构筑了带钢横截面形状，因此工作辊弯辊（正弯、负弯）成为生产中应用最为普遍的弯辊形式（如图 2 - 59 (b)、(c) 所示）。支持辊弯辊（如图 2 - 60 (d) 所示）也是液压弯辊的一种形式，但是由于其结构复杂，机架承受的负荷大，使其应用受到一定限制，目前在生产中应用不多。

2.6.2　液压窜辊系统

液压窜辊的基本原理是：通过向轧辊辊颈施加液压轴向力（如图 2 - 60 (a) 所示），使轧辊沿轴向移动。窜辊系统在不同类型的轧机中所起的作用不尽相同，大体可分为以下三类：HC 轧机的窜辊，工作辊在窜移过程中与支持辊的接触线长度与带钢宽度相适应

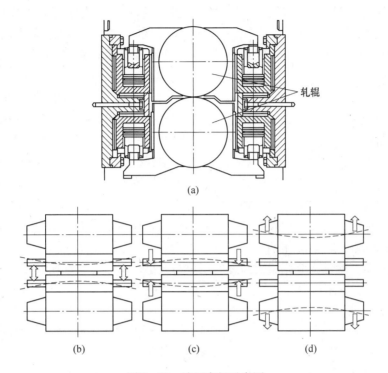

图2-59　液压弯辊示意图

（a）弯辊装置；（b）工作辊正弯辊；（c）工作辊负弯辊；（d）支持辊弯辊

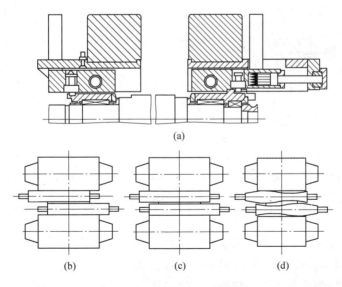

图2-60　液压窜辊示意图

（a）窜辊装置；（b）HC轧机的窜辊；（c）WRS轧机的窜辊；（d）CVC轧机的窜辊

（如图2-60（b）所示），其作用是消除带钢与轧辊接触区以外的有害接触区，提高辊缝刚度；WRS轧机的工作辊长行程窜辊，工作辊在窜移过程中与支持辊的接触线长度始终保持不变（如图2-60（c）所示），其作用是通过工作辊的轴向窜移使工作辊磨损分散均匀化，同时还可通过工作辊端部辊廓曲线形状的特殊设计达到打破工作辊磨损箱形，降低带钢边部减薄的目的，为实现自由规程轧制创造条件；带有特殊辊形的工作辊窜辊，如 CVC 等（如图 2-60（d）所示），可实现辊缝凸度的连续变化，扩大凸度调节范围。

　　CVC（Continuously Variable Crown）是德国西马克开发出来的一种凸度连续可变技术。CVC 轧机就是有一对轧辊的凸度是连续可调的，如图 2-61 和图 2-62 所示。CVC 轧辊辊形为曲线，近似瓶形，上下辊相同，装成一正一反，互为 180°，构成 S 形辊缝。通过特殊 S 形工作辊的轴向窜移来达到连续变化空辊缝正、负凸度的目的。当轧辊未抽动时，辊缝略呈 S 形，轧辊工作凸度等于零，即为平辊形或中性凸度；当上辊向右、下辊向左移动等距离时，即小头抽出时，则形成凹辊缝，此时中间辊缝变小，轧辊工作凸度大于零，称正凸度控制；反之，如果上辊向左、下辊向右移动等距离，即大头抽出时，则形成辊凸度为负的轧辊，轧辊工作凸度小于零，称负凸度控制。由此可见，调节 CVC 轧辊的抽动方向和距离，就可调节原始辊凸度的正负与大小，相当于一对轧辊具有可变的原始辊凸度。

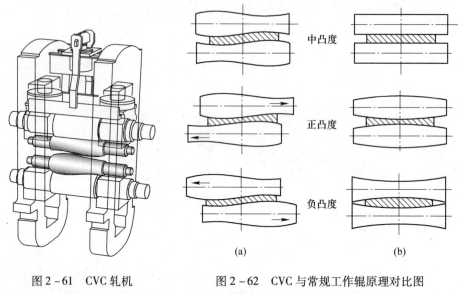

图 2-61　CVC 轧机　　　　　　　图 2-62　CVC 与常规工作辊原理对比图
　　　　　　　　　　　　　　　　　（a）CVC 工作辊；（b）常规工作辊

　　SmartCrown 技术是又一种连续变凸度技术，它在国外的铝带轧机上有工业应用，在宽带钢冷、热连轧机的首次拟工业移植应用是在我国的某冷轧厂。它的技术原理与 CVC 非常相似，两种系统都是利用工作辊横向窜辊来调节无载和有载辊缝形状以将期望的凸度传递给带材。SmartCrown 辊和 CVC 辊都是不对称加工的，表现为有特点的瓶形。上辊和下辊的加工是完全相同的，但安装方向则相反。

　　液压弯辊和液压窜辊已成为现代板带轧机上最普遍的两种板形调节手段并在生产中得到了广泛应用。正确地使用这两种调控手段，制定合理的弯辊和窜辊工艺制度，将有助于板带产品质量及生产效率的提高，并为实现自由规程轧制创造条件。

2.6.3 轧辊交叉技术

PC（Pair Cross）技术是由日本 Mitsubishi（三菱重工）及 Nippon（新日本制铁）联合开发研制出来的，如图 2-63 所示。在四辊轧机上，轴线相互平行的上工作辊和上支持辊与轴线也是相互平行的下工作辊和下支持辊交叉布置成一个角度，即成对交叉。轧机通过上下常规平辊的交叉达到连续改变辊缝凸度的目的（如图 2-63（a）所示）。交叉后的空载辊缝凸度可表示为：

$$C_W = S_c - S_e = -\frac{B^2}{2D_W} \times 10^{-3} \tan^2\theta \approx -\frac{B^2}{2D_W} \times 10^{-3}\theta^2 \qquad (2-30)$$

式中，S_c 为轧辊中部辊缝；S_e 为轧辊边部辊缝；B 为带钢宽度，mm；D_W 为工作辊直径，mm；θ 为交叉角度，(°)。

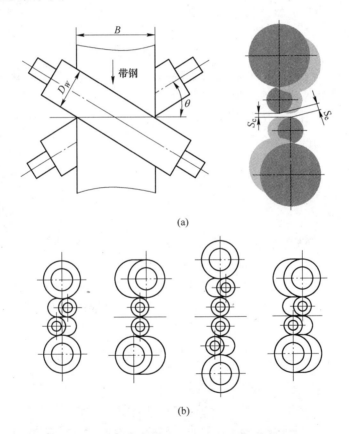

(a)

(b)

图 2-63 PC 机型
(a) 轧辊交叉示意图；(b) 不同轧辊交叉形式

从式（2-30）可以看出，空载辊缝凸度与轧件宽度的平方成正比。因此，PC 轧机适合轧制宽度大的轧件。假如工作辊的直径为 600mm，交叉角 $\theta = 0.3°$，当带钢宽度为 1000mm 时，空载辊缝凸度为 -0.25mm；当带钢宽度为 1500mm 时，空载辊缝凸度为 -0.57mm。

PC 轧机轧辊的交叉角一般为 0°~1.5°。由于采用平辊,辊形加工简单。但是,轧辊的交叉也会带来较大的轴向力,需要采用专门的轴向限位装置。PC 轧机通过调节轧辊的交叉角来实现凸度和平坦度控制,在工业生产中应用较为广泛,在热轧和冷轧中都有应用(如图 2-63 (b) 所示)。与现有的其他板形控制方式相比,轧辊交叉技术的凸度可控范围和板形控制能力都比较大,特别是在轧制宽带时,其凸度可控范围远远大于其他板形控制方式。

动态 PC 技术是在普通 PC 技术基础上发展起来的新技术,即在轧制过程中带负荷状态下能够对交叉角进行调整。动态 PC 轧机的机械结构如图 2-64 所示,动态 PC 部分主要由辊交叉电机、交叉头、蜗轮与蜗杆、丝杠与丝母和动态 PC 机构(即上支持辊轴承座与 AGC 缸之间及支持辊换辊架和窗口底部之间分别装有四盘平面轴承)组成。成对交叉的实现过程:顶部电机驱动万向节轴、蜗杆和蜗轮及丝母和丝杠,丝杠带动交叉头将工作辊轴承座和支持辊轴承座推向同一方向,其他交叉头与其相对应的工作辊和支持辊轴承座沿同一方向移动,四个交叉头安装在驱动侧上部和操作侧下部,并沿同一方向移动,因此,上辊装配和下辊装配将交叉。

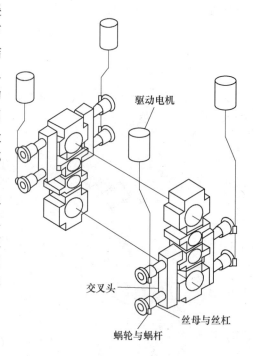

驱动电机

交叉头

丝母与丝杠

蜗轮与蜗杆

图 2-64　PC 轧机机械结构示意图

2.6.4　层流冷却系统

轧后冷却是整个热轧生产的一个重要环节,其主要任务是冷却带钢,控制卷取温度。卷取温度对带钢的金相组织影响大,是决定成品带钢加工性能、力学性能、物理性能的重要工艺参数之一。层流冷却是轧后控制冷却技术的一种(如图 2-65 所示),水以较低压力从水嘴口自然连续流出,形成平滑水流。水流

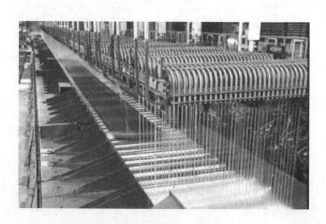

图 2-65　层流冷却系统

落到钢板表面后在一段距离内仍保持平滑层流状态,可获得很强的冷却能力,冷却均匀。目前钢板热轧后的层流冷却一般采用管层流(U 形管层流)和板层流(水幕冷却)两种方式。水幕冷却水量大、冷却效果强,但是不易控制和调节;管层流冷却对钢板冷却比较缓和、均匀,冷却区较长,容易控制冷却参数。

由于层流冷却的冷却特性较高;水流保持层流状态,可获得很强的冷却能力;上下表面纵向冷却均匀等优点,大部分热轧厂都采用低压大水量的层流冷却,所以在输出辊道上设置层流冷却装置已成为热轧厂的重要组成部分。

2.7 板形控制系统

板形控制和板厚控制之间存在着复杂的耦合关系,不是两个相对独立的控制环节。弯辊力的改变会引起带钢厚度的变化,而压下位置的调整同样会使带钢的板形发生变化。板形控制模型的发展主要表现为控制功能的完善和板形检测信号的处理两方面,它们均是随着电气传动与自动控制技术的迅速发展和不断完善而增强。

对带钢热连轧过程来说,控制功能包括多个方面:自动板形控制 AFC(预设定、前馈、反馈闭环控制及解耦控制)、自动厚度控制 AGC(前馈、反馈、偏心补偿及监控 AGC)、精轧机组终轧温度控制、主速度控制、宽度控制和表面质量控制等。由于众多功能控制最终的影响都将集中到轧辊、轧件之间的变形区,因此功能间相互影响显著。例如,当自动厚度控制系统调整压下,控制厚度时,必将使得轧制力发生变化,从而改变轧辊辊系弯曲变形而影响辊缝形状,最终影响带钢出口凸度和平坦度;而当自动板形控制系统调整弯辊控制凸度和平坦度时,必将改变辊缝形状而影响出口厚度。因此功能间需要互相协调,相互传递补偿信号。

对于一个连轧机组,存在着大量互相紧密联系的工艺和设备参数,这些参数可以分为以下六类:

(1)设备负荷参数,即电动机功率、轧制力和轧制力矩。在正常工作时,这些负荷参数都应小于机电设备的允许极限值。

(2)设备特性参数,主要是机座纵向刚度和横向刚度。

(3)轧制过程中产生的外扰量。对于热轧而言,主要是来料温度波动、来料厚度波动、轧辊偏心产生的辊缝波动以及张力变化等。

(4)控制参数,即作为调节手段的参数,主要是辊缝量、弯辊力、窜辊量和轧辊速度等。

(5)目标参数,是连轧生产所要求得到的,主要是成品厚度、凸度和平坦度等。

(6)基本固定不变或者变化缓慢的参数,如轧辊半径、轧辊热凸度等。

分析这些参数间的相互关系,研究在一定工艺条件下将产生的负荷和产品品质(板形和厚度),特别是研究当某些参数变动时可能产生的负荷变动、张力变动、厚度变动和板形变动,以及研究在外扰量作用下如何通过调整辊缝量、弯辊力、窜辊量和轧辊速度等来补偿外扰量的影响,使得目标参数不变等,都是设计良好的控制系统和提高系统的控制性能所不可缺少的。板形控制模型的各个环节紧密相关,相互影响(如图 2 - 66 所示),带钢板形的控制精度需要依靠以上各个环节的协同配合来保证。

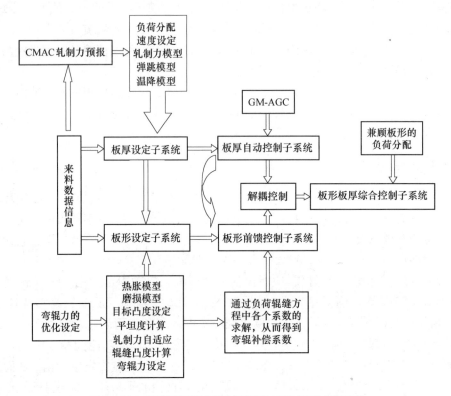

图 2 - 66　板形板厚综合控制系统的系统模型功能模块

　　表 2 - 2 为板形控制技术的发展历程。早期的热带钢轧机，由于人们对产品的板形质量要求不高，其板形控制仅停留在由操作工眼看手动的水平，无板形控制系统可言。在 20 世纪 50 年代带钢的板形控制依靠辊形的磨削、热辊形的控制、合理的负荷分配和生产计划编排来控制板形，随着 60 年代液压弯辊应用在钢板轧机上，有了液压弯辊装置使得板形在线控制成为可能，在 70 年代日本石川岛播磨公司以带钢平直为条件下实现弯辊的最优设定，这成为了板形控制模型的雏形。随着新型辊形技术的开发、先进的板形测量仪器的研发、板形控制理论的发展，板形控制系统逐渐形成，并向对板形控制的高精度方向发展；另外高精度、高效率、高产出、低能耗的工业要求使得用户和生产者对带钢的板形精度越来越重视，热轧带钢板形控制系统因此而得到相应的发展和完善。

表 2 - 2　板形控制技术的发展历程

年　代	阶　段	技　　术
~1950	初级阶段	采用静态负荷分配工艺，原始辊形调整法与轧制计划编排相结合的方法进行板形控制，主要依靠人的经验进行操作，稳定性和可靠性差，且增加了生产组织的难度
1950~1990	发展阶段	液压弯辊技术和液压窜辊技术相结合，各种板形控制轧机相继开发并大量应用，如 HC、PC、CVC、UPC 等，其中液压弯辊技术和液压窜辊技术成为现代板形控制的标志
1990~2000	成熟阶段	计算机控制技术大量应用，板形设定控制和动态控制模型应用，板形检测技术日趋成熟，板形板厚解耦控制，动态负荷分配，板形控制精度提高，自由轧制技术配合连铸连轧热装直轧生产

续表 2 - 2

年 代	阶 段	技 术
2000 ~ 至今	优化阶段	智能控制技术：神经网络、模糊控制、遗传算法、快速有限元在线控制与轧后冷却工艺相结合的板形综合控制技术得到发展并应用

现代化的热带钢连轧机板形控制系统如图 2 - 67 所示。它主要由板形预设定模型和板形闭环控制模型两部分组成。其中，板形预设定模型在过程控制级（L2）进行窜辊的设定和弯辊力的预设定，它还包括了根据实测凸度和平坦度进行的板形自学习计算；板形的闭环控制模型又分为弯辊力前馈控制模型、弯辊力闭环反馈控制模型和板形板厚解耦功能。

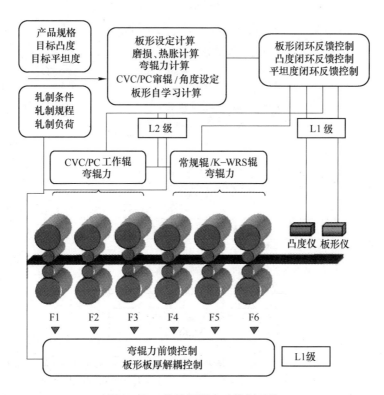

图 2 - 67 热轧板形自动控制系统

热轧宽带钢板形控制系统是技术含量较高的较复杂的综合系统。它包含电子控制技术、机械制造技术、液压技术和轧钢工艺技术等的开发和运用。目前，国内外能提供板形自动控制系统的公司主要有：德国西马克公司的 PCFC 和 DPC 系统，西门子公司的 SWA 系统，意大利达涅利公司的 ACFC、AFFC 系统，日本三菱公司的 DCC、ASC 系统，北京科技大学的 PFEC 系统等。

2.7.1 板形预设定模型

板形设定包括窜辊设定、弯辊力设定和板形自学习。

（1）窜辊设定功能主要完成各机架工作辊窜辊位置的设定计算（PC 轧机时则进行 PC 交叉角的设定）。针对不同的工作辊辊形配置，窜辊的目的也有所不同。对于平辊形或普通辊形的工作辊辊形配置，通过窜辊调整，可以改善辊面的不均匀磨损，达到增加同宽规格轧制长度和单位总轧制长度、延长工作辊换辊周期、实现自由规程轧制的目的。但对于特殊辊形曲线的工作辊辊形配置，通过窜辊调整，则主要是达到增加轧机板形控制能力、改善带钢板形的目的（如图 2 - 68 所示）；同样若是 PC 轧机则以调控带钢板形为目标，根据需调节的带钢板形进行交叉角的预设定（如图 2 - 69 所示）。

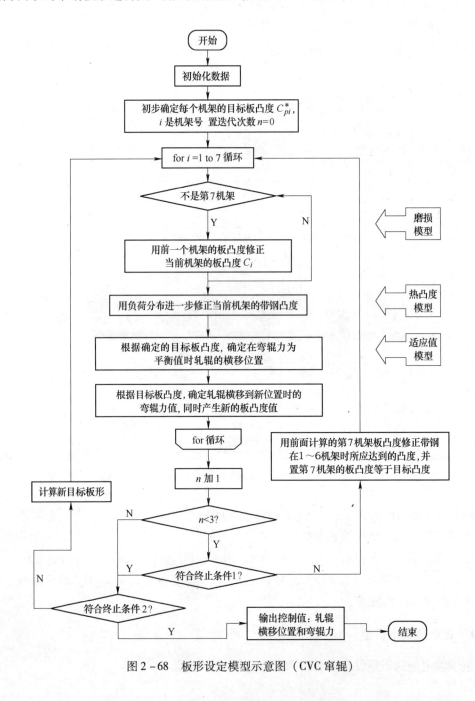

图 2 - 68 板形设定模型示意图（CVC 窜辊）

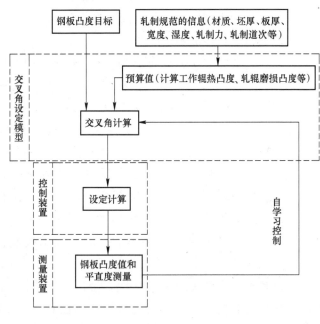

图 2-69 板形设定模型示意图（PC 交叉角）

（2）弯辊力设定功能是各机架在轧制压力已设定及工作辊和支持辊辊形（包括初始辊形、磨损辊形和热辊形）确定、窜辊设定完成的前提下对工作辊弯辊力进行设定计算，其目的是通过弯辊手段保证带钢凸度目标值和精轧机下游各机架比例凸度，从而也保证带钢平坦度目标值。

（3）板形自动控制功能还包括根据设定误差作设定调整的自学习功能，弯辊力设定模型为经过简化处理可用于在线控制的线性模型，模型中各线性项系数预先经过大量的有限元离线计算后，对计算结果进行拟合后求出。为了消除简化、拟合及来料板形波动、工作辊磨削辊形波动等造成的误差，提高模型的在线计算精度，在线性模型中设有自学习系数项，以便根据轧后实测的带钢板形（凸度和平坦度），计算并保存其相应的自学习系数项，用于修正在线模型系数。

除以上功能外，由于精轧出口带钢横截面存在温差，经层流冷却和空冷后，带钢平坦度会发生变化。为了保证带钢产品的出厂板形质量，在板形自动控制系统中还需考虑相应的补偿策略，即合理的带钢平坦度控制目标。

2.7.2 板形闭环控制模型

（1）弯辊力前馈控制模型。轧制压力波动是板形控制的重要的干扰因素，轧制压力变化影响本机架出口带钢凸度，破坏机架间的协调平衡，如果任其发展而不加以干预，则带钢的板形必然也会随之波动，造成生产的不稳定和带钢板形的恶化。为了消除这种由于轧制力的波动给带钢板形带来的不良影响，最有效的方法是使弯辊力随轧制力的波动以一定周期做出相应的补偿性调整，以稳定承载辊缝的形状，使带钢顺行、轧制生产稳定。这一功能可由弯辊力前馈控制模型来完成，通常也称小闭环模型。弯辊力前馈控制在 L1 级进行，其主要功能是消除轧制过程中轧制压力波动对板形的影响，保证轧制过程中带钢凸度目标值和平坦度目标值，维持带钢板形的稳定。

（2）弯辊力反馈控制模型。弯辊力反馈功能是 F1～F6 某一机架或几个机架工作辊弯辊力对实测的板形偏差信号的反馈控制，其目的是保证轧制过程中带钢板形的目标值。

依据精轧出口安装的板形检测仪表的情况，弯辊力反馈控制又可分为凸度反馈控制和平坦度反馈控制。若精轧出口安装凸度仪，能提供实时快速的带钢凸度实测值，将其与目标凸度值进行比较，通过调整上游机架的弯辊力或工作辊窜辊（带特殊辊形），消除凸度偏差。若精轧出口安装有平坦度仪，能实时快速检测出带钢的实际平坦度值，将其与目标平坦度值进行比较，如果平坦度超标，则控制下游机架板形调节机构（主要为液压弯辊）进行实时调节，使带钢平坦度与目标值吻合，以纠正预设定模型的误差并消除各种不确定因素带来的不利影响。闭环反馈控制模型通常也称大闭环模型。

（3）板形板厚解耦控制模型。生产实践中，板形控制和板厚控制通常被认为是两个独立的系统，但板形控制和板厚控制的实质都是对轧机辊缝的控制，可以用辊缝的形状和辊缝的开口度来描述。对两者的调控是一个相互影响的明显耦合问题，它不仅体现在板形板厚的预设定、穿带自适应控制过程，还体现在板形凸度前馈控制和平坦度反馈控制的动态轧制过程中。目前，工业用户对带钢板形和板厚精度要求正日趋严苛，而板形控制和板厚控制的相互影响的耦合关系对高精度带钢生产具有显著影响。板形板厚解耦控制需要紧密结合大型工业轧机实际控制系统，运用解耦设计理论和轧制理论，揭示设定、前馈和反馈等控制时板形板厚间的耦合关系，提出板带轧机板形板厚多变量系统解耦设计思想和方法，完成控制系统的解耦设计，结合生产实际建立板形板厚解耦数学模型。

2.8 热轧平坦度综合控制

为了在热带钢的生产中对带钢进行全流程的板形控制，在热连轧机生产线上安装 2 套热轧带钢平坦度控制系统（如图 2-70 所示），1 套在精轧机组出口，1 套在卷取机入口。2 套系统通过网络连接，与带钢速度同步，它们测量带钢出精轧机组时的平坦度及同一段带钢在卷取机前冷却后的平坦度变化。该系统是一个多变量的控制系统，该系统具有以下功能：

（1）控制精轧机组最后几个机架的弯辊力、倾辊和窜辊等；

（2）控制带钢上下表面冷却区能力的分布；

（3）优化卷取张力。

来自精轧机组出口的平坦度测量系统的信号，被用于建立"内部平坦度控制回路"（如图 2-71 所示），以控制精轧机组最后几个机架的弯辊、窜辊和倾辊。

来自卷取机前平坦度测量系统的信号用于建立"第一低级控制环"（如图 2-72 所示），以控制冷却区域目标值。带钢冷却控制策略的目标是通过带钢下表面冷却能力的再分配来防止带钢在长度和宽度方向上的弯曲。

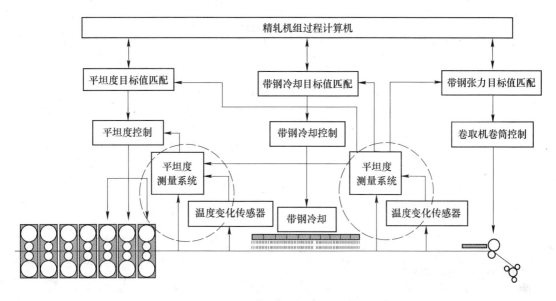

图 2-70　安装 2 套热轧带钢平坦度控制系统

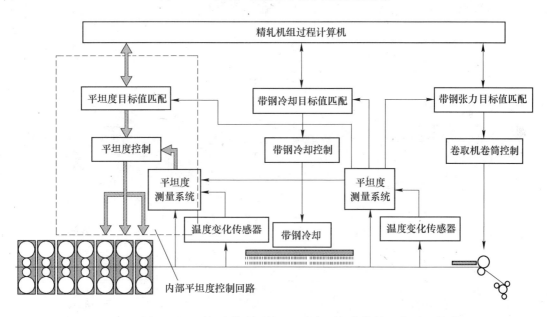

图 2-71　平坦度控制系统——内部平坦度控制回路

来自卷取机前平坦度测量系统的信号用于建立"第二低级控制环"（如图 2-73 所示），以控制卷取张力目标值。卷取张力控制策略的目标是使不平直带钢产生有限拉伸。对于一定塑性的带钢，卷取张力的控制能在长短带钢纵向纤维间形成长度平衡。在这一策略中，卷取张力的上限由带钢出现缩颈时的张力决定，而下限取决于卷形质量要求。

来自卷取机前平坦度测量系统的信号用于建立"外部平坦度控制回路"（如图 2-74 所示），以调整内部平坦度控制环的平坦度目标值，从而控制精轧机组最后几

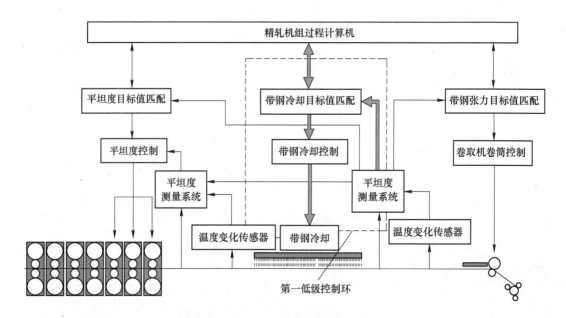

图 2 - 72　平坦度控制系统——第一低级控制环

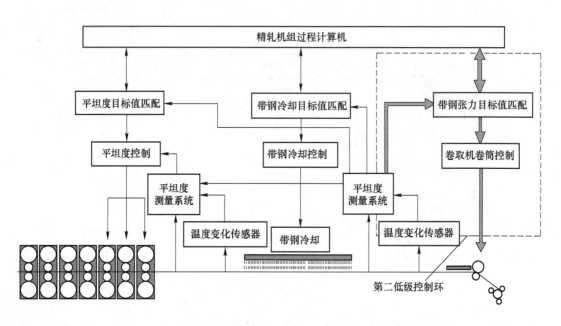

图 2 - 73　平坦度控制系统——第二低级控制环

个机架。

可以看出，要想具有良好的平坦度的板形质量的产品，必须具备两个条件，一是平坦度精确的在线测量，二是优化的平坦度控制策略，如图 2 - 75 所示。

图 2 - 76 所示为精轧出口板形与成品板形之间的关系。由图 2 - 76 可以看出，要想获得良好的成品板形，必须对轧制过程、层流冷却过程和卷取过程进行综合控制。

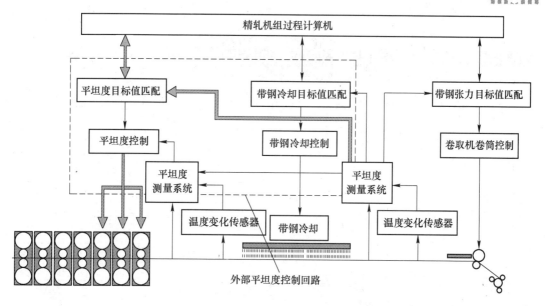

图 2-74 平坦度控制系统——外部平坦度控制环

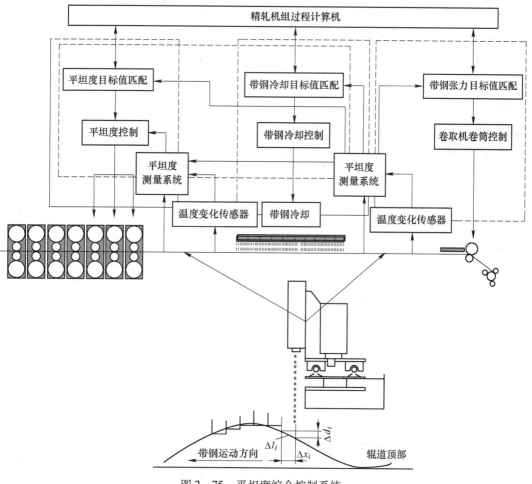

图 2-75 平坦度综合控制系统

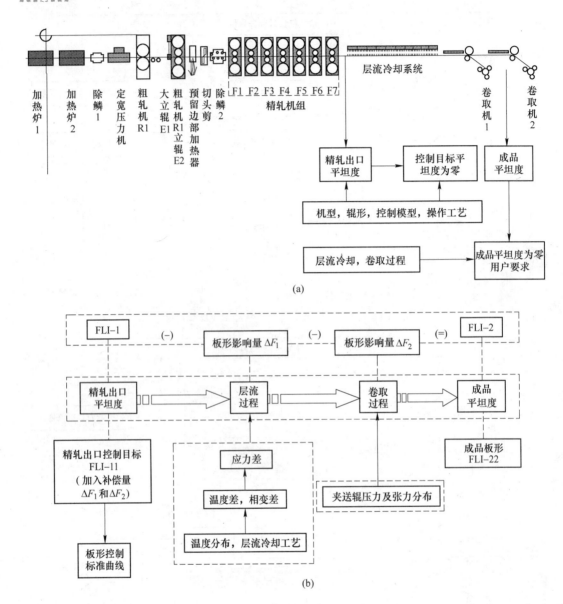

图 2-76　精轧出口板形与成品板形之间的关系

（a）热轧生产线板形控制示意图；（b）板形控制流程图

3 SP 定宽压力机调宽法研究

3.1 带钢宽度控制概述

钢铁生产工艺流程正在朝着连续化、紧凑化、自动化的方向发展。实现钢铁生产连续化的关键之一是实现钢水铸造凝固和变形过程的连续化，亦即实现连铸连轧过程的连续化。连铸与轧制的连续衔接匹配问题包括产量的匹配、铸坯规格的匹配、生产节奏的匹配、温度与热能的衔接与控制以及钢坯表面质量与组织性能的传递与调控等多方面的技术。

表 3 – 1 为铸坯断面尺寸与轧机规格的配合。可以看出，铸坯的断面和规格应与轧机所需原料及产品规格相匹配。为了获得所需要的轧件宽度，就必须对宽度进行调整和控制。对于轧件薄且冷时，通过塑性变形调整和控制宽度实际上是不可行的，所以带钢宽度控制一般适用于热轧过程。随着连铸连轧技术的迅速发展，板坯宽度的调整和控制成为一个非常突出的问题。

表 3 – 1　铸坯断面尺寸与轧机规格的配合

轧机规格/mm		铸坯断面尺寸/mm × mm
中厚板轧机	2300	(120 ~ 180) × (700 ~ 1000)
	2800	(150 ~ 250) × (900 ~ 2100)
	3300	(150 ~ 350) × (1200 ~ 2100)
	4200	(150 ~ 350) × (1200 ~ 2600)
热轧带钢轧机	1450	(100 ~ 200) × (700 ~ 1350)
	1700	(120 ~ 350) × (700 ~ 1600)
	2030	(120 ~ 350) × (900 ~ 1900)

采用可变宽度结晶器是连铸调宽的一种方法，一方面连铸机的生产率随着板坯宽度的增加而增加，但是完全用连铸调宽会使铸速恒定，连铸坯表面质量下降，降低经济效益，也不尽合理。为了减小连铸坯的规格，对板坯进行调宽是有效措施之一。侧压轧制调宽技术适应用户对带钢尺寸特别是宽度尺寸的各种需求，作为连铸和连轧的中间环节在整个轧制生产线上起着重要的作用，实现连铸与连轧之间宽度上的衔接。目前，大型板带连轧机主要包括宽度规格为 4000 ~ 5500mm 的大型中厚板轧机和宽度规格为 1700 ~ 2300mm 的大型热连轧机及冷连轧机。大型中厚板轧机成套设备主要包括立辊轧机、四辊轧机、矫直机、定尺剪、双边剪和剖分剪、快速冷却装置等；大型热连轧机（包括薄板坯连铸连轧机）成套设备主要包括 SP 定宽压力机、粗轧立辊轧机、粗轧四辊轧机、热卷箱、飞剪机、六至七机架四辊连轧机、冷却装置、地下卷取机等。为了不断提高产品的成材率，满足客户对宽度尺寸精度的要求，目前大型板带连轧机工业生产主要的宽度控制技术包括：

（1）粗轧宽度自动控制技术（Rougher Automatic Width Control，简称 RAWC）。RAWC 就是针对侧压和水平轧制变形以及工艺参数对宽度变形的影响，采用控制模型和自适应技术，使成品卷沿全长宽度公差达到允许范围。RAWC 宽度控制中比较广泛采用的侧压轧制调宽技术包括立辊调宽法和 SP 定宽压力机调宽法。其中，SP 定宽压力机的开发和应用大大提高了调宽效率，降低了板坯头尾的切损。

（2）精轧宽度自动控制技术（Finisher Automatic Width Control，简称 FAWC）。FAWC 是通过粗轧机上测宽仪测得的宽度值提供前馈信号，以改变机架间张力基准值，由安装在最后一台精轧机后和靠近地下卷取机的测宽仪提供反馈宽度控制信号，利用机架间张力对宽度动态控制，是宽度控制的精调阶段。

3.1.1　立辊调宽法

图 3-1 所示为常规热连轧的生产工艺简图，其中，粗轧机组由若干架呈串列式布置的立辊、水平辊轧机组成。一般来说，除第一架外，粗轧机组其余各架均是由一架立辊轧机、一架水平辊轧机组成的万能式轧机，立辊轧机与水平辊轧机形成连轧关系，立辊轧机一般在水平辊轧机的入口侧。第一架水平辊轧机可能是二辊式，也可能是四辊式，其余水平辊轧机一般为四辊式。立辊轧机的作用是：（1）使轧件宽度减小；（2）使轧件宽度沿长度方向在较小范围内波动；（3）以小的侧压量压边，使轧件边部平直、裂纹压合；（4）使轧件出立辊轧机后，对准水平辊轧制中心线进入水平辊轧机。

原料准备→加热→粗轧→精轧→层流冷却→卷取
- 平整→热轧卷
- 纵切→窄带卷
- 横切→钢板卷
- 酸洗→酸洗卷

图 3-1　常规热连轧的生产工艺简图

为了克服热轧来料大多使用的连铸坯由于在线调宽相对比较困难，所以，一般在粗轧区的第一架采用立辊调宽法，即设强力立辊轧机（VSB），通过大立辊侧压来实现用同一宽度的连铸坯轧制不同宽度的带钢，实现宽度调节与控制，有利于减少连铸坯宽度级数，减少调整和更换连铸机结晶器的次数，提高连铸机的生产率和连铸坯质量，缓解轧机生产能力高而连铸机生产能力不足的矛盾。同时，它还可以在轧制中起到疏松板坯表面的炉生氧化铁皮，防止板坯边部产生鼓形和裂边等缺陷。采用立辊调宽法的大立辊调宽轧机在 20 世纪 70 年代至 90 年代初得到了广泛的应用。用立辊调宽技术可以减少连铸板坯的规格，提高连铸的生产效率，特别是减少了连铸结晶器的规格，从而大大提高了整个轧制生产线的效率。目前的立辊轧机从结构上主要由主传动装置、机架装配、轧辊轴承、侧压传动装置、平台、配管及换辊装置等几部分组成。

立辊调宽法所采用的大立辊轧制是典型的轧件变形问题，是一个以小压下量轧制厚件的变形过程。由于调宽压下量与板坯宽度相比很小，所以金属变形难以深入到板坯中部，三维塑性变形主要集中在与立辊接触的板坯边部局部区域。侧压量的一部分转化为板坯的纵向延伸，而另外一部分则在立轧后使板坯边部隆起，板坯横断面出现明显的"狗骨"

形状。"狗骨"形状比较复杂，其几何形状如图 3-2 所示。立轧后的板坯一般可以用下列参数来描述：板坯宽度 W_e，狗骨峰位置 A，狗骨影响区大小 C，狗骨峰值处的板坯厚度 h_b，最大狗骨高度 $B = h_b - h_0$，与轧辊接触的增厚量 $h_r - h_0$，其中 h_0 为立辊轧边前板坯厚度。

板坯的"狗骨"部分在随后水平轧制时由于产生附加宽展，使调宽效率显著降低，影响产品宽度精度，在板坯的边部产生了凹陷，特别是在头部和尾部部分分别产生了"舌头"和"鱼尾"，从而显著增加切头损失，降低成材率。

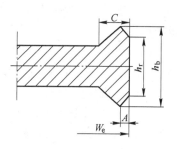

图 3-2 "狗骨"形状示意图

3.1.2 SP 定宽压力机调宽法

为了更好地适应现代板带生产的短流程化、轧制计划的灵活化和产品质量良好的持久化，现代化的板带生产已不再提倡采用强立辊轧机实现宽度压下，而取代重型立辊轧机的就是当代板带生产的最新技术之一的定宽压力机调宽法（Sizing Press，简称 SP）。作为水平轧机前面附设的立辊轧机只起微量侧压和实现宽度自动控制（AWC）的作用。立辊调宽法与定宽压力机调宽法比较见表 3-2。目前，SP 定宽压力机有三种形式：日本石川岛（IHI）双侧（操作侧和工作侧）单偏心连杆滑块式、德国西马克（SMS）双侧双偏心连杆滑块式和意大利达涅利（Danieli）双侧双液压缸摆动式。某 1780mm 全连轧所需连铸坯规格见表 3-3。

表 3-2　立辊调宽法与定宽压力机调宽法比较

项　目	调宽法 立　辊	SP 定宽压力机
设备形式	强力立辊轧机	定宽压力机
最大侧压量/mm	50 ~ 100	300 ~ 350
轧制道次	1	1 ~ 5
轧制状态	碾压	锻压
切头切尾损耗/%	0.6 ~ 0.7	0.2 ~ 0.3
进级数/mm	50	200

表 3-3　某 1780mm 全连轧所需连铸坯规格

所需连铸坯规格/mm	轧制成品宽度/mm	SP 定宽压力机压下量/mm
950	950 ~ 800	150
1100	1100 ~ 950	150
1275	1275 ~ 1100	175
1450	1450 ~ 1275	175
1650	1650 ~ 1450	200

SP 定宽压力机与强力立辊轧机相比具有很大的优越性。由表 3－2 和表 3－3 可以看出：

（1）SP 定宽压力机具有很大的宽度调节量，生产效率很高，最大侧压量可达 350mm，平均侧压量为 200mm，并且在一个轧制道次上就完成了宽度压下的要求，大大减少了连铸机生产的宽度规格尺寸，有效地提高了连铸生产效率，提高了连铸产量。

（2）SP 定宽压力机的宽度调节量大而广，增加了板坯连铸机平均浇铸宽度，为加大进级数提供了条件，如一般连铸坯规格按 50mm 进级，SP 定宽压力机连铸坯的宽度进级可以加大到 200mm，即宽度规格由原来的 19 种规格减少到 5 种规格，使连铸坯规格减少到原来的 1/4，这样连铸坯的生产能力就提高了 25%，因此来料宽度规格种类大大减少，简化了轧制计划，容易控制物流。

（3）SP 定宽压力机对板坯的轧制是在锻压状态下进行的，其金属的变形状态与立辊轧机的碾压状态是截然不同的，因此定宽压力机侧压所具有的特性，使轧出的板坯头尾形状良好，减少了切损，大大提高了钢材的收得率，同时宽度更便于控制，使成材率得到提高。

（4）由于连铸机生产的板坯宽度规格尺寸大大减小，可以提高热装比率，节省加热炉能源，使得高热装比和低能源消耗成为可能。

此外，SP 定宽压力机的板坯侧压速度快，例如在每分钟 40～50 行程，每行程 400mm 的连续、快速侧压下，一块 10m 长板坯只需约 30s 即可完成侧压，提高了生产力，而且能减小板坯表面温度的下降。定宽压力机虽然结构复杂，但维修时间并未比过去增加，定宽压力机设有两对上、下布置压下模块，可交换使用，节省更换时间；SP 定宽压力机对于大批量热装和直接轧制生产十分有利，可缩短热坯的在库时间，大大提高了直接热装比。

但是，SP 定宽压力机所采用的调宽技术，改变了强力立辊轧机调宽轧制板坯连续变形的特点以及工具与板坯接触过程，使得立辊轧制时中部变形过程由稳态变为非稳态。这种不连续的变形过程将会造成板坯变形的不均匀。

由于两种调宽技术各有优缺点，所以目前国际和国内大都把两种调宽方式综合使用。对于从板坯宽度到钢卷宽度的总差值，用 SP 尽可能大的进行宽度侧压，以 SP 定宽压力机为主要调宽手段提高调宽能力和调宽效率，立辊粗轧调宽则用于对水平轧制产生的宽度延伸的调整及炉内黑印等造成的宽度偏差的校正以及板坯前后端的宽度补偿，修复 SP 造成的板坯缺陷。将两种调宽方式综合运用取长补短取得了很好的实际效果。

3.2　定宽压力机工作原理及性能

3.2.1　定宽压力机的作用及工作原理

定宽压力机组作为现代粗轧的主要设备之一，将从加热炉内抽出的板坯，对其板宽全长连续地进行强压下，以得到宽度一致的板坯。

SP 定宽压力机对板坯的侧压是靠两个对称运动的模块实现的，模块与板坯的接触面为平面，这就相当于用辊径为无穷大的立辊对板坯进行侧压。板坯经 SP 侧压后，边面凸起量小，故 SP 与强力立辊轧机相比具有很大的优越性，其原理如图 3－3 所示。

为了实现用模块对板坯的侧向压制，模块必须进行 x、y 两个方向的动作。同时，为

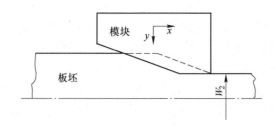

图 3-3 SP 对板坯侧压的基本原理图

了能够改变模块出口处板坯的宽度 W_2，必须实现对模块的开口度进行调整。

图 3-4 所示为 SP 定宽压力机侧压轧制原理图。其中，W_1 为板坯宽度；ΔW 为 SP 对板坯的侧压量；S 为每次侧压的板坯搬运量；S_1 为 SP 侧压开始至本次侧压结束模块的摆动；S_2 为每次侧压时辊道对板坯的搬运量；S_3 为侧压时的重叠量。实线部分为上次侧压轧制刚结束时轧制成的板坯及此时模块的位置；虚线为本次侧压轧制开始时板坯及此时模块的位置。模块对板坯的侧压是斜面过渡性轧制，即在前一个动作结束后，首先是模块的斜面和板坯接触，然后随着主偏心轴与摆动机构的联合作用，逐步过渡到平面接触。在侧压轧制过程中，板坯上的①点移至②点，③点移动至④点。

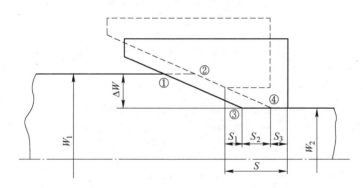

图 3-4 SP 侧压轧制原理图

从图 3-4 可以看出，在每次侧压过程中，板坯总的搬送量 S 始终为定值即为 S_1 和 S_2 之和，但 S_1 和 S_2 却随着侧压量的不同而变化，摆动机构的负载、辊道及前后测量辊的负荷随着侧压量的变化而变化。每次侧压开始至结束，模块、侧压框架及摆动框架上所承受的负荷，除板坯宽度方向的力外，还有板坯长度方向的力，而此力与板坯的前进方向相反。

3.2.2 定宽压力机的结构和性能特点

定宽压力机组包含以下几个部分：

(1) 板坯输送部分：入口辊道、入口夹送辊、出口夹送辊、出口辊道。其中，入口辊道具有升降功能，根据侧压后的板坯增厚量调整入口辊道的标高；出口辊道将侧压后的板坯送往 R1 轧机的入口辊道上。

(2) SP 定宽压力机：SP 为对称机构，作为 SP 核心部分的压下设备部分从功能上分为侧压偏心机构、同步机构、调宽机构三个主要部分，如图 3 – 5 所示。侧压偏心机构是由一偏心距的曲柄滑块机构组成，包括主偏心轴、传动机构、偏压框架、模块等部分，如图 3 – 6 所示；同步机构由同步电动机、增速机、大小同步偏心轴和同步框架组成，其主要功能是保证模块在侧压过程中和板坯的运动速度保持一致，同步机构是由交流电动机驱动，通过两个输出轴，增速比一定的装置，同时驱动两偏心轴，其中低速轴的偏心量较大，而高速轴的偏心量较小。两个偏心轴间由连杆连接，小偏心轴的轴承固定在同步框架上，所以同步框架的同步动作是大、小偏心轴的复合作用的结果，如图 3 – 7 所示；调宽机构采用两台调宽电动机，经圆锥齿轮箱、传动蜗杆、带螺母的蜗轮和蜗杆机构，通过蜗杆推动侧压机架的外层框架，它属于侧压框架的内部框架，主要是根据不同的来料宽度和不同的定宽要求，最终调整侧压模块的开口度。

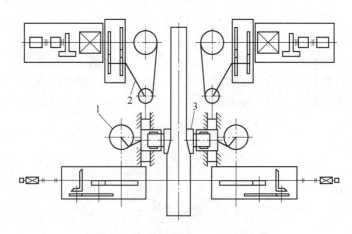

图 3 – 5　SP 定宽压力机结构示意图

1—侧压偏心机构；2—同步机构；3—调宽机构

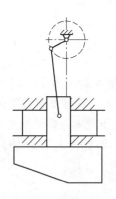

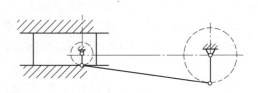

图 3 – 6　侧压偏心机构简图　　　　　图 3 – 7　同步机构简图

　　SP 定宽压力机模块的动作是由偏压框架和同步框架这两个框架的动作复合而成的，所以，这两个框架在 SP 定宽压力机中起着非常重要的作用。同步框架挂在 SP 定宽压力机的机架（横梁）上，它只有平行于轧制线方向的同步动作。侧压框架是装在同步框架的里面，在其四个面上均有导向轮，此框架除完成主偏心轴的侧压动作外，还必须随同步框架一起运动，从而完成模块动作的合成。

（3）板坯导向和停止部分：入口侧导板、入口导向辊、出口导向辊、出口侧导板。其中，入口侧导板具有对板坯侧压的对中功能和使板坯压下不产生弯曲的导向功能；出口侧导板除对板坯进行导向的同时具有对板坯对中的功能。

3.2.3 定宽压力机的运动学分析

SP定宽压力机结构可以看作是对称的结构，图3-8所示为SP定宽压力机一侧模块的运动简图。取模块中心 O 点为坐标原点，建立如图所示的直角坐标系。其中，主偏心机构的主曲柄长度为 r_1，同步小偏心长度为 r_2，同步大偏心长度为 r_3，它们的旋转方向皆为逆时针，主曲柄 r_1 和同步大偏心 r_3 的角速度为 ω，同步小偏心 r_2 的角速度为 2ω。侧压偏心机构的主曲柄的初始角为 α，此时，其偏心距为 e。

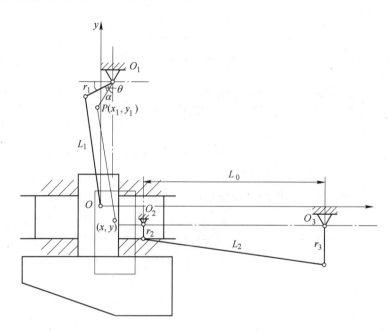

图3-8 SP定宽压力机数学模型坐标图

设主曲柄上 P 点的坐标为 (x_1, y_1)，则

$$\begin{cases} x_1 = e - r_1\sin(\alpha - \theta) \\ y_1 = r_1\cos\alpha - r_1\cos(\alpha - \theta) + \sqrt{L_1^2 - (r_1\sin\alpha - e)^2} \end{cases}$$

式中，L_1 为侧压机构连杆长度；e 为偏心距；α 为主曲柄初始角度。

SP模块的运动方程为：

$$\begin{cases} x = L_0 + r_3\sin\theta - r_2\sin2\theta - \sqrt{L_2^2 - (r_3\cos\theta - r_2\cos2\theta)^2} \\ y = y_1 - \sqrt{L_1^2 - (x - x_1)^2} \end{cases}$$

式中，L_0 为初始位置时同步机构连杆 x 方向上投影长，$L_0 = \sqrt{L_1^2 - (r_2 - r_3)^2}$；$L_2$ 为同步

机构连杆长度；θ 为在时间 t 内主曲柄转过的角度值，$\theta = \omega t$。

以某厂1580mm热连轧生产线的SP定宽压力机为例，进行仿真优化分析，SP定宽压力机的相关参数见表3-4。

表3-4　SP定宽压力机主要相关参数

项　　目	技 术 数 据
偏心距 e/mm	50
主曲柄长度 r_1/mm	100
同步小偏心长度 r_2/mm	14.21
同步大偏心长度 r_3/mm	92.08
偏压框架主连杆长度 L_1/mm	2160
同步连杆长度 L_2/mm	1651.84
初始角度 α/(°)	45
主曲柄的角速度 ω/r·min^{-1}	50

（1）SP模块运动轨迹图谱。依据SP侧压偏心机构和同步机构运动学数学模型，可设计出SP模块运动轨迹图谱的绘图程序。根据给定的杆件尺寸及其相应坐标，以机构初始位置时侧压偏心机构的主曲柄初始角度 α 为变量，在保持同步机构两曲柄的初始位置为垂直于 x 轴不变的情况下，画出的12种典型的初始角度情况下的运动轨迹图谱，见表3-5。表3-5中，"＋"为机构在初始位置时轨迹图上所对应的点；箭头方向为模块的运动方向。可以看出，侧压偏心机构的主曲柄初始角度 α 不同，SP模块运动轨迹是不同的。

表3-5　SP模块运动轨迹图谱

初始角度/(°)	0	30	60	90	120	150
运动轨迹						
初始角度/(°)	180	210	240	270	300	330
运动轨迹						

（2）同步机构运动速度和加速度分析。图3-9所示为同步机构 x 方向在一个周期内速度的变化，可以看出，在一个周期内，同步机构 v_x 在 θ 约为 [-50°，+50°] 存在一个变化很小的"匀速段"，所以在此"匀速段"有利于实现模块与板坯同向、同步进行，保证模块与板坯之间无相对滑动。

为了得到 v_x 在 AB "匀速段"的稳定值，需要对同步机构的相关尺寸进行优化。图3-10所示为不同 r_2 和 r_3 下同步机构 x 方向速度对比。由图可以看出，当 r_2 取12时，v_x 在 AB

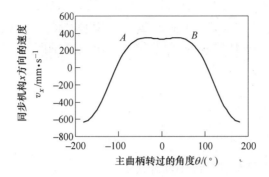

图 3 - 9 同步机构 x 方向速度图

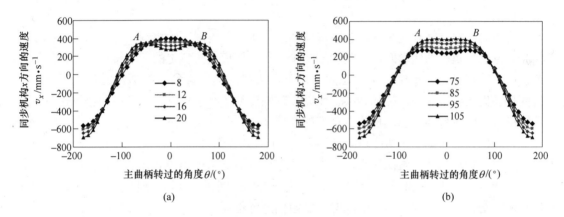

(a) (b)

图 3 - 10 同步机构 x 方向速度对比
（a）r_2 不同；（b）r_3 不同

"匀速段"比较稳定；当 r_3 取 $95 \sim 105$ 时，v_x 在 AB "匀速段"比较稳定。所以在实际应用中，需要以 r_2 和 r_3 为变量对同步机构的 AB "匀速段"进行优化分析。

图 3 - 11（a）所示为不同初始角度 α 时同步机构 y 方向在一个周期内速度的变化。由于同步机构 v_x 在 θ 约为 $[-50°, +50°]$ 存在"匀速段"，因此要研究 y 方向（SP 模块

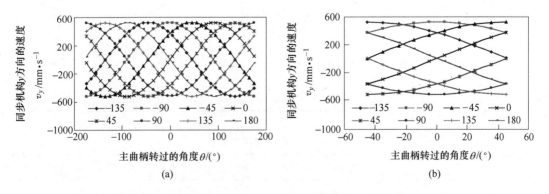

(a) (b)

图 3 - 11 不同初始角度 α 时同步机构 y 方向速度对比
（a）$-200° \sim 200°$；（b）$-50° \sim 50°$

侧压方向）的速度情况，如图 3 - 11（b）所示，可以看出，在"匀速段"初始角 α 为 45°~135°时，v_y 的方向才始终处在 y 的负方向即 SP 模块侧压方向。由于模块的下死点对应主曲柄位置必须在"匀速段"，否则 SP 定宽压力机将不能稳定工作，所以，初始角 α 选定约 45°较为合适。

3.3   定宽压力机的控制

3.3.1   定宽压力机的同步控制

SP 定宽压力机能够将板坯连续不断地进行侧压，使宽度一次性减小到成品值，而后 E2 对宽度进行精度的微调控制。板坯的侧压和输送等全过程均由计算机系统控制，实现完全自动化。侧压的关键是对侧压模块的高精度控制，即对主曲柄和同步曲柄进行合理的同步控制。

所谓同步控制就是对主曲柄和同步曲柄进行正确的角度匹配控制，对主曲柄、同步曲柄和轨道进行正确的速度匹配控制实现同步，从而使模块按特定的运动轨迹循环往复地周期运动，实现对板坯实施连续侧压。SP 定宽压力机的侧压过程就是不断的建立同步、保持同步、失去同步三个过程的转换，所以实现同步的控制过程是一个动态的控制过程，对系统精度、响应特性、稳定性均有很高的要求。

主曲柄在工作侧 WS 和传动侧 DS 各有一个，两者采用机械同步，由一台同步电机驱动，主曲柄带动模块实施侧压动作。主曲柄在作圆周运动过程中有几个与控制过程密切相关的特殊点如表 3 - 6 和图 3 - 12 所示。在待机状态，主曲柄以 v_1 速度缓慢运转，为快速启动作准备，当需要建立同步运动时，主曲柄速度迅速上升到 v_2，并在整个侧压过程中保持该速度不变。

同步曲柄在工作侧 WS 和传动侧 DS 各有一个，由两台马达分别驱动。同步曲柄带动模块沿纵向运动，与主曲柄配合实现板坯的连续侧压。同步曲柄在作圆周运动过程中也有几个与控制过程密切相关的特殊点如表 3 - 7 和图 3 - 13 所示。同步曲柄在待机状态下其速度为 0，当准备侧压时，通过同步控制其速度迅速上升到 v_2，与主曲柄达到同步。

表 3 - 6   主曲柄控制点

控制点	角度/(°)	作　用
A	0	基准点（启动点、停止点）
B	α	死点，对应初始角
C	$180 + \alpha$	开点，对角度进行标定
D	$270 + \alpha$	同步点

表 3 - 7   同步曲柄控制点

控制点	角度/(°)	作　用
A	0	基准点（启动点、停止点）
B	$270 + \alpha$	同步点

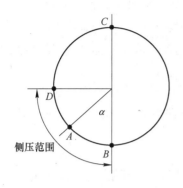

图 3-12 主曲柄运动轨迹示意图

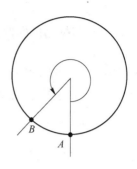

图 3-13 同步曲柄运动轨迹示意图

SP 定宽压力机在实际的控制过程中一般采用建立同步、保持同步、失步待机三个阶段，如图 3-14 所示。

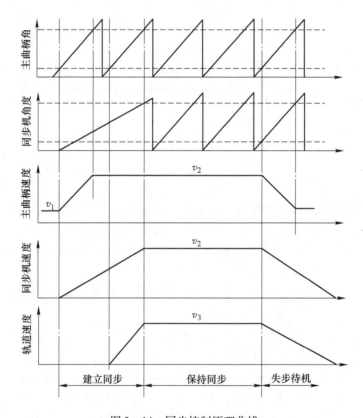

图 3-14 同步控制原理曲线

（1）建立同步。当板坯头部进入到 D2 轨道时，主曲柄从闭合死点由 v_1 开始加速，第一次到达 D 点时其速度达到 v_2，第二次到达 D 点时就建立起同步。在主曲柄开始加速时，同步曲柄也从停止开始加速，并在 B 点达到 v_2，与主曲柄建立起同步，模块按照预定的轨迹进行运动。

（2）保持同步。在整个板坯的侧压过程中主曲柄和同步曲柄要求始终保持同步，为了满足同步的要求，就必须对主曲柄和同步曲柄的旋转进行控制，即以主曲柄角度为基准，将主曲柄和同步曲柄角度之差变换得到速度的补偿值，作为对同步曲柄的速度控制进行修正，使同步曲柄根据角度的偏差跟随主曲柄运动，从而使主曲柄和同步曲柄保持良好的同步状态。

（3）失步待机。当板坯侧压完毕后，主曲柄在闭合死点开始减速直至待机速度 v_1，同时同步曲柄开始减速为0。下块板坯到达时，主曲柄和同步曲柄将重复上述三个过程。

3.3.2　定宽压力机的调宽轧制

如图3－15所示，带钢从加热炉抽出后，经过辊道送到粗轧区入口辊道，在粗轧区入口辊道后，装有一台除鳞箱。除鳞箱的作用是去除板坯表面的炉生氧化铁皮，利用高压水将氧化铁皮从板坯表面清除下来。板坯通过除鳞箱后，到达定宽压力机的入口辊道，在定宽压力机入口辊道上装有侧导板，侧导板是液压传动的，可以对板坯进行对中和测宽。如果检测正常则打开侧导板，将板坯送入定宽压力机进行调宽。

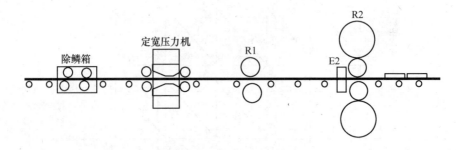

图3－15　粗轧区设备布置图

定宽压力机调宽的过程在某种程度上取决于压缩锤头长度与板坯受到减宽部分的长度之间的关系。按照此种关系，定宽压力机主要有两种基本类型：

（1）长锤头定宽压力机。其锤头长度比板坯原始长度长，因此锤头压缩板坯通常需要一个行程。

（2）短锤头定宽压力机。其锤头长度比板坯原始长度短，因此锤头压缩板坯通常需要一系列压缩的往复运动与板坯的前进运动。

短锤头定宽压力机由于板坯的运动可能在锤头的行程之间进行，也可能锤头与板坯的运动同时进行，所以短锤头定宽压力机主要有两种工作模式：

（1）启－停调宽模式（stop-and-go）：板坯的调宽就是指在定宽压力机中，两个压模从相对的方向挤压板坯的边部，压模进行往复运动，在板坯的一个规定长度内。关闭过程中进行减宽，打开过程中离开板坯。在打开的这段时间，板坯向前输送一段距离，使没有减宽部分进入到规定的压模动作范围内，这个过程称为"stop-and-go"。在这种模式下，板坯一步步前进，直到全长通过压力机。

（2）连续调宽模式（flying operation）：在"flying operation"模式下，板坯以恒定的速度通过压力机，在这种模式下压模在侧压过程中也沿板坯流动方向移动，并和板坯的速度保持同步。当压模打开时，压模被液压缸拉回原位。

在启－停调宽模式下，板坯的压缩和传送动作是分别操作的，所以板坯相对于压缩工具可以实现精确定位，通过夹持辊可以用来防止板坯翘曲和扭弯。在连续调宽模式下，板坯的压缩和传送动作是合在一起的，导致了板坯在挤压过程中很难实现精确定位，所以一般通过使用带孔型的压缩工具来缓和，所以在连续调宽模式下，压缩工具将板坯凸起的峰顶向板坯的中心线推进，可以增加板坯的调宽效率，并增加板坯的精确定位。

对于带有偏心曲柄的定宽压力机来说，机械的振动和冲击在设计时是必须需要考虑的问题。曲柄系统的惯性和振动速度以及压缩工具撞击板坯，是与振动和噪声密切相关的两个因素。为了抑制振动和噪声，在定宽压力机调宽范围和所需产量允许的限度内，曲柄的半径通常设计的尽可能小，曲柄的角速度也尽可能低。通常分离定宽压力机在基础上的主要部分，使振动不能从曲柄系统传到周围设备，从而可以延长设备寿命。在牌坊中心基础上有沉重的金属板，它们在基础上有几个支撑点，所以可以使设备在压力和热的影响下有一个自由的伸展而不会对基础有任何影响。

3.4 调宽过程有限元模型

板坯侧压是连接连铸与热轧工序的一项在线调宽技术。SP 调宽压力机由 2 个侧压模块对板坯进行侧压来实现调宽过程。在曲柄滑块机构与同步机构的作用下，侧压模块按着一定的运动规律对板坯进行压下。由于 SP 调宽压力机压下量大，冲击载荷大，温度很高，过程较复杂，因此要想对板坯侧压过程进行分析，有限元模拟是一种重要的有效手段。

3.4.1 有限元模型的建立

从 SP 调宽压力机的工作特性可知，板坯定宽模型具有对称的特性，因此在有限元分析中取板坯的 1/4（宽度方向与厚度方向各划 1/2）建模。板坯三维模型由二维模型扩展可得到，即先建立 x - y 平面内的二维模型，划分单元后向 z 方向以合适的单元格密度扩展板坯厚度一半的距离即为三维模型。计算模型中采用三维八节点六面体单元，单元尺寸为 $30mm \times 30mm \times 25mm$，划分后网格总数为 32000 个。建立有限元模型所需参数见表 3 - 8。

表 3 - 8 有限元模型参数

参　　　数		数　　　值
板坯尺寸	宽度/mm	1200
	长度/mm	3000
	厚度/mm	200
杨氏模量/GPa	20℃	210
	1050℃	120
屈服应力/MPa		200
泊松比		0.3
板坯与模块的动摩擦系数		0.3
轧制速度/mm·s^{-1}		200

模块与平行板坯接触面长度为 500mm，另一接触面长度为 300mm，两平面夹角为 165°，模块厚度是板坯厚度的 1.4 倍，为 280mm，如图 3 - 16 所示。模块在定宽过程中变

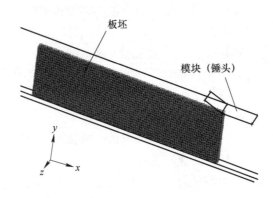

图 3 - 16　有限元模型

形极小，可假定模块没有变形，故有限元分析中被视为刚体。

3.4.2　板坯和模块运动简化

锤头在轧制中运动比较复杂，而板坯也是不停地向前移送。为了在仿真中加载方便，简化为把板坯看作静止不动，只是锤头运动，以图 3 - 16 的坐标系为标准，当锤头轧制时认为锤头在 x 方向的速度为零，锤头沿 y 方向向板坯运动进行轧制，轧到所需位置后 x 方向的速度仍然为零，锤头沿反方向移动到本次轧制前的位置，锤头再沿 x 的负方向移动到下一个轧制位置，而此时 y 方向的速度为零，到了下一个轧制位置时再进行轧制。也即假定板坯静止，由锤头的单独运动来完成对板坯的侧压，并将每一个侧压道次分解为四个步骤：锤头压下—锤头升起—锤头前进—锤头压下。

3.4.3　边界条件的确定

由图 3 - 16 可知板坯对称面处位移边界条件为：宽度方向上对称面上节点位移约束条件 $u_{1y} = 0$；厚度方向上对称面上节点位移约束条件 $u_{1z} = 0$。

3.4.4　摩擦模型的建立

在接触问题中，摩擦的处理较多采用摩擦单元法——修正库仑摩擦和剪切摩擦定律。对于板坯定宽过程采用修正剪切摩擦定律，即：

$$\tau_f = m \frac{2}{\pi} \frac{\overline{\sigma}}{\sqrt{3}} \arctan\left[\frac{v_r}{v_{vcnst}}\right] \cdot t$$

式中，τ_f 为剪切摩擦应力；m 为摩擦因子；$\overline{\sigma}$ 为材料等效剪切应力；v_r 为相对滑动速度向量；t 为相对滑动速度方向上的切向单位向量，$t = v_r / |v_r|$；v_{vcnst} 为发生滑动时接触体之间的临界相对滑动速度。

3.5　板坯调宽数值分析

3.5.1　长度方向的变形

板坯经过 SP 调宽压力机后在板坯运动方向上被压长。板坯同步方向伸长量如图 3 -

17 所示。由图 3 – 17 可知，从板坯边沿到板坯中心，伸长量由小缓慢变大，距离边沿 15 个单元处伸长量最大，最大值为 49.2mm；然后明显减小至最小，最小值为 28.2mm，从而使整个板坯头部大致呈 M 形。

3.5.2 宽度方向的变形

板坯经过 SP 调宽压力机后在板坯宽度方向上被压下。板坯宽度方向被压下量如图 3 – 18 所示。由图 3 – 18 可知，距离板坯边沿越近，被压下量越大，约为 – 49.1mm（负值表示被压下），板坯中央附近压下量基本为 0。整个压下量曲线近似服从线性关系。

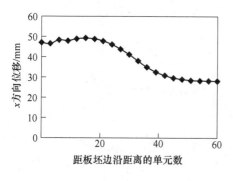

图 3 – 17　板坯同步方向伸长量

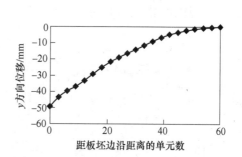

图 3 – 18　板坯宽度方向被压下量

3.5.3 厚度方向的变形

板坯经过 SP 调宽压力机后在板坯厚度方向上发生变形，各处均变厚，如图 3 – 19 所示。由图可以看出，板坯边沿部分厚度增加量较大，中间部分厚度增加量较小，在距离边沿 9 个单元处厚度增加量出现明显的峰值，最大增量为 11.5mm。这种变化使板坯经 SP 大侧压定宽机后横截面呈现"狗骨"形。

3.5.4 等效应力

板坯经过 SP 调宽压力机轧制后单元间的等效应力如图 3 – 20 所示。由图可以看出，在板坯的边沿部分，单元间等效应力值较小，最小值出现在距离边沿第 12 个单元处，最小值为 100MPa。在板坯的中间部分等效应力稳定在 200MPa。

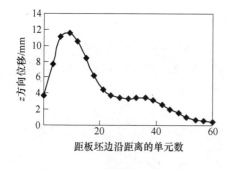

图 3 – 19　板坯厚度方向变化量

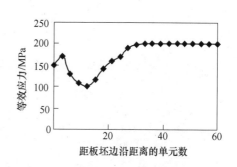

图 3 – 20　等效应力图

3.5.5 单元间正应力

板坯经过 SP 调宽压力机挤压后单元间的正应力如图 3-21 所示。由图可以看出，在板坯的中间部位单元间正应力很大，最大值达到 -107MPa（负值表示被压缩）。板坯其他部分正应力较小，在 ±30MPa 范围内波动。

3.5.6 单元间最大主应力

板坯经过 SP 调宽压力机挤压后单元间的正应力如图 3-22 所示。由图可以看出，在板坯的边沿部位单元间最大主应力很大，最大值约达到 160MPa。板坯其他部分正应力较小，在 0~60MPa 范围内波动。

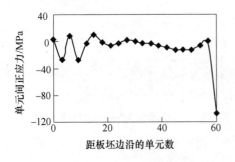

图 3-21 单元间正应力图

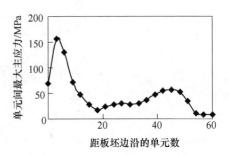

图 3-22 单元间的最大主应力图

4 2250mm 热连轧机辊形改进及板形调控特性研究

4.1 精轧 CVC 工作辊辊形研究

4.1.1 CVC 工作辊使用情况及存在的问题

1982 年原西德施罗曼—西马克（SMS）公司开发了连续可变凸度的 CVC（Continuously Variable Crown）技术，在目前的宽带钢板形控制领域中占有很重要的地位。其优点是能够提高道次规程和生产计划的灵活性，从而提高轧机利用率，确保最佳的凸度和平坦度结果。CVC 辊形虽然设计简单，然而却是功能强大的板形控制系统，通过标准液压缸实现窜辊。武钢 2250mm 热连轧机生产线从 2003 年 3 月开始一直使用的是西马克提供的三次 CVC 辊形，且 7 个机架采用同样的 CVC 辊形曲线。

精轧工作辊 CVC 辊形有着良好的板形控制功能，但是在实际使用过程中，发现因辊形设计不合理导致的窜辊的不合理，CVC 效能不能得到充分的发挥。因 CVC 主要控制凸度，难以兼顾磨损，难以实现自由轧制规程（Schedule-Free Rolling，简称 SFR）功能，在此情况下，通过改进 CVC 辊形达到窜辊分布合理的同时，也间接使工作辊的磨损趋于分散，可缓解 CVC 轧辊磨损的均匀性问题。

精轧七个机架从窜辊位置分布来说，均存在偏移，如图 4 - 1 所示。其中 F1 和 F2 机架经常窜辊到两个极限位置；后几个架也有窜辊到极限位置的情况，其中 F3 和 F4 负向窜辊较多，表现为轧辊正窜辊利用较低；F5 ~ F7 正向窜辊较多，表现为轧辊负窜辊利用率较低，对应为轧辊正等效凸度偏低；在凸度控制达到要求情况下，为均匀磨损，有必要对各个机架的工作辊辊形进行研究设计，使工作辊在初始位置就对应一个非零等效凸度，有效利用其凸度控制能力，使各个机架能充分发挥其窜辊能力。

4.1.2 CVC 辊形的设计及改进方法

板带轧制实践表明，随着宽度的增加，四次板形缺陷所占比重明显提高。但对于多数情况下，边浪和中浪仍然是主要的板形缺陷。因此，生产实践中 CVC 轧机大都以二次板形为主要控制目标，采用最简单的三次辊形。

（1）CVC 辊形的设计方法。工作辊辊形及辊缝如图 4 - 2 所示。

对于轧机的上工作辊，3 次 CVC 辊形函数（半径函数）$y_{t0}(x)$ 可用通式表示为：

$$y_{t0}(x) = R_0 + a_1 x + a_2 x^2 + a_3 x^3 \tag{4-1}$$

当轧辊轴向移动距离 s 时（图 4 - 2 中所示方向为正），上辊辊形函数 $y_{ts}(x)$ 为：

$$y_{ts}(x) = y_{t0}(x - s) \tag{4-2}$$

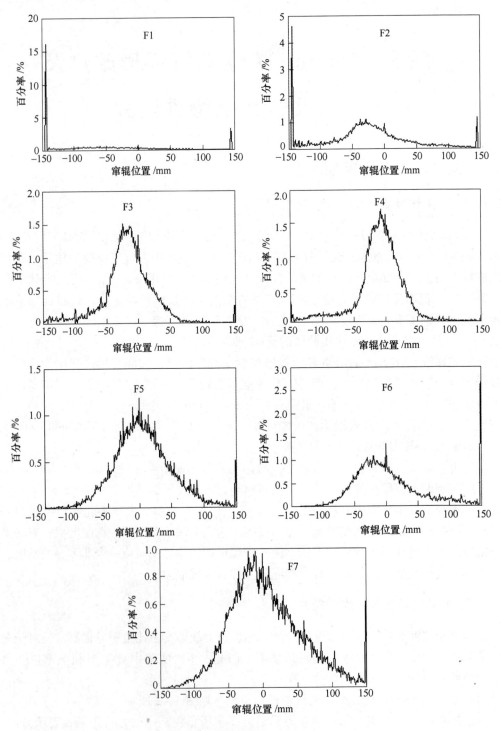

图 4-1 不同机架工作辊窜辊位置

根据 CVC 技术上下工作辊的反对称性，可知下辊的辊形函数为：

$$y_{b0}(x) = y_{t0}(b-x) \qquad (4-3)$$

$$y_{bs}(x) = y_{b0}(x+s) = y_{t0}(b-x-s) \quad (4-4)$$

式中，b 为辊形设计使用长度，一般取为轧辊的辊身长度 L。

于是，辊缝函数 $g(x)$ 为：

$$g(x) = D + H - y_{ts}(x) - y_{bs}(x) \quad (4-5)$$

式中，D 为轧辊名义直径，H 为辊缝中点开口度。

辊缝凸度 C_W 则为：

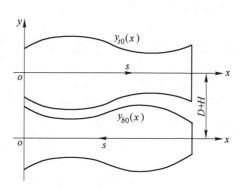

图 4-2 工作辊辊形及辊缝

$$C_W = g(L/2) - g(0) = \frac{1}{2}a_2L^2 + \frac{3}{4}a_3L^3 - \frac{3}{2}a_3L^2s \quad (4-6)$$

辊缝凸度 C_W 仅与多项式系数 a_2、a_3 有关，且与轧辊轴向移动量 s 呈线性关系。设轧辊轴向移动的行程范围为 $s \in [-s_m, s_m]$，相应的辊缝凸度范围为 $C_W \in [C_1, C_2]$。分别带入式 (4-6) 有：

$$C_1 = \frac{1}{2}a_2L^2 + \frac{3}{4}a_3L^3 + \frac{3}{2}a_3L^2s_m \quad (4-7)$$

$$C_2 = \frac{1}{2}a_2L^2 + \frac{3}{4}a_3L^3 - \frac{3}{2}a_3L^2s_m \quad (4-8)$$

可解得：

$$a_2 = \frac{(2s_m - L)C_1 + (2s_m + L)C_2}{2L^2s_m} \quad (4-9)$$

$$a_3 = \frac{C_1 - C_2}{3L^2s_m} \quad (4-10)$$

由式 (4-7) 可知，辊缝凸度与 a_1 无关，所以 a_1 由其他因素确定。若为了减小轧辊轴向力，可以轧辊轴向力最小作为判据确定 a_1；若为了减小带钢的残余应力改善带钢质量，可以轧辊辊径差最小作为设计判据。辊径差最小条件可表述为：

$$y_{t0}(0) = \begin{cases} y_{t0}(x_B) & (x_B \leqslant b/2) \\ y_{t0}(b) & (x_B > b/2) \end{cases} \quad (4-11)$$

可解得：

$$a_1 = \begin{cases} a_2^2/(4a_3) & (x_B \leqslant b/2) \\ -L(a_3L + a_2) & (x_B > b/2) \end{cases} \quad (4-12)$$

轧辊轴向不移动时，CVC 辊中点的直径就是轧辊的名义直径，即：

$$y_{t0}(L/2) = D/2 \quad (4-13)$$

于是可求得：

$$R_0 = \frac{D}{2} - a_3\left(\frac{L}{2}\right)^3 - a_2\left(\frac{L}{2}\right)^2 - a_1\left(\frac{L}{2}\right) \tag{4-14}$$

（2）改进方案。由于 3 次 CVC 辊形凸度与轴向窜动量呈线性关系，为了使工作辊窜辊行程充分发挥出来，又不改变 CVC 曲线与凸度值的线性效果，现对 CVC 辊形曲线进行平移，使其初始位置轧辊等效凸度对应一个凸度值。

设初始辊形平移量为向右 s 距离：

$$y_{t0}(x-s) = a_3(x-s)^3 + a_2(x-s)^2 + a_1(x-s) + a_0 \tag{4-15}$$

分解得：

$$y_{t1}(x) = a_3x^3 + (a_2 - 3a_3s)x^2 + (a_1 - 2a_2 + 3a_3s^2)x + a_0 - a_1s + a_2s^2 - a_3s^3 \tag{4-16}$$

这样可以得出平移后的 CVC 辊形曲线系数为：

$$\begin{cases} A_3 = a_3 \\ A_2 = a_2 - 3a_3s \\ A_1 = a_1 - 2a_2s + 3a_3s^2 \end{cases} \tag{4-17}$$

可以看出，平移后的新辊形曲线三次项系数是不变的，只有二次项系数和一次项系数发生变化，由于辊缝凸度与 A_1 无关，所以 A_1 由其他因素确定。由辊径差最小条件可解得：

$$A_1 = \begin{cases} A_2^2/(4A_3) & (x_B \le b/2) \\ -L(A_3L + A_2) & (x_B > b/2) \end{cases} \tag{4-18}$$

改进后的轧辊等效初始凸度对应值为：

$$C_W = g_{ps}(L/2) - g_{ps}(0) = \left[6a_3L^2s + 3a_3L^3 + 2(a_2 - 3a_3s)L^2\right]/4 \tag{4-19}$$

由此可以根据轧机实际的窜辊位置分布偏移值来改进 CVC 的辊形曲线，使其在初始的窜辊为零时，对应一个轧辊等效初始凸度（见表 4-1），这样就可以将其窜辊位置分布不均匀的情况得以改变。

表 4-1　CVC 工作辊初始（等效）凸度分布设计

机　架	F1	F2	F3	F4	F5	F6	F7
初始凸度/μm	-10	-10	-5	0	+8	+5	+5

4.1.3　辊形改进试验及效果

（1）辊形改进前的情况。辊形的改进方案在 2250mm 热连轧机 F5 机架上进行了生产试验。图 4-3 所示为改进前 F5 机架 CVC 工作辊窜辊位置的典型分布。图 4-4 所示为该机架一个轧制单位后下机后的 CVC 工作辊辊形。由此可见，该机架的工作辊窜辊分布明显不均匀，窜辊中心位置基本集中在 +50mm 左右，与实测的轧辊"箱形"磨损中心位置

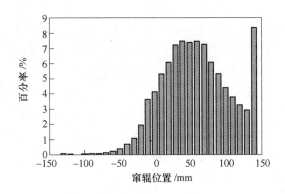

图 4-3 2250mm 热连轧机 F5 机架 CVC 工作辊窜辊位置分布

偏移距离正好吻合；同时正向窜辊达到极限位置 150mm 的比率高达 7%，此极限位置表明在窜辊达到极限位置时对凸度控制能力依然不够；窜辊主要分布在 [-50mm，150mm] 范围中，[-150mm，-50mm] 段利用率非常低，而轧机设计窜辊范围为 [-150mm，150mm]，实际窜辊行程利用率只有 66% 左右。通过测试分析发现，F5 机架 CVC 工作辊负凸度太大，正凸度明显不够。

窜辊位置的偏置不仅使得窜辊量没有充分利用，同时也导致轧辊的磨损区域比较集中，不均匀程度增加，且"箱形"磨损中心位置不在辊身的中间位置，如图 4-4 所示。F5 机架磨损的特点如下：

1）F5 机架 CVC 工作辊磨损比较严重，直径磨损量达到 700μm；

2）上、下工作辊磨损量不同，一般是下工作辊比上工作辊磨损量大；

3）工作辊磨损形状呈"箱形"，上、下工作辊"箱形"磨损中心位置不在同一中心线上，磨损位置各有偏移，上辊偏向传动侧大约 50mm，下辊偏向操作侧 50mm；

4）磨损的"箱形"底部不均匀，一般上辊的"箱形"底部均匀程度稍好于下辊的"箱形"底部，一般"箱形"开口处宽度为 1600mm，底部宽度仅为 1100mm 左右，"箱

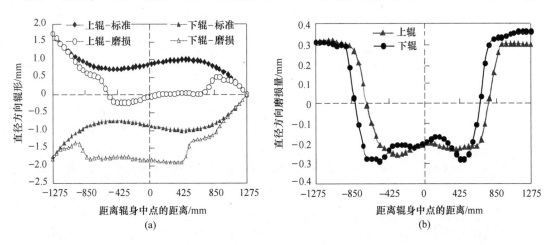

图 4-4 2250mm 热连轧机 F5 机架一个轧制单位服役期的 CVC 工作辊辊形

（a）实测辊形；（b）磨损量

形"的形状与轧制单位编排有关。

一般情况下 CVC 轧机应在目标凸度控制范围内尽量增加其窜辊的行程,但 2250mm CVC 热连轧机窜辊行程利用率较低,窜辊分布主要分布在正值范围,而且经常窜辊到正的极限位置,CVC 轧机不能充分发挥其对凸度的调控能力,不能很好地达到均匀磨损轧辊的目的;窜辊位置存在偏移,对于 CVC 轧机容易在轧制时产生较大轴向力;如果工作辊长期横移在偏离轧制中心同一个位置附近,工作辊两端的轴承座受力不均匀,从而降低轴承的寿命;而且容易造成辊间接触压力分布不均匀,轧辊的不均匀磨损程度增加,严重时容易造成轧辊的局部剥落;在磨辊时易产生较大的磨损量,造成很大的经济浪费;轧制时易引起板形缺陷。

(2)辊形改进后的效果。为解决以上问题,采用前面提出的改进方案,在 2250mm 精轧第 5 机架上进行了 4 轮的工业生产试验。试验中,不仅修改了辊形,对轧机的二级计算机控制模型也进行了相应的修改。试验单位内带钢的宽度变化情况如图 4-5 所示,厚度变化如图 4-6 所示。辊形改进后的效果主要通过工作辊窜辊位置分布、CVC 工作辊的磨损等指标进行评价。

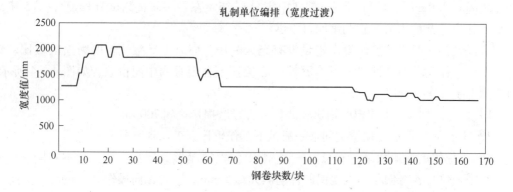

图 4-5　试验单位内轧件宽度的变化

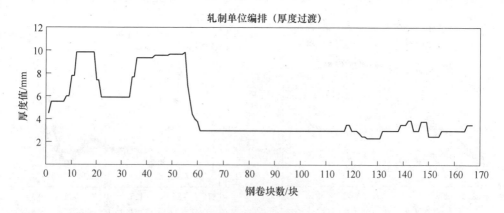

图 4-6　试验单位内轧件厚度的变化

1)窜辊位置分布的变化。图 4-7 所示为根据 F5 机架 CVC 工作辊窜辊位置分布。与改进前的窜辊位置分布相比,在整个轧制单位中,窜辊基本是在中心位置附近,窜辊分布趋于均

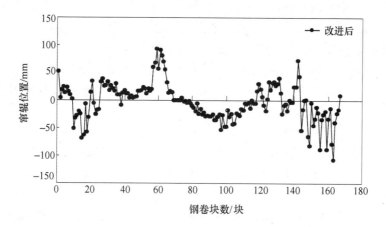

图 4-7 辊形改进后 CVC 工作辊的窜辊位置分布

匀。改进后的辊形整个轧制单位窜辊分布基本均匀，窜辊行程利用率达到整个行程的 80%。

2）工作辊磨损分布的变化。CVC 工作辊下机前后的辊形测量结果和将两者相减得到的磨损辊形如图 4-8 所示。与改进前的比较后可知，改进后 CVC 工作辊严重磨损有所改善，且上、下工作辊"箱形"磨损底部趋于均匀，"箱形"磨损中心位置基本位于轧辊中间位置未再发生偏移，有利于带钢凸度和楔形控制的适度改善。

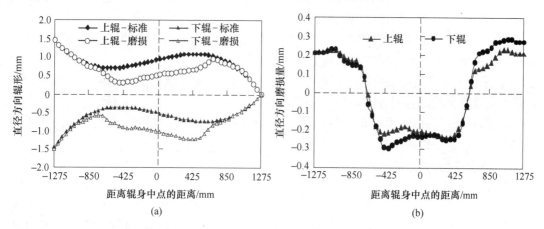

图 4-8 CVC 工作辊辊形改进后的磨损辊形
（a）实测辊形；（b）磨损量

从以上分析结果可以看出，采用改进的 F5 工作辊 CVC 辊形后，在保持板形质量不变的情况下，轧辊的窜辊分布及磨损都有明显的改善，取得了预期的效果。

4.2 精轧 CVR 支持辊辊形研究

轧辊辊耗是轧钢行业的消耗大户，占整个生产成本的 2% ~ 15%，如果考虑因轧辊辊耗而带来的生产停机、降产，设备维护增加等因素，则其所占生产成本的比重会更大。在各类轧机的辊耗中，热轧薄板的辊耗占据首位，而其中又有很大一部分是因为支持辊的失效引起。

一般来说，支持辊的使用寿命可以表示为支持辊在其整个服役周期内所轧带钢的吨数或长度，实际生产中常用支持辊的最小辊径作为其报废评价。由于支持辊的出厂辊径即最大辊径是一定的，因此，其有效辊径范围也是确定的。怎样在有效辊径范围内轧制更多的带钢是延长支持辊使用寿命的关键所在。

热轧中支持辊的失效形式主要有：辊身断裂、辊径断裂、辊身剥落、轧辊磨损等，其中剥落是轧辊损坏的首要形式，轧辊磨损对辊身剥落有重要影响。究其原因，支持辊剥落致因有以下两种：

（1）支持辊表面层内存在初始裂纹，这些裂纹在载荷冲击或热冲击等作用下迅速扩展而导致支持辊掉肉。防止这种剥落的产生只能是加强对支持辊的管理和维护，定期对轧辊进行裂纹探伤，对表层有裂纹存在的轧辊增加磨削量，尽量避免非正常轧制以减少载荷冲击和热冲击。

（2）在与工作辊的接触中承受周期性的载荷，产生接触疲劳。这种剥落主要与工作辊和支持辊的局部严重磨损有关，多发生在支持辊辊身边部，是热轧中常发生的支持辊剥落方式。其断口多呈凹坑形式，表明其剥落裂纹源不在辊面，而是距辊面有一定的深度。轧辊表层的交变剪应力是导致这种剥落发生的直接原因，而剪应力的大小由作用在辊面的载荷即辊间接触压力决定，剪应力的交变次数由轧辊的转速决定。大量的研究和实践均表明，轧辊载荷越大，转速越高，疲劳加剧，轧辊越易产生剥落。

防止这种剥落的措施主要有：

1）改变轧辊材质，增加支持辊的辊面硬度，可以增加其耐磨性和抗疲劳性，如适当增加碳、铬等合金元素的含量以增加辊面硬度。

2）改变支持辊的制造方式以增加轧辊的疲劳强度，如采用锻钢轧辊可以使辊面晶粒精细均匀以消除支持辊表层的缺陷如空穴、沙眼等。

3）采用经济合适的修磨量，消除支持辊表面的疲劳层。修磨量的确定可以采用理论计算和硬度测试相结合的方法。

4）选择合理的倒角类型及大小。对于常规支持辊，采用圆弧形的倒角比锥形倒角和阶梯形倒角好，可以减少轧辊边部剥落。

5）减少或均匀化辊间接触压力，减少轧辊表面的局部疲劳损伤，如缩短换辊周期以减少轧辊的不均匀磨损、采用合理的支持辊辊形等，使辊间接触压力均匀，避免支持辊两端接触压力尖峰的出现。前者是以牺牲轧机的生产率为代价，实际生产中不可取，而后者不涉及这个问题。相反，合理的支持辊辊形由于辊间接触压力均匀，轧辊沿辊身长度磨损均匀，辊形得到有效保持，这样可以延长支持辊的换辊周期，提高轧机的作业率，因而是一种减少轧辊剥落的最佳方法。

4.2.1 CVR 支持辊辊形的设计

4.2.1.1 支持辊的磨损及影响

为了研究 2250mm 热连轧机精轧支持辊的磨损，在现场跟踪采集分析了 90 支常规支持辊辊形磨损数据（如图 4-9 所示），由数据分析及现场情况可知：

（1）支持辊磨损严重，且下支持辊的磨损量大于相应的上支持辊磨损量。

（2）支持辊磨损曲线存在明显的不均匀性，80% 左右中部呈现近似 S 形，边部两端 200mm 处存在高点。

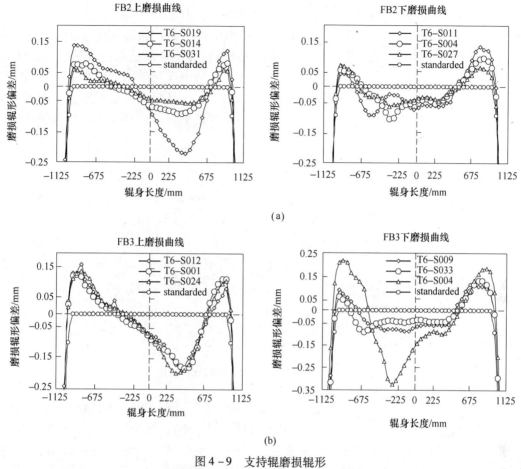

图 4-9 支持辊磨损辊形

（a）精轧第二机架；（b）精轧第三机架

（3）上支持辊磨损量最大处偏向操作侧，而下支持辊磨损量最大处偏向传动侧（左侧为传动侧，右侧为操作侧）。

（4）原辊形配置支持辊不时发生掉肉和边部剥落现象。

轧制过程中，导致支持辊磨损的主要因素是与工作辊的接触摩擦。由于 CVC 工作辊的特殊辊形，而且在带钢宽度范围内，工作辊辊面温度相对较高，致使支持辊轴向接触状态不一样，辊间接触压力差异比较大。同时，工作辊与带钢接触区辊面粗糙，尤其是与带钢边部接触区的辊面更粗糙，造成支持辊在带钢宽度范围内的中部区域磨损严重且不均匀，并在两端容易出现高点。

2250mm 宽带钢热连轧机工作辊为 CVC 辊形，支持辊原辊形中部为平辊段，边部各有 200mm × 1.0mm 倒角的常规辊形，如图 4-10 所示。

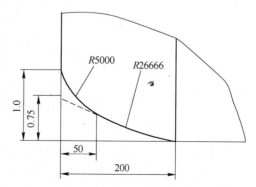

图 4-10 常规支持辊边部倒角曲线

在此辊形配置情况下，单位轧制力为 12kN/mm，工作辊不窜辊，弯辊力最小时，分别以带钢宽度为 1250mm、1550mm、1850mm 和 2150mm 四种工况进行仿真计算。图 4 - 11 所示为不同带钢宽度下工作辊与支持辊辊间接触应力的计算结果。由图 4 - 11 可知，辊间接触压力呈现 S 形，且尽管带钢宽度不同，应力集中点几乎均出现在距端部 200mm 的位置，并随轧制力的增大应力集中越严重。这表明，支持辊为常规辊形，工作辊采用 CVC 辊形后，极大地影响了辊间压力的分布，辊间接触的不匹配造成了局部接触区应力集中。

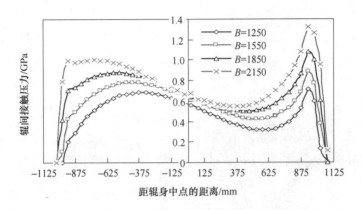

图 4 - 11　支持辊为常规辊形时辊间接触压力

据文献可知，类似轧机机型中由于倒角的存在，在开始使用时，支持辊右端倒角处出现明显的接触应力集中，本文的分析结果也同样证明了该点。CVC 工作辊辊形极大地影响了辊间压力的分布，辊间接触的不匹配造成了局部接触区应力集中。这势必使其自然磨损速率沿轴向不均匀，从而因个别部位过早严重磨损，缩短服役时间，增加磨削量，造成很大的经济浪费。

以实际测量 F3 上支持辊磨损辊形曲线代入有限元软件进行分析，可以得出支持辊的磨损辊形对辊缝凸度调节域的影响，如图 4 - 12 所示。

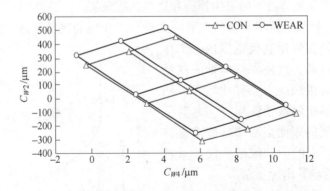

图 4 - 12　支持辊磨损对 CVC 轧机的凸度调节域的影响

由图 4 - 12 中可以看出，支持辊磨损后辊形对凸度调节域的影响，凸度调节域的面积基本没有变化，说明支持辊的磨损对板凸度和平坦度的控制能力基本没有变化，其表现形式是凸度调节域的平移，此平移效果说明磨损凸度会使得承载辊缝凸度实际值偏离其设定的目标值，对板形产生不良的影响。随着磨损凸度在轧辊服役期间不断的积累增大，从而导致承载辊缝凸度实际值不断偏离目标值，不断的恶化实际轧后的板形质量，此恶化形式到一定程度上就导致板形控制的失效，在此之前就应该换辊。其具体变化是由于磨损二次凸度相应增加，四次凸度相应的减小，且对二次凸度的影响要大于四次凸度的影响，随着磨损凸度的增加，二次凸度和四次凸度基本呈线性变化。随着支持辊磨损凸度的增加，带钢的凸度呈线性增加，其增幅可达 $100\mu m$，由此可说明支持辊的磨损对带钢的板形影响较大。

严重而且不均匀的磨损大大增加了轧辊的损耗，延长了磨辊时间，同时支持辊辊形的不断变化直接影响辊间接触压力的变化，进而影响弯辊和窜辊的使用效果，导致工作辊承载辊缝形状的变化，最终的结果将影响热轧板廓和板形质量。

严格地讲，对于每种规格的带钢，每一机架都有最优的支持辊辊形。由于支持辊服役期较长，在支持辊服役期内所轧的带钢数及带钢规格均非常多。显然，要想计算出对每种规格的均最优的支持辊辊形不切实际，只能是针对特定的轧机设计出适合大部分规格带钢的支持辊辊形。

4.2.1.2　支持辊的设计原则

支持辊辊形计算的基本思想与带钢板形控制和支持辊辊耗密切相关，主要考虑减小有害接触区和提高辊形的自保持性及辊间压力均匀化。

（1）减小有害接触区的原则。有害接触区是四辊轧机（常规四辊轧机、HCW 和 CVC 等）中导致钢板板形恶化和降低轧机板形抗干扰能力的重要原因。优化设计后的支持辊辊形首先应该能使辊间接触长度与带钢宽度相适应，即对于不同的带钢宽度，辊间接触长度能与带钢宽度大致相等。根据这一思想，本课题组提出了 VCR 支持辊，其设计思想是：采用特殊设计的支持辊辊形，基于辊系弹性变形的特性，使在受力状态下支持辊与工作辊之间的接触线长度正好与轧制带钢的宽度相适应，做到自动消除"有害接触区"。针对生产的实际状况，参照生产中出现的几种典型工况下的辊间接触长度。优化设计的过程就是使这几种工况下辊间接触长度大于带钢宽度并且使总的辊间接触长度最小，用公式表示如下：

$$\min F_1 = \sum_{i=1}^{M}\left[L_c(i) - B(i)\right]$$

式中，$L_c(i)$ 为第 i 工况下辊间接触长度；$B(i)$ 为第 i 工况下的带钢宽度；M 为工况数。

（2）辊间接触压力均匀化原则。影响支持辊磨损和辊面剥落最主要的因素是辊间接触压力。辊间接触压力的作用主要是通过以下两种方式来影响：（1）辊间接触压力的均匀性影响支持辊沿辊身方向磨损的均匀性；（2）辊间接触压力的最大值影响轧辊的剥落。以上两者也有密不可分的联系。在冷连轧机实际生产中工作辊服役期内磨损比较大，对辊间接触压力的分布影响比较大。从这一思想出发，为了综合考虑这些因素对辊间接触压力分布的影响，可以用 M 种工况下各点辊间接触压力之和的平均值的均方差值来表示：

$$\min F_2 = \sqrt{\frac{1}{N}\sum_{i=1}^{N}\left[qa(i) - \frac{1}{N}\sum_{k=1}^{N}qa(k)\right]^2}$$

式中, $qa(i) = \dfrac{1}{M} \displaystyle\sum_{j=1}^{M} q(j,i)$, 各工况下第 i 点辊间接触压力之和的平均值, $q(j, i)$ 为第 j 种工况下第 i 点的辊间接触压力; N 为支持辊辊身长度所划分的单元数。

工作辊采用 CVC 辊形, 作为配套的支持辊, 最理想的支持辊辊形如果采用与工作辊辊形反对称的 CVC 辊形, 即类 CVC 支持辊辊形, 如图 4-13 所示。工作辊和支持辊之间的辊间压力分布非常均匀, 所以它解决了支持辊辊形设计应该遵循一个原则, 即辊间接触压力均匀化原则的问题。

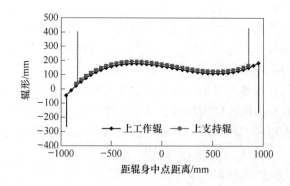

图 4-13　CVC 工作辊与类 CVC 支持辊接触示意图

工作辊采用 CVC 辊形, 作为配套的支持辊, 如果采用 VCR 支持辊辊形, 如图 4-14 所示, 则基于辊系弹性变形的特性, 使在受力状态下支持辊与工作辊之间的接触线长度正好与轧制带钢的宽度相适应, 做到自动消除 "有害接触区", 消除了边部辊间接触的压力尖峰, 所以它解决了支持辊辊形设计应该遵循一个原则, 即减小有害接触区原则的问题。

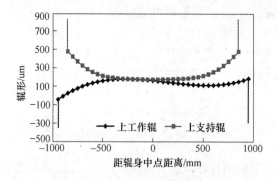

图 4-14　CVC 工作辊与 VCR 支持辊接触示意图

VCR 支持辊辊形很早就应用于大型工业轧机上, 其核心技术是通过特殊设计的支持辊辊廓曲线, 依据辊系弹性变形的特性使在轧制力作用下支持辊与工作辊之间的接触线长度与轧制宽度自动适应, 从而消除或减少辊间有害接触区的影响。但是, VCR 支持辊辊形左右对称, 中部几乎为平辊, 在工作辊为 CVC 辊形的情况下, 不能很好达到 "变接触" 的目的。为此, 根据精轧支持辊的磨损特性, 基于 VCR 变接触思想, 综合考虑支持辊的磨损现状和工作辊的 CVC 辊形曲线, 提出新的 CVR (CVC - VCR Compounded Roll) 辊形曲线, 其设计充分考虑了精轧支持辊的磨损情况, 又考虑了窜辊的影响, 设计辊形必须要达到"变接触"效果，即辊间接触随着带钢的宽度自动适应；而且要达到均匀辊间接触压力，避免过大的应力尖峰；同时由于引入了不对称的支持辊辊形，还要避免过大的轴向力，其设计过程如图 4 - 15 所示。

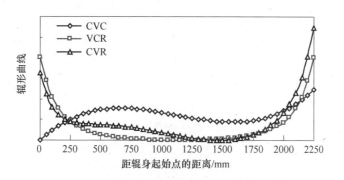

图 4 - 15　CVR 辊形的设计

4.2.2　辊系有限元模型的建立

由于有限元计算辊系变形具有求解精度高、无过多假设、既可计算位移量又可计算应力量等优点，所以，本节采用 ANSYS12.0 有限元分析软件，建立辊系变形分析模型。

ANSYS 是一种应用广泛的通用有限元工程分析软件，包括简单线性静态分析和复杂非线性动态分析。辊系模型属于接触问题，是一种高度非线性行为，需要较大的计算资源，因此理解问题的特性和建立合理的模型是很重要的。基于 ANSYS12.0 建立 2250mm超宽轧机辊系有限元模型，其建模过程如下：

（1）假设。实际轧制过程中，承载辊缝的形状受轧制张力、扭矩、材料特性、轧制温度、润滑情况、轧制压力的分布等多种因素的影响，这些影响因素在实际的轧制的过程中时刻变化，进而影响出口辊缝的形状。本文的研究重点集中在 2250mm 轧机的几种板形调控手段的调节对承载辊缝形状和辊间接触压力的影响。根据辊系变形的特点，建立有限元模型时，进行了以下假设：

1）忽略张力、轧制扭矩及润滑情况的影响；

2）轧辊的几何参数、材质特性均相同，且均为匀质、各向同性材料；

3）工作辊与支持辊间无滑动。

（2）建模。由于分析中涉及工作辊的轴向窜动、轧辊沿辊身磨损不均匀等不对称的计算工况，因此需建立整个辊系变形模型。但考虑到计算资源（计算时间、计算机存储大小等）的限制，沿直径将辊系分割成两半，只计算其中一半的变形，这样，可将单元数和节点数减半，建模参数见表 4 - 2，其有限元模型如图 4 - 16 所示。

表 4 - 2　建模参数表

建模参数	F1 ~ F4	F5 ~ F7
工作辊/mm × mm	$\phi(765 \sim 850) \times 2550$	$\phi(630 \sim 700) \times 2550$
支持辊/mm × mm	$\phi(1440 \sim 1600) \times 2250$	
工作辊辊颈/mm	$\phi 600 \sim 730$	

建 模 参 数	F1 ~ F4	F5 ~ F7
工作辊辊颈/mm	ϕ830 ~ 1200	
弯辊力/t	0 ~ 150	
窜辊范围/mm	-150 ~ 150	
弯辊力加载中心距/mm	3500	
支持辊约束中心距/mm	3350	

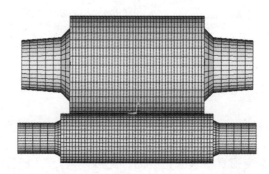

图 4-16   四辊辊系 ANSYS 有限元模型

工作辊和支持辊辊形即可以按曲线函数方法输入，由于考虑到磨损辊形的不均匀性，也可以按离散点输入，可精确反映辊形的实际值，这样更加方便灵活。

定义材料的属性，选择的分析属于静力分析类型，弹性模量 $Ex = 2.1E11$，泊松比 $\nu = 0.3$，摩擦系数 $f = 0.1$。接下来是划分单元，选用"Brick8node45"（八节点六面体）单元，在轧辊相互接触的地方，网格细化，以保证足够的计算精度。

最后一步是定义接触对，接触是一种边界高度非线性行为，需要较大的计算资源。求解接触问题存在两个难点：接触区域、表面之间是接触或是分开是未知的，突然变化的；大多数接触问题需要计算摩擦，而摩擦使问题的收敛性变得困难。不解决好接触问题就不可能获得最后的结果。ANSYS 软件支持三种接触方式：点-点、点-面、面-面接触，每种接触使用特定的接触单元。对于判断表面间是否接触的问题，ANSYS 采用了事先指定接触面和目标面的处理方法，当接触面上节点穿透目标面时，表明表面间接触了。1/4 对称四辊辊系模型则只有一个接触对。在辊系变形模型中，工作辊与支持辊之间的接触属于柔-柔接触问题。为了减少计算时间，仅在工作辊和支持辊的一部分可能发生接触的表面上附加接触单元，并将支持辊表面指定为目标面，使用的单元号为 TARGET170，工作辊表面指定为接触面，使用的单元号为 CONTACT174，以上两单元均为面-面接触单元。

求解接触问题，除了需注意以上所讲外，还需确定以下参数：选择摩擦类型、最大接触摩擦应力、初始接触因子或初始允许的穿透范围等，这些参数大部分需经过试算确定。

（3）约束的施加。模型坐标轴定义方向为 Z 轴为水平方向，Y 轴为竖直方向，X 轴垂直于平面方向。为保证计算过程中模型不发生移动和转动，需要依据真实情况在支持辊和工作辊上施加以下位移约束：由于是半辊系，因此需要约束辊系在 X 轴方向的移动和平面方向的转动，需要在 *YOZ* 平面上施加对成约束；在工作辊和支持辊中心位置施加 $UZ = 0$，约束水平方向的移动；在支持辊两端轴承座中心位置节点上施加 $UY = 0$，约束其在竖直方向的移动。

（4）载荷的施加。由于模型为半辊系模型，因此在施加轧制力和弯辊力时应该为实际力的一半。假设实际轧制中工作辊单侧弯辊力为 F_W，在作用弯辊力时工作辊液压缸中心距两个节点上各为 $F_W/2$，如图 4 - 17 所示。

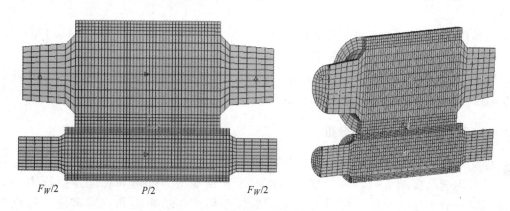

$F_W/2$ $\qquad$ $P/2$ $\qquad$ $F_W/2$

图 4 - 17　辊系变形模型载荷简化

轧制力在带钢宽度范围内按抛物线分布，并以线载荷的形式作用于辊系的对称面内。载荷步、子步和平衡迭代次数的设定为了提高模型计算的可收敛性，设定一个载荷步，在此载荷步中设定了七个子步。平衡迭代次数是在给定子步下为了收敛而设定的，在此模型的分析中，平衡迭代次数设为 7。

（5）后处理。对本文研究内容来说，需要距带钢边部 25mm 处的纵向位移 ΔY 来计算横向刚度，还需要受力变形后辊缝的形状和辊间接触压力的分布，可以通过读取节点的位移变形和压力分布获得。

采用 ANSYS12.0 大型通用有限元分析软件，针对 2250mm 宽带钢热轧机，建立了辊系变形三维有限元分析模型。整个模型采用 APDL 语言（ANSYS Parametric Design Language，ANSYS 参数化设计语言）通过辊形曲线函数进行轧辊实体的建模，并根据配对工作辊与支持辊辊形自动寻找初始接触位置，在辊间及辊与带钢接触区采用细密网格单元进行划分。本模型在实体建模、网格划分、约束加载、结果分析等方面具有高度的灵活、高效性，可以适应大量工况的灵活计算。

4.2.3　仿真参数的确定

为了分析 2250mm 超宽轧机的整体板形控制性能，运用所建立的有限元模型对 2250mm CVC 热轧机的承载辊缝形状进行仿真研究，以下是考虑的轧机基本工艺参数：

（1）带钢宽度 *B*。结合实际生产中所轧带钢宽度范围：700 ~ 2130mm，选择其中代表性的宽度规格：750mm、1250mm、1550mm、1850mm、2050mm 和 2150mm。其中最常轧带钢宽度为 1550mm。

（2）平均轧制力 *q*。选择三种轧制力进行计算，分别为：8.0kN/mm、12.0kN/mm 和

16.0kN/mm。

（3）轧辊直径（工作辊直径 D_W 和支持辊 D_B）。计算中考虑轧辊直径的两个极限情况，最大辊径组合（$D_W = 700\text{mm}$，$D_B = 1600\text{mm}$），最小辊径组合（$D_W = 630\text{mm}$，$D_B = 1440\text{mm}$）。

根据以上各种正交工况，分别计算各板形调控手段下轧机的板形控制特性。为全面研究轧机的整体板形控制能力，设定各板形调节结构最具代表性的三种调节状态进行仿真计算：

窜辊位置 S：选择三种窜辊分布位置计算，分别为负极限窜辊位置（$S = -150\text{mm}$），窜辊中间位置（$S = 0$），正向极限窜辊位置（$S = 150\text{mm}$）；

弯辊力 F_B：选择三种弯辊力值计算，分别为弯辊力最小值（$F_B = 0$），弯辊力中间值（$F_B = 0.75\text{MN}$），弯辊力最大值（$F_B = 1.5\text{MN}$）。

4.2.4　CVR 辊形的工作性能分析

对设计的新辊形进行评价，评价轧机板形控制性能的指标主要包括以下几个方面：承载辊缝凸度调节域、辊缝横向刚度、辊间接触压力峰值和辊间接触压力分布不均匀度。分析这些影响，可以对比采用新辊形后产生的影响和在宽带热连轧机上的应用价值。

（1）辊缝横向刚度。承载辊缝横向刚度是一个比较重要的指标，较高的横向刚度可以抵抗由于轧制力波动而引起的辊缝形状的变化，提高辊缝形状的保持性，从而保证良好的板形。

如图 4-18 所示，A、B 分别为采用常规支持辊时弯辊力为 0 和最大值 150t 时的承载辊缝特性曲线，它们之间的距离为在常规支持辊下的弯辊力对承载辊缝的调节幅度。C、D 为采用 CVR 支持辊时弯辊力为 0 和最大值 150t 时的承载辊缝特性曲线，同样它们之间距离为 CVR 辊形下的弯辊力对承载辊缝的调节幅度。对于常规带倒角支持辊横向刚度分别为 $0.0863\text{MN}/\mu\text{m}$ 和 $0.0928\text{MN}/\mu\text{m}$，而对于 CVR 支持辊它们分别为 $0.0962\text{MN}/\mu\text{m}$ 和 $0.1050\text{MN}/\mu\text{m}$。CVR 支持辊相对于常规带倒角支持辊来说，横向刚度分别增加了 11.5% 和 13.1%。

从图中可以看出在采用常规倒角支持辊时弯辊力调节范围变为 $219.95\mu\text{m}$，而 CVR 支持辊时弯辊力调节范围变为 $231.8\mu\text{m}$，可以看出采用 CVR 后增加了弯辊的调节能力，既增加了刚性特性，又兼顾了柔性。

（2）辊间接触压力。CVR 支持辊通过其合理设计的辊形，改变辊间接触状态，使得工作辊换辊周期内接触压力的峰值和变化幅度都下降。计算表明，CVR 支持辊的辊间接触压力分布比常规支持辊的要好，说明 CVR 支持辊相对常规支持辊而言，可以减少轧辊的疲劳破坏，延长其服役周期。均匀磨损的理想辊形是与工作辊 CVC 辊形方向相反的辊形，考虑到现场实际装备水平，本文综合消除有害接触区与均匀磨损两个目标，设计出 CVR 辊形。

图 4-19 所示是有限元模拟带钢宽度为 1550mm，轧制力为 18.6MN 情况下，常规支持辊和 CVR 支持辊在各种板形调节手段下辊间接触压力对比。从图中可以看出，采用支持辊新辊形后，辊间分布接触压力有了很大的改善，避免了局部应力集中，从而减少了支

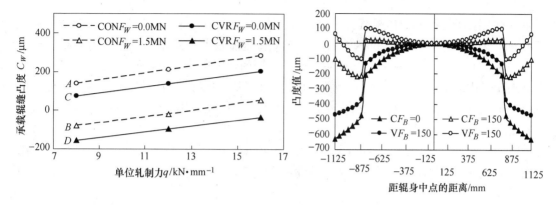

图 4-18　辊缝横向刚度和全辊缝形状

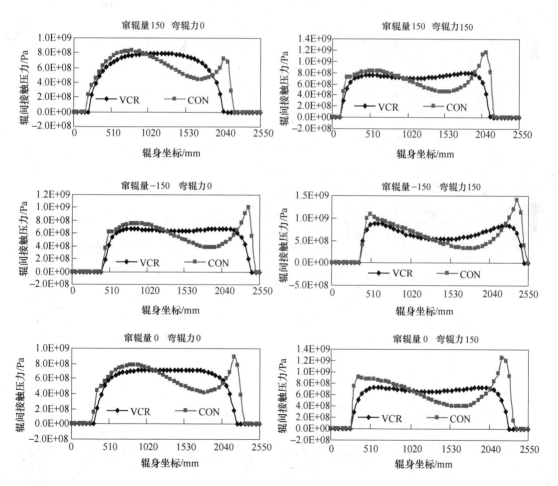

图 4-19　辊间接触压力对比

持辊剥落的可能性。

辊间接触压力通过两种方式影响支持辊的疲劳：接触压力的峰值（见表 4-3）和辊间接触压力分布不均匀度（见表 4-4）。辊间接触压力分布不均匀度表示沿接触线长度方向辊间压力的最大值和其平均值的比值。常规支持辊/CVC 工作辊和 CVR 支持辊/CVC 工作辊两种辊形配置在带钢宽度为 1550mm，轧制力为 18.6MN，窜辊为负的最大位置 150mm，弯辊力为 1500kN/Chock 工况下，在支持辊服役前期的辊间接触压力分布不均匀度分别为 2.13 和 1.53；两种辊形配置在服役前期的辊间接触压力峰值分别为 1415MPa 和 1025MPa；服役后期两种配置的辊间接触压力分布不均匀度分别为 2.68 和 1.9；服役后期的辊间接触压力峰值分别可达 1960MPa 和 1480MPa。可知采用 CVR 辊形后辊间接触压力分布不均匀度在服役前后期分别下降了 28.17% 和 29.1%，辊间压力峰值分别下降了 27.56% 和 24.49%。因此，可知 CVR 可以明显改善辊间压力分布情况，轧制过程中可稳定发挥其板形控制性能，并有利于减小轧辊辊身边部产生剥落的可能性，提高轧制过程的稳定性。

表 4-3　辊间接触压力峰值对比

窜辊量/mm	-150	-150	0	0	150	150
弯辊力/N	0	150×10^4	0	150×10^4	0	150×10^4
CON	1.011	1.415	0.886	1.247	0.719	1.167
CVR	0.676	1.025	0.719	0.730	0.797	0.798

表 4-4　辊间接触压力分布不均匀度对比

窜辊量/mm	-150	-150	0	0	150	150
弯辊力/N	0	150×10^4	0	150×10^4	0	150×10^4
CON	1.702	2.135	1.484	1.908	1.172	1.739
CVR	1.109	1.530	1.127	1.110	1.184	1.154

带钢的宽度不仅对承载辊缝有影响，对辊间接触压力分布也有很大的影响，如图 4-20 所示。带钢宽度不同，辊间接触长度也不同，对工作辊产生的弯矩也不同，辊间接触压力分布也不同，从这里可以看出 CVR 的变接触原理，即辊间接触随着带钢宽度的变化而相应的变化，从而达到"变接触"的效果。

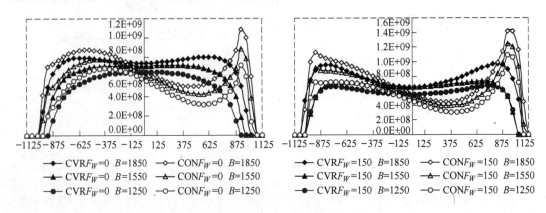

图 4-20　不同宽度带钢辊间接触压力分布

（3）辊缝凸度调节域。辊缝凸度调节域是指轧机各板形调控技术对承载辊缝的二次凸度C_{W2}和四次凸度C_{W4}的最大调节范围，反映了承载辊缝调节柔性。图4-21所示为支持辊采用带倒角的常规辊形和CVR辊形进行仿真计算的结果，可以看出后者调节域面积略有增大。由此可见，采用CVR支持辊保持了常规倒角支持辊的性能，在一定程度上增加了辊缝的调节柔性。

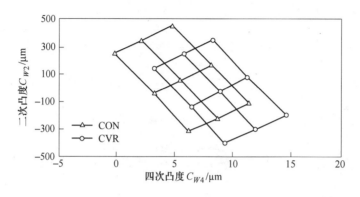

图4-21　凸度调节域对比

4.2.5　工业试验及效果

为了验证所设计支持辊CVR的性能，首先选择了轧制相对比较稳定，对板形影响较小的F3机架进行了辊形设计，通过F3机架的磨损数据，结合CVR辊形的设计思想，设计了F3的支持辊辊形曲线，在2250mm热连轧机精轧F3机架上进行上机轧制试验。在轧制时为避免轧制过程不稳定，防止出现辊面失效及辊间剥落情况，在轧制期间换辊间歇时均由操作工对试验辊形进行检查，首轮试验经过3周的稳定轧制，效果比较明显。

图4-22所示为原辊形试验前F3机架上下支持辊一个换辊周期下机后的磨损辊形，由图中可以看出其磨损量较大。

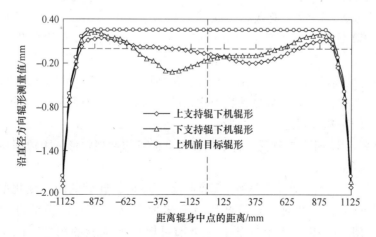

图4-22　试验前F3支持辊磨损辊形

图 4-23 所示是 F3 机架的新支持辊下机后的磨损辊形，与图 4-22 相比可以得出采用 CVR 后，F3 支持辊的自保持性相对较好，为方便对比，在这里引入一个评价参数，即：轧辊自保持参数 R_{tc} 来描述辊身曲线范围内辊形变化幅度，用此参数来衡量支持辊的自保持性。由计算可以得出在 F3 上支持辊的轧辊自保持参数 R_{tc} 在改进前后由原来的 86.9% 提高到 91.6%，F3 下支持辊的轧辊自保持参数 R_{tc} 由原来的 79.5% 提高到 88.3%，改进后的辊形磨损趋于均匀化，磨损辊形具有良好的保持性。

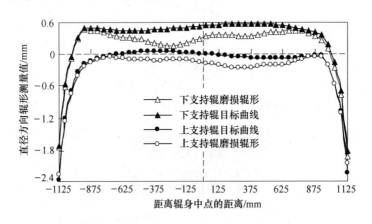

图 4-23 试验后 F3 支持辊磨损辊形

由此可证明，采用 CVR 支持辊后，改善了辊间接触压力分布，有效降低了辊间压力尖峰，从而避免了宏观表面疲劳失效的过早形成，新辊形稳定发挥了其性能，其性能优于原支持辊。此新辊形现已应用于大型工业轧机实际生产中，并可推广应用到其他同类轧机。

4.3 粗轧支持辊辊形研究

武钢 2250mm 热轧生产线目前采用的是两个粗轧机，其中 R1 属于单道次轧制，R2 是多道次轧制，R2 粗轧机与 E2 轧机以串列的方式在前进道次上同时轧制，在返回道次上单独轧制。四辊可逆式粗轧机是将板坯轧 38~60mm 厚，轧制道次为 3~7 道次，因此，R2 轧制量相当于其他轧机的 5~7 倍，所以 R2 稳定的生产是整个轧线生产的关键。

为了给精轧机提供稳定粗轧的来料板形，包括稳定的凸度和减少带坯的镰刀弯、有效延长粗轧工作的轧制长度提高轧辊使用效率及减少粗轧支持辊损耗，改善粗轧轧机的生产条件，有必要对 R2 粗轧机进行系统研究。

自投产以来，R2 机架支持辊一直采用西马克提供的常规辊形，距边部 440mm 进行倒角（如图 4-24 所示）。

在生产实际中发现，该机架的凸度控制能力不足，轧后的凸度变化范围较大。所以，提高轧机的辊缝刚度对于稳定凸度具有重要意义。为此，尝试将变接触支持辊 VCR 引入该机架。采用 VCR 支持辊，一方面可以增加辊缝的刚度，减少轧制力波动对带钢板形的影响。另外，VCR 辊形较好的辊形自保持性也提高了轧机板形控制的

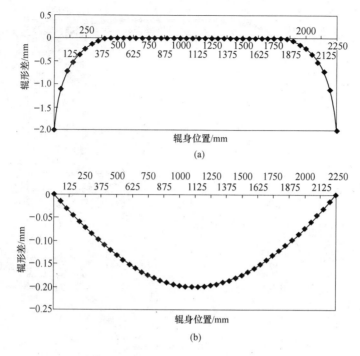

图 4 - 24 西马克提供的 R2 机架支持辊和工作辊辊形

(a) 支持辊；(b) 工作辊

稳定性。

4.3.1 辊形设计方案比较

鉴于 R2 机架工作的复杂性，采用了三种 VCR 辊形方案并进行了比较，如图 4 - 25 所示。

采用有限元方法，对西马克辊形及三种 VCR 辊形方案的辊间压力进行了对比分析，如图 4 - 26 所示，计算时的轧制力为 2900t，带钢宽度为 1800mm。可见，方案 3 的辊间压力最均匀，对均匀磨损比较有利。

4.3.2 新辊形的近似加工方法

由于普通磨床只能加工简单近似抛物线的辊形，不能直接加工前面提出的 VCR 辊形。为此，采用分段加工方法进行 VCR 辊形磨削，如图 4 - 27 所示，利用磨床的简单凸度加工功能，分三次进行加工，第一次按加工线 1 磨削整个辊身，该线的凸度最小；第二次按加工线 2 加工辊身的两边，该线的凸度较大；第三次按加工线 3 加工辊身的端部，该线的凸度最大。

4.3.3 粗轧 R2 机架支持辊实验

为验证粗轧支持辊新辊形的效果，在 2250mm 热轧生产线上进行了系统的试验研究。

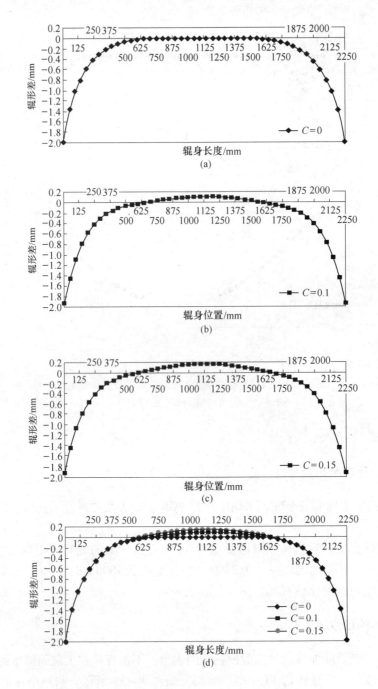

图 4 - 25　采用了三种 VCR 辊形方案的比较

(a) R2 机架 VCR 辊形方案 1；(b) R2 机架 VCR 辊形方案 2；

(c) R2 机架 VCR 辊形方案 3；(d) 三种 VCR 辊形方案比较

图 4 - 28 所示为 4 只上支持辊和 3 只下支持辊下机后的磨损辊形，其中标有 standard 为设计辊形。可见，支持辊的边部区域磨损较大，但辊形的保持性比较好，这对保持轧机凸度特性的稳定是十分重要的。

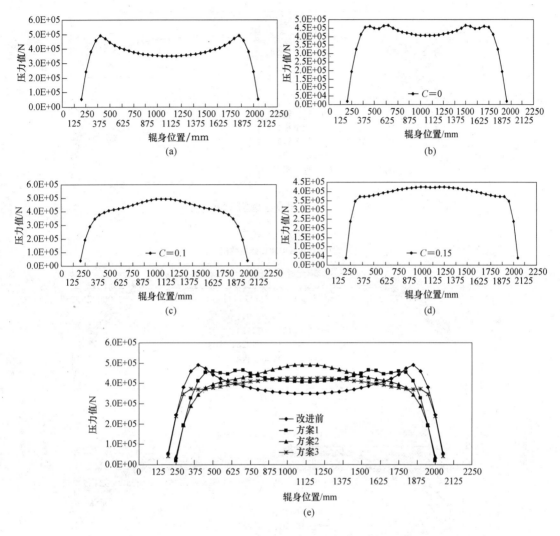

图 4-26 采用了三种 VCR 辊形方案的辊间压力和原方案的比较

(a) 西马克辊形的辊间压力分布；(b) 方案 1 的辊间压力分布；

(c) 方案 2 的辊间压力分布；(d) 方案 3 的辊间压力分布；

(e) 不同方案的辊间压力比较

4.4 五次 CVC 辊形研究

对于轧机的上工作辊，5 次 CVC 辊形函数（半径函数）$y_{t0}(x)$ 可用通式表示

为：

$$y_{t0}(x) = R_0 + a_1 x + a_2 x^2 + a_3 x^3 + a_4 x^4 + a_5 x^5 \qquad (4-20)$$

当轧辊轴向移动距离 s 时（图 4-2 中所示方向为正），上辊辊形函数 $y_{ts}(x)$ 为：

$$y_{ts}(x) = y_{t0}(x - s) \qquad (4-21)$$

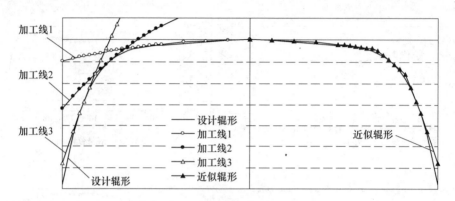

图 4 - 27　近似磨削法磨削 VCR 辊形

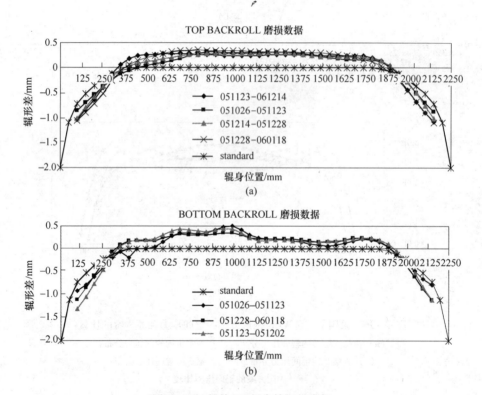

图 4 - 28　粗轧 R2 新支持辊的磨损

（a）4 只上支持辊；（b）3 只下支持辊

根据 CVC 技术上下工作辊的反对称性，可知下辊的辊形函数为：

$$y_{b0}(x) = y_{t0}(b - x) \tag{4 - 22}$$

$$y_{bs}(x) = y_{b0}(x + s) = y_{t0}(b - x - s) \tag{4 - 23}$$

式中，b 为辊形设计使用长度，一般取为轧辊的辊身长度 L。

于是，辊缝函数 $g(x)$ 为：

$$g(x) = D + H - y_{ts}(x) - y_{bs}(x) \tag{4 - 24}$$

式中，D 为轧辊名义直径；H 为辊缝中点开口度。

辊缝凸度 C_W 则为：

$$
\begin{aligned}
C_W &= g(L/2) - g(0) \\
&= \frac{1}{2}a_2L^2 + \left(\frac{3}{4}a_3L^3 - \frac{3}{2}a_3L^2s\right) + \left(\frac{7}{8}a_4L^4 - 3a_4L^3s + 3a_4L^2s^2\right) + \\
&\quad \left(\frac{15}{16}a_5L^5 - \frac{35}{8}a_5L^4s + \frac{15}{2}a_5L^3s^2 - 5a_5L^2s^3\right)
\end{aligned}
\tag{4-25}
$$

高次凸度 C_h 则为：

$$
C_h = g(L/4) - \frac{3}{4}g\left(\frac{L}{2}\right) - \frac{1}{4}g(0) = \frac{3}{128}a_4L^4 + \left(\frac{15}{256}a_5L^5 - \frac{15}{128}a_5L^4s\right)
\tag{4-26}
$$

设轧辊轴向移动的行程范围为 $s \in [-s_m, s_m]$，相应的辊缝凸度范围为 $C_W \in [C_1, C_2]$，高次凸度范围为 $C_W \in [C_{h1}, C_{h2}]$，分别带入式（4-25）有：

$$
\begin{aligned}
C_1 &= \frac{1}{2}a_2L^2 + \left(\frac{3}{4}a_3L^3 + \frac{3}{2}a_3L^2s_m\right) + \\
&\quad \left(\frac{7}{8}a_4L^4 + 3a_4L^3s_m + 3a_4L^2s_m^2\right) + \\
&\quad \left(\frac{15}{16}a_5L^5 + \frac{35}{8}a_5L^4s_m + \frac{15}{2}a_5L^3s_m^2 + 5a_5L^2s_m^3\right)
\end{aligned}
\tag{4-27}
$$

$$
\begin{aligned}
C_2 &= \frac{1}{2}a_2L^2 + \left(\frac{3}{4}a_3L^3 - \frac{3}{2}a_3L^2s_m\right) + \\
&\quad \left(\frac{7}{8}a_4L^4 - 3a_4L^3s_m + 3a_4L^2s_m^2\right) + \\
&\quad \left(\frac{15}{16}a_5L^5 - \frac{35}{8}a_5L^4s_m + \frac{15}{2}a_5L^3s_m^2 - 5a_5L^2s_m^3\right)
\end{aligned}
\tag{4-28}
$$

设凸度比 $R_c = \dfrac{C_W}{C_h}$ 为已知常量，则 $C_{h1} = \dfrac{C_1}{R_c}$，$C_{h2} = \dfrac{C_2}{R_c}$，分别代入式（4-26）有：

$$
C_{h1} = \frac{C_1}{R_c} = \frac{3}{128}a_4L^4 + \left(\frac{15}{256}a_5L^5 + \frac{15}{128}a_5L^4s_m\right)
\tag{4-29}
$$

$$
C_{h2} = \frac{C_2}{R_c} = \frac{3}{128}a_4L^4 + \left(\frac{15}{256}a_5L^5 - \frac{15}{128}a_5L^4s_m\right)
\tag{4-30}
$$

联立式（4-27）～式（4-30）四个方程组成方程组，可解得：

$$
a_5 = \frac{64(C_1 - C_2)}{15R_cL^4s_m}
$$

$$
\begin{aligned}
a_4 &= \frac{128}{3L^4}\left[\frac{C_1}{R_c} - \frac{15}{128}a_5L^4s_m - \frac{15}{256}a_5L^5\right] \\
&= \frac{32}{3R_cL^4}\left[2(C_1 + C_2) - \frac{L}{s_m}(C_1 - C_2)\right]
\end{aligned}
$$

$$a_3 = \frac{1}{3s_mL^2}\Big[(C_1 - C_2) - 6a_4L^3s_m - \frac{35}{4}a_5L^4s_m - 10a_5L^2s_m^3\Big]$$

$$= \frac{1}{3s_mL^2}\Big[(C_1 - C_2) - \frac{128}{R_c}\frac{s_m}{L}(C_1 + C_2) + \frac{64}{R_c}(C_1 - C_2) -$$

$$\frac{112}{3R_c}(C_1 - C_2) - \frac{128}{3R_c}\Big(\frac{s_m}{L}\Big)^2(C_1 - C_2)\Big]$$

$$a_2 = \frac{1}{L^2}\Big[(C_1 + C_2) - \frac{3}{2}a_3L^3 - \Big(\frac{7}{4}a_4L^4 + 6a_4L^2s_m^2\Big) - \Big(\frac{15}{8}a_5L^5 + 15a_5L^3s_m^2\Big)\Big]$$

辊缝凸度与 a_1 无关，所以 a_1 由其他因素确定。若为了减小轧辊轴向力，可以通过轧辊轴向力最小作为判据确定 a_1；若为了减小带钢的残余应力改善带钢质量，可以通过轧辊辊径差最小作为设计判据。

当辊径一定时，由曲线两端确定最大允许辊径差而得到的辊面中部较平缓，边部虽陡峭，但板带轧制一般在中部，边部可通过修形进行处理。

所以，由

$$\Delta D = 2\Big[y_{t0}\Big(\frac{L}{2} + \frac{B}{2}\Big) - y_{t0}\Big(\frac{L}{2} - \frac{B}{2}\Big)\Big] = 0 \tag{4-31}$$

可得：

$$a_1 = -a_2L - 3a_3\Big(\frac{L}{2}\Big)^2 - \frac{a_3B^2}{4} - 4a_4\Big(\frac{L}{2}\Big)^3 - a_4\Big(\frac{L}{2}\Big)B^2 -$$
$$5a_5\Big(\frac{L}{2}\Big)^4 - \frac{5a_5}{2}\Big(\frac{L}{2}\Big)^2B^2 - \frac{a_5B^4}{16} \tag{4-32}$$

图 4-29 所示为实际使用的五次 CVC 辊形曲线。

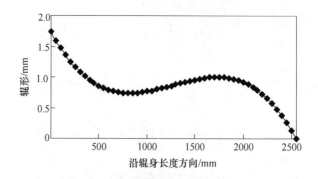

图 4-29 实际生产中使用的五次 CVC 辊形曲线

4.5 2250mm 热连轧机板形调控特性研究

2250mm 热连轧机是我国目前辊身长度最大的带钢热连轧机，其精轧机组的七个机架均为四辊 CVC 轧机。与同类轧机相比（见表 4-5），因工作辊直径基本相同，故轧辊显得更为"细长"。该轧机投产多年来的情况表明，其在板形控制方面确有自己的特点。本文采用有限元仿真方法，对该轧机的板形调控特性进行分析，为改进和提高其板形控制能力提供依据。

表 4 – 5　国内几种典型热连轧机主要参数比较

轧机类型	武钢 1700mm	宝钢 2050mm	武钢 2250mm
支持辊辊身长度/mm	1700	2050	2550
工作辊直径/mm	700 ~ 760	685 ~ 750	630 ~ 700
最大弯辊力/kN	2000	1000	1600
最大轧制压力/kN	35000	45000	45000
机　型	WRS	CVC	CVC + SFR

4.5.1　凸度调节域

辊缝凸度调节域是指轧机各板形调控手段对承载辊缝的二次凸度 C_{W2} 和四次凸度 C_{W4} 的调节范围。在考虑弯辊和 CVC 工作辊窜辊的情况下，凸度调节域在 $C_{W2} \sim C_{W4}$ 坐标平面上表示为一个四边形区域，四边形的 4 个角为弯辊和工作辊窜辊分别达到极限值时的 4 种情况，可见，该区域越大，表明轧机的板形调节能力越强。

（1）凸度调节域与板宽的关系。图 4 – 30 所示为轧制力 P 为 3.06×10^4 kN 的情况下，2250mm 轧机在三种板宽下的凸度调节域。由图可以看出，板宽越大，凸度调节域越大。此外，工作辊正弯辊与 CVC 正窜辊都使二次凸度 C_{W2} 减小；但对四次凸度 C_{W4} 则有所不同，弯辊使之减小，窜辊使之增大。因此，弯辊和窜辊采用相反的调节方式，可以对 C_{W4} 进行单独控制，以实现复杂板形（如边中复合浪）的调节。

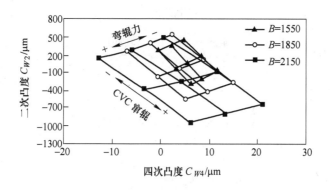

图 4 – 30　不同板宽的凸度调节域

（2）凸度调节域与轧制力的关系。图 4 – 31 所示为带钢宽度 B 为 1550mm，轧制力 P 分别为 2.04×10^4 kN 和 4.08×10^4 kN 的情况下的凸度调节域。由图可以看出，轧制力的变化基本不会改变凸度调节域的大小和形状，但调节域的位置有所改变，即二次凸度和四次凸度随轧制力的增大而增大。

（3）凸度调节域与轧辊直径的关系。图 4 – 32 所示给出了支持辊和工作辊辊径同时为最大或同时为最小两种极端辊径配置情况下的辊缝凸度调节域，板宽 B 为 1550mm，轧制力 P 为 3.06×10^4 kN，D_W 为工作辊直径，D_B 为支持辊直径，单位均为 mm。由图可以看到，随着辊径的减小，辊缝凸度调节域增大。值得注意的是，辊径的减小对二次凸度和四次凸度的作用是不同的，前者增大，后者减小。

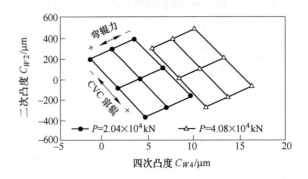

图 4 - 31 不同轧制力的凸度调节域

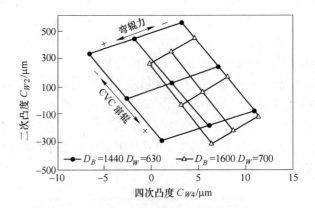

图 4 - 32 辊缝凸度调节域与轧辊直径的关系

4.5.2 承载辊缝横向刚度

辊缝横向刚度反映了承载辊缝在轧制压力变动时的稳定性。其含义是引起单位辊缝凸度变化量所需的轧制力变化量。

$$K_P = \frac{\Delta P}{\Delta C_W}$$

式中，K_P 为辊缝横向刚度，kN/μm；ΔP 为轧制力波动量，kN；ΔC_W 为辊缝凸度变化量，μm。

表 4 - 6 和表 4 - 7 分别给出了不同轧件宽度和不同轧辊直径情况下的辊缝横向刚度情况。由于 2250mm 轧机所轧产品宽度以及轧辊直径变化都比较大，因此，在轧机的板形控制模型中，必须考虑由此引起的刚度变化。

表 4 - 6 不同轧件宽度下的辊缝横向刚度

轧件宽度 B/mm	辊缝横向刚度 K_P/kN·μm^{-1}
750	301.03
1250	1346.41

轧件宽度 B/mm	辊缝横向刚度 K_p/kN·μm^{-1}
1550	2214.96
1850	2948.32
2150	7250.93

表 4 - 7　二种极端辊径配置情况下的横向刚度

轧辊直径/mm	辊缝横向刚度 K_p/kN·μm^{-1}
$D_B = 1440$、$D_W = 630$	108.12
$D_B = 1600$、$D_W = 700$	3355.33

4.5.3　辊缝凸度

辊缝凸度与很多因素有关，如工作辊和支持辊的形状、弯辊力、窜辊量以及带钢宽度等。对于四辊轧机，弯辊和 CVC 工作辊窜辊是两个主要的板形调节手段，而对应不同宽度轧件的凸度也显示了一些值得注意的现象，具体分析如下：

（1）辊缝凸度和轧件宽度的关系。图 4 - 33 所示为同样单位轧制力下对应不同宽度带钢辊缝凸度的变化。可见，在带钢宽度大约为轧辊辊身长度 70% 左右时，辊缝凸度达到最大值，此时的带钢宽度为 1550mm。

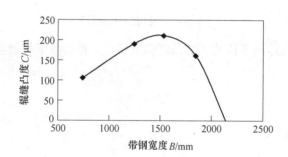

图 4 - 33　辊缝凸度与带钢宽度的关系

因将不同宽度带钢的辊缝凸度直接进行比较不太合理，所以这里采用单位宽度辊缝凸度 C_1 进行比较（ $C_1 = C/B$，其中，C 为辊缝凸度，B 为带钢宽度），结果如图 4 - 34 所示。可见，在 $B < 1550$mm 时，单位宽度凸度 C_1 较大，但当 $B > 1550$mm 时，C_1 逐渐下降。因此，从凸度控制角度，2250mm 轧机更适合轧制宽度大的轧件。

（2）弯辊对辊缝的调节作用。一般认为，辊缝凸度与弯辊力之间基本是线性关系，即

$$\Delta C_F = K_F \cdot \Delta F$$

式中，K_F 为工作辊弯辊力影响系数，μm/kN；ΔF 为工作辊弯辊力的增量，kN。

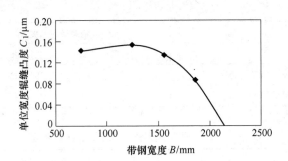

图 4 − 34　单位宽度辊缝凸度与带钢宽度的关系

　　由不同弯辊力和不同宽度下的辊缝凸度仿真结果，可以得到弯辊力影响系数与带钢宽度的关系：

$$K_F = -0.0016B + 0.9556$$

　　（3）CVC 工作辊窜辊对辊缝的调节作用。辊缝凸度与工作辊窜辊之间也是线性关系，即

$$\Delta C_S = K_S \cdot \Delta S$$

式中，K_S 为工作辊窜辊影响系数，$\mu m/mm$；ΔS 为工作辊窜辊的增量，mm。

　　采用与前面相同的方法，根据不同窜辊量和不同宽度下的辊缝凸度仿真结果，进而得到工作辊窜辊影响系数与带钢宽度的关系：

$$K_S = -0.0021B + 1.4571$$

以上结果清楚地表达出了该轧机的凸度调节特性，也是板形控制模型中的重要内容。

5 1700mm 热连轧机长行程窜辊宽幅无取向硅钢板形控制技术研究

冷轧无取向硅钢是电力、电子和军工行业不可缺少的软磁合金材料，也是产量最大的金属功能材料，主要用作各种电机、发电机和变压器的铁芯。它的生产工艺复杂，制造技术严格，目前，国外的生产技术都以专利形式加以保护，被视为企业的生命；而在国内，无取向硅钢片质量问题特别是板形质量问题日益突出。通过系统跟踪测试与理论研究发现热轧是低牌号无取向硅钢板形控制的关键工序。为了满足冷轧原料用量日益增长的需要，热轧在保证质量的情况下，一方面扩大了常规宽度无取向硅钢轧制单位的带钢卷数，如某1700mm 热连轧机采用 ASR（Asymmetry Self – compensating Work Rolls，非对称自补偿工作辊）技术后，2.3mm×1050mm 常规宽度无取向硅钢工业应用轧制单位由 60 块稳定扩大到 80 块以上，试验轧制单位甚至可扩大到 95 块，单位轧制带钢卷数已经提到了极限，但仍然无法满足用量需求；另一方面，就是直接增加无取向硅钢宽度，如某 1700mm 热连轧机开始试生产 2.3mm×（1250～1300）mm 等宽幅无取向硅钢。由于 1050mm 常规宽度无取向硅钢板形控制技术已接近磨削、轧制与控制极限，而 1250～1300mm 宽幅无取向硅钢宽度比原来的 1050mm 增加了 200～250mm，其板形更加难以控制。所以，对于宽幅无取向硅钢板形控制技术的研究具有重要意义。

5.1 无取向硅钢轧制的辊形特点分析

武钢 1700mm 宽带钢热连轧机是我国从国外引进的第 1 套现代化热连轧机，采用常规四辊轧机机型。1978 年建成投产，1992～1994 年从国外引进了高精度板形控制系统及其数学模型。改造后板形控制系统设备具有如下特点：F4～F7 机架采用工作辊长行程窜辊（±150mm）的 WRS 机型和强力液压弯辊（单侧最大弯辊力 2000kN）。为了解决无取向硅钢的板形问题，武钢热轧厂与北京科技大学合作开发了 ASR 辊，用于下游机架。其核心是采用 ASR 辊及配套的窜辊、弯辊控制模型以控制板形，特别是减少硅钢日趋严格要求的边降问题。为了便于操作人员和计算机识别，1700mm 热连轧机生产无取向硅钢宽度 $B \leqslant 1100mm$ 的 ASR 轧辊辊形曲线现场定义为 ASR – Y；宽度 $B > 1100mm$ 的 ASR 轧辊辊形曲线现场定义为 ASR – N。Y 和 N 分别表示常规宽度和宽幅无取向硅钢单位字母代号，如单位号 Y1500、N1501。

5.1.1 带钢凸度控制与宽度的关系

硅钢轧制存在低温、同宽、快节奏等工艺特点，使其板形控制难度较普钢大很多。对于宽带钢热连轧机，同等工艺条件下带钢宽度越大，板凸度也越大，且这个关系不是线性增加的。一般在带钢宽度为轧机支持辊宽度 70%～85% 时，凸度达到最大。为了分析热连轧机不同工况下的板形控制特性，采用 ANSYS12.0 建立了三维辊系有限元模型。

图 5-1 所示为 1700mm 热连轧机工作辊弯辊力为 0、入口厚度为 33.0mm 时的辊缝凸度与带钢宽度的关系，仿真轧制参数见表 5-1。由此可以看出，对于 1700mm 热连轧机，宽度为 1200~1300mm 时处于凸度控制最艰难区域。

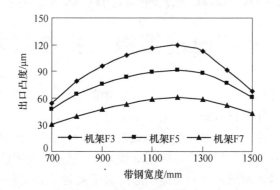

图 5-1 1700mm 热连轧机辊缝凸度与带钢宽度的关系

表 5-1 三维有限元仿真轧制工艺参数

机 架 号	出口厚度/mm	单位宽度轧制力/kN·mm⁻¹
F1	18.160	11.07
F2	10.540	10.45
F3	6.350	10.23
F4	4.060	9.62
F5	2.845	8.45
F6	2.286	5.80
F7	2.000	3.84

5.1.2 工作辊最大磨损量与轧制单位块数的关系

对于热连轧过程，工作辊工作环境恶劣，承受循环的高温载荷和严重的磨损。它们也成为导致工作辊辊形和板形控制性能变化的主要因素。硅钢轧制过程中，突出的难点就在于轧辊磨损量大，且磨损辊形是一个不断变化的过程。通过对现场 14 个轧制单位工作辊磨损辊形的测量和分析，得到了工作辊最大磨损量与单位轧制块数的关系，如图 5-2 所示。可以看出，工作辊的最大磨损量随轧制块数的增加成正比例增大趋势，轧制单位内平均直径差每块约为 7.28μm，70 块左右的轧制单位磨损辊形直径差高达 510μm 左右，是普通钢种轧制时的 2~3 倍。与 2.3mm×1050mm 常规宽度硅钢轧制工作辊磨损相比，宽幅硅钢整体磨损量相差不大，轧制单位内平均直径差每块约为 7.42μm。

5.1.3 工作辊磨损辊形变化

图 5-3 所示为不同宽度下硅钢轧制工作辊磨损辊形。可以看出，1250mm 宽幅硅钢轧制工作辊磨损辊形"箱形"宽度范围更大，这直接与带钢宽度相关。1050mm 常规宽度工作辊"箱形"壁更加陡峭，宽幅硅钢工作辊"箱形"壁则略微平缓。这主要是因为前者

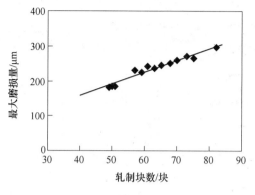

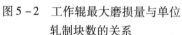

图 5－2　工作辊最大磨损量与单位
　　　　轧制块数的关系

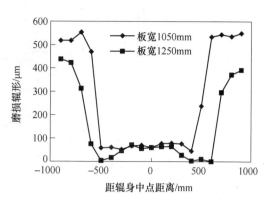

图 5－3　硅钢轧制工作辊磨损辊形

已投入 ASR－Y 技术，但窜辊使用程度不高，而后者在未采用 ASR 技术之前使用长行程窜辊技术，窜辊使用程度高，磨损均匀化良好。因此，在针对宽幅无取向硅钢轧制的 ASR－N 工作辊进行设计时，一方面要结合 ASR－Y 使用经验和效果，合理并巧妙地补偿轧辊磨损；另一方面也要吸取长行程窜辊技术的优势，提高窜辊利用率，最大化均匀轧辊磨损。

5.2　ASR 窜辊策略的实现

ASR 技术的基本原理是根据轧制过程中轧辊的磨损规律，通过 ASR 辊特殊的辊形配置，并制定特殊的窜辊策略，使得工作辊的磨损由"∪"形变为"∟"形，即打开凹槽型磨损的槽箱的一个边，同时结合工作辊的强力弯辊保证承载辊缝形状的正常可控。但是，随着轧制规格特别是宽度的增加，适用于常规宽度的 ASR 技术受到了一定的限制。所以，为了扩大窜辊行程范围，均匀磨损量，保证承载辊缝形状的正常可控，结合 ASR－Y使用经验和长行程窜辊技术的优势，开发出适应多规格无取向硅钢的 ASR 板形控制技术。

为了分析工作辊沿辊身长度方向磨损状况，结合文献资料并在大量分析热轧精轧机组工作辊磨损特性的基础上，可以认为沿工作辊磨损曲线主要围绕着轧制力、轧制长度、磨损距离（接触弧长）三个主要影响因数，建立半经验半理论的预报模型。综合考虑各种影响因素，并通过大量的实测与分析，建立无取向硅钢的热轧工作辊磨损预报模型，得到了一个轧制单位内的工作辊磨损状况，如图 5－4 所示。

轧制无取向硅钢时，保留原有 1700mm 热连轧机 F4～F7 机架循环窜辊方式不变的前提下，在 F5 机架应用 ASR 辊及相应窜辊策路，同时保持 F4 及 F6、F7 循环窜辊不变，在原有窜辊 HMI 操作画面上增加新的人机操作界面，方便操作工根据工艺要求改变窜辊方式。查明是常规宽度单位（Y）还是宽单位（N），并了解宽单位中的宽度规格，从而确定窜辊的幅值和步长。F5 架采用 ASR 辊专用实时基准计算程序，用以实现工作辊实时基准以指定步长和幅值并进行计算。

为了精确控制硅钢的边降问题，ASR 窜辊轧制单位内第 i 块带钢的实际窜辊量 ΔS_i 主

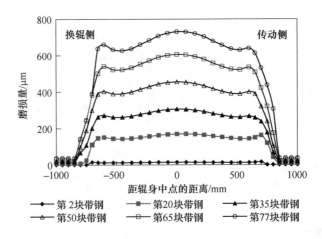

图 5-4   无取向硅钢轧制单位内的工作辊磨损预报模型

要通过轧制单位内不同时期窜辊量 ΔS_{mi} 和动态窜辊量 ΔS_{ci} 来确定，即

$$\Delta S_i = \Delta S_{mi} + \Delta S_{ci}$$

$$\Delta S_{mi} = \alpha_i \frac{L_s}{n}$$

$$\Delta S_{ci} = \beta_i \left(w_{[i]\max} - w_{\text{ave}} \right)$$

式中，ΔS_{mi} 为轧制单位内不同时期窜辊量；L_s 为参与实际控制带钢凸度的工作辊锥形段长度，其大小根据带钢宽度来具体设计；n 为一个轧制单位的带钢块数；α_i、β_i 为系数，α_i 一般取 1.0 ~ 1.5，β_i 一般取 0 ~ 0.5；w_{ave} 为单位内轧制每块的轧辊磨损量平均值；$w_{[i]\max}$ 为第 i 块带钢沿辊身长度方向磨损量预报值的最大值。

5.3   工业轧制试验与应用

图 5-5 和图 5-6 所示是 F5 机架分别采用常规辊和 ASR-N 辊生产无取向硅钢时不

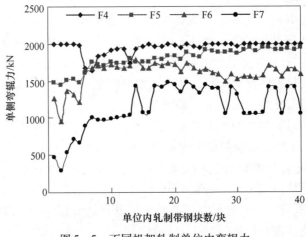

图 5-5   不同机架轧制单位内弯辊力

(F5：常规工作辊)

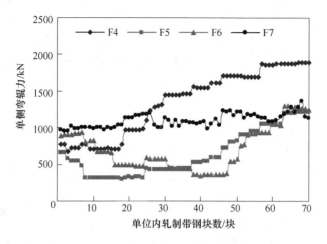

图 5-6 不同机架轧制单位内弯辊力
（F5：ASR - N 工作辊）

同机架工作辊弯辊力的施加情况对比。由图可看出：使用常规辊轧制时，在轧制单位的中、后期，由于工作辊凹槽型"∪"磨损使得带钢凸度急剧增大，为了降低带钢凸度，F4 ~ F7 机架的单侧弯辊力几乎达到了 2000kN 的极限值。而 F5 机架使用 ASR 后，由于其在带钢凸度控制上的显著优势，降低了带钢 F5 机架出口的凸度，特别是在轧制第 60 ~ 70 块时，使得 F5、F6 的弯辊力在大幅度减小的情况下仍然可以有效控制带钢凸度，且尚有较大控制空间，整体控制效果远远优于常规工作辊。

大规模工业生产数据统计显示（见表 5-2），采用 ASR - N 工作辊后，相对常规工作辊热轧带钢凸度 C_{40} 小于 45μm 的比率由 50% 提高到 94.9%，大于 60μm 的比率由 20.2% 降低到 0.7%。

表 5-2　常规工作辊和 ASR - N 轧制宽幅硅钢的凸度分布

工 作 辊	凸度（C_{40}）分布/%				备　注	
	≤45μm	45 ~ 52μm	52 ~ 60μm	≥60μm		
常规工作辊	50.0	17.4	12.4	20.2	356 卷/5 单位	7925t
ASR - N 工作辊	94.9	3.1	1.3	0.7	298 卷/4 单位	6634t

6 热轧带钢平坦度的检测与处理系统研究

6.1 热轧平坦度检测的复杂性

传统板形检测方法可以采用静态法，即取一定长度和一定宽度的钢板放在平台上或悬挂在一垂直平面旁边并自然下垂，如果钢板与平台或垂直平面处处贴紧，则此钢板平坦度良好；如果用直角尺测量或用肉眼能观察到钢板局部不贴合，离开平台或垂直平面的最大距离超过标准值，则此钢板存在板形缺陷。用这种方法可对板带钢最终产品的静态平坦度进行检查，但它无法检查轧制过程中的动态平坦度。

当轧机的轧制速度较低，轧件在没有张力或只有小张力的条件下，用目测的方法尚勉强可以在轧制的进程中对板形做粗略的估计。有时轧钢工人师傅为了掌握板形情况，冒着危险用手去压或用一根小棒敲击机架之间绷紧的带钢，根据各部分的松紧程度来判断板形的好坏。但是，随着带钢张力、轧制速度的增加以及轧机本身的封闭性的加强，这些方法已经根本不能满足需要，需用特殊的板形检测仪表才能检查带钢在运动过程中存在的板形缺陷。

为了适应热轧的高温、高速、振动、水蒸气、粉尘等工作环境（如图6-1所示），对热轧带钢平坦度仪提出如下要求：

(1) 能够连续在线非接触测量，测量精度满足平坦度控制要求。

(2) 适应热轧带钢生产工艺要求，比如适合于安装在末机架轧机出口和层流冷却层前；带钢规格、速度、温度变化时，不会影响正常测量。

(3) 测量系统的设计必须认真考虑防护问题，它们包括：

1) 振动、水蒸气、水滴、粉尘、热辐射等现场恶劣环境对设备的运行、维护带来的影响；

图6-1　热轧工作环境

2）事故"飞钢"时仪器保护；

3）检测单元、通信电缆的电磁干扰；

4）安装、维护简便。

6.2　带钢激光平坦度仪检测原理及其系统测试

非接触式平坦度测量方法主要有：激光三角法、激光莫尔法、激光光切法，激光三角法是最常见的激光测位移的方法之一。由激光位移传感器测量带钢因存在浪形而上下跳动的位移量，推算出带钢宽度方向不同点的纵向纤维长度，从而得到板形信息。

如图 6－2 所示，激光束照射位置 1 并在点 O 形成光斑，光斑经透镜成像在成像平面上 O' 点，当光斑随带钢浪形变化沿激光束偏离成像光轴移动时，除 O 点外，其像点也必然偏离成像光轴，这时像点不能完全聚焦在线阵 CCD（Charge－coupled Device，电荷耦合元件）上，为了保证聚焦精度，就必须使线阵 CCD 与光轴成一夹角 φ。正如斯凯姆普夫拉格条件（Scheimpflug condition）所陈述的，当成像平面、物面和透镜主面必须相交于同一直线时才能保证这一条件。

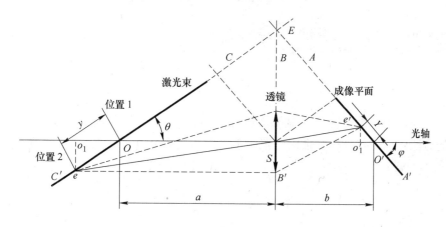

图 6－2　物－像位移轨迹图

6.2.1　激光与 CCD 位移测量原理

平坦度仪位移测量装置是基于激光三角法测量带钢"浪"高的，该装置以激光为光源，以线阵 CCD 为接收器。如图 6－3 所示，从激光发生器发射的激光束，斜射到带钢表面形成光斑，光斑的漫反射光通过会聚透镜成像于线阵 CCD 摄像头的光敏面上，可以通过光斑像点的位移，检测出带钢表面上光斑沿光束方向的位移，从而获得带钢"浪"高的变化。当带钢的"浪"高从位置 1 移动到基准位置时，入射光斑也由 S 点移动到 O' 点，其像点由 S' 移动到 O'' 点。图中 O 为透镜中心，$O''O'$ 为主光轴，y 为光斑的位移，Y 为光斑像点在线阵 CCD 上的位移。由 $\triangle OSP$ 和 $\triangle OS'P'$ 相似及 $h = y\cos(\theta/2)$ 得：

$$h = \frac{Ya\sin\varphi\cos\dfrac{\theta}{2}}{b\sin\theta + Y\sin(\theta + \varphi)}$$

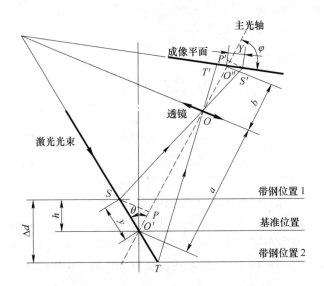

图 6 – 3　激光三角法测量的基本原理

令 $T = \dfrac{a\sin\varphi}{\sin\,(\theta+\varphi)}$，$T' = \dfrac{b\sin\theta}{\sin\,(\theta+\varphi)}$，$T_0 = \cos\dfrac{\theta}{2}$，则

$$h = \frac{T_0 T Y}{T' + Y}$$

　　在实际应用中，主光轴 $O'O''$ 和基准位置不易确定，但可以选取参考点（h_0，Y_0），通过标定的方法建立像点位移与带钢"浪"高的关系式。令 $D = Y - Y_0$，$d = h - h_0$ 代入 $h = T_0 TY/(T' + Y)$，得：

$$d = (T_0 T - h_0) + \frac{T_0 T T'}{-(T' + Y_0) - D}$$

令 $k_0 = T_0 T T'$，$k_1 = -(T' + Y_0)$，$k_2 = T_0 T - h_0$，则：

$$d = k_2 + \frac{k_0}{k_1 - D}$$

相邻两位置的高度差为：

$$\Delta d = k_0 \left(\frac{1}{k_1 - D_T} - \frac{1}{k_1 - D_S} \right)$$

式中，D_S 为带钢在位置 1 时光斑像点 S' 的位移；D_T 为带钢在位置 2 时光斑像点 T' 的位移。

6.2.2　平坦度仪的静态标定

　　随着带钢"浪"高的变化，在线阵 CCD 光敏面上光斑像点的位置也相应变化，从两者 d 和 D 之间的关系看出，显然是非线性的，其三个系数 k_1、k_2、k_3 要通过系统静态标定的方法来确定。

　　平坦度仪的标定是在轧机不工作时的静态方式下进行。在测量装置下带钢通过的位置，依次放置高度分别为 0、B、$2B$ 三个标定块，B 的大小要根据带钢"浪"的最大高度确定。测量每个标定块对应的像素值，测量若干次，取其平均值。设三个标定块对应的像素值分别为：P_L、P_M、P_H，得：

$$k_1 = \frac{2p_L p_H - p_L p_M - p_M p_H}{p_L + p_H - 2p_M}$$

$$k_0 = \frac{B(k_1 - p_M)(k_1 - p_L)}{p_M - p_L}$$

$$k_2 = -\frac{k_0}{k_1 - p_L}$$

取标定块高度 B 为 159mm，采用上述方法对三组测量装置依次标定，结果见表 6 - 1。

表 6 - 1　平坦度仪静态标定系数

标 定 系 数	操 作 侧	中 心 位 置	传 动 侧
k_0	1.0×10^8	2.7×10^9	6.2×10^7
k_1	-15763.5	85111.7	-12262
k_2	6372.6	-31720.2	4999.2

根据标定系数可以做出像素值与带钢"浪"高的关系曲线，如图 6 - 4 所示。在标定区间内，带钢"浪"高与 CCD 像素值之间接近线性关系，这是利用了公式在 CCD 像素值范围内具有较理想的对应关系，从而对提高测量精度有利。

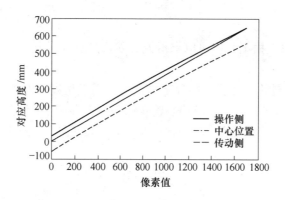

图 6 - 4　像素值与带钢高度的对应关系

6.2.3　平坦度仪测量误差的检测

为了检测平坦度仪的测量精度，采用参数已知的模拟器产生随时间按正弦规律变化的曲线，来模拟有"浪"带钢的纵向纤维的形状。用平坦度仪对模拟"浪"形进行测量，得出相对延伸差，然后与理论计算的相对延伸差进行比较，分析其测量误差。

（1）带钢"浪"形模拟器。模拟器是一个周长固定、偏心距和转速可调的偏心轮，如图 6 - 5 所示。其中，A 为激光投射位置，当偏心轮以偏心距 e 绕 O 转动时，其轮缘上的点将产生幅值等于偏心距的正弦曲线。设偏心轮的偏心距为 e，周长为 C，则偏心轮旋

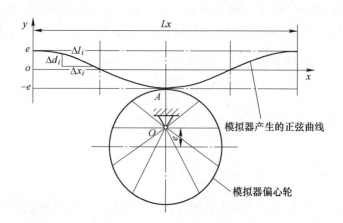

图 6 - 5　模拟器偏心轮产生正弦曲线

转一周，即产生一个幅值 A 等于偏心距 e，弧长 L 等于偏心轮周长 C 的正弦波，此正弦波模拟了有"浪"带钢纵向纤维条的形状。若设该纤维条的水平投影长度为 L_x，则描述此纤维条的正弦曲线的数学表达式为：

$$y = e \cdot \sin \frac{2\pi}{L_x} \left(x + \frac{L_x}{4} \right)$$

根据弧长求解公式，近似有：

$$L = \sqrt{L_x^2 + (2\pi e)^2} - \frac{(\pi e)^2}{\sqrt{L_x^2 + (2\pi e)^2}}$$

由已知参数 e 和 L，由上式就可以求得 L_x，然后计算相对延伸差。这就是模拟带钢相对延伸差的计算值。

（2）相对延伸差测量。将模拟器置于辊道上，用平坦度仪对模拟的带钢"浪"形进行测量。测量时，将激光投射点对准偏心轮轮缘顶点，即图 6 - 5 中的 A 点。模拟器向平坦度仪发送脉冲信号，以触发其采样，脉冲发送的时间间隔即采样时间 Δt_i 由下式确定：

$$\Delta t_i = \frac{\Delta l_i}{r_i \omega_i}$$

式中，Δl_i 为 2 采样点间带钢纤维长度，设定为常数 Δl；r_i 为偏心轮 A 点的瞬时半径；ω_i 为偏心轮转动角速度。

平坦度仪测量每段带钢纤维 Δl_i 对应的高度差 Δd_i，而 Δl_i 为已知，故水平投影长度 Δx_i 为：

$$\Delta x_i = \sqrt{\Delta l_i^2 - \Delta d_i^2}$$

由此得到模拟带钢相对延伸差的测量值。

（3）测量误差分析。用平坦度仪对模拟"浪"形进行测量，得出相对延伸差，然后与根据模拟器参数计算出的相对延伸差进行比较，分析其测量误差。表 6 - 2 为利用模拟器产生的带钢"浪"形，在三组测量装置（操作侧、中心、传动侧）下进行测量的一组结果。采用的偏心轮参数为：$C = 1000\text{mm}$，$e = 2.1\text{mm}$，$\Delta l = 40\text{mm}$。通过对测量值和计算值的比较可以看出，相对延伸差的最大测量误差为 1.09IU，其中操作侧和传动侧测量误差只有 0.5IU 左右，满足测量精度的要求，表明平坦度仪可实现对带钢平坦度的正确测量。

表 6 - 2 相对延伸差测量值与计算值的比较

测 量 位 置	测量值/IU	计算值/IU	误差/IU
操作侧	4.93	4.35	0.58
中心位置	5.44	4.35	1.09
传动侧	4.87	4.35	0.52

6.3 最大检测厚度分析

通过对测量值和计算值的比较可以看出，相对延伸差的最大测量误差为 1.09IU，其中操作侧和传动侧测量误差只有 0.5IU 左右，满足测量精度的要求，表明平坦度仪能够实现对带钢平坦度的正确测量。

为了获得完善的聚焦，根据斯凯姆普夫拉格条件，成像面、物面和透镜主面必须相交于同一直线，如图 6 - 6 所示。

为了安装方便，实际生产中通常将 CCD 和透镜的光轴垂直，如图 6 - 7 所示。这势必给测量带来误差，因此必须对这种安装方式进行分析研究，确定测量系统各部分的参数，以保证系统的测量精度。

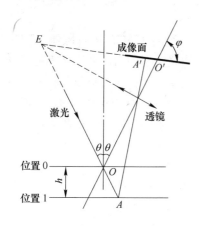
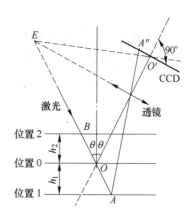

图 6 - 6 物 - 像位移轨迹图　　　　图 6 - 7 CCD 实际安装示意图

如图 6 - 8 所示，成像面上的任意一点 A' 是光斑点 A 根据斯凯姆普夫拉格条件获得完善的聚焦成像点，m 是 A' 在 CCD 上的像点分散圈直径，由几何关系可得：

$$m = \frac{\left| \lambda - l'_m \right|}{l'_m} \times D$$

式中，l'_m 为 A 点的像距；D 为光圈的大小；λ 为透镜中心到 CCD 的距离。

由上式可知：当 $l'_m < \lambda$ 时，随着 l'_m 的增大，m 递减；当 $l'_m > \lambda$ 时，随着 l'_m 的增大，m

递增。

　　上述情况只是理想的线光束情况下，实际上，测量仪的激光发射部分发射的是一束可见红光，以一定角度照射在带钢表面上，形成的是一个高亮度光斑。带钢厚度发生变化时，光斑在 CCD 上的像也随之变化。光斑在 CCD 上的像可分为三部分，如图 6-9 所示。所以，光斑的直径为：

$$L_g = L_1 + L + L_2$$

式中，L 为光斑像的主体部分；L_1 为光斑左端点分散圈的半径；L_2 为光斑右端点分散圈的半径。

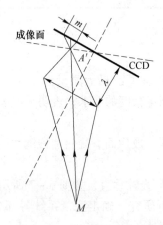

图 6-8　CCD 成像示意图

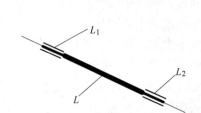

图 6-9　CCD 成像实际分布示意图

　　由几何关系可知，通常情况下 $L_1 \neq L_2$。因此，必须对 L_1 和 L_2 进行限制，即对光斑直径两端点的分散圈直径加以限制，避免由于光敏面的照度不均匀或者光斑直径两端点的分散圈直径相差过大，造成求得的光斑像中心位置的误差过大，无法求出其精确位置。

　　设允许的分散圈直径为 d，当镜头对着物点 O 对焦时，O 点的像为 O'（正好成像在成像面上）；当激光分别照射到位置 1 的 A 点和位置 2 的 B 点时，由高斯成像公式和相似三角形性质可得：

$$l_A = \frac{fDl_0}{fD + l_0 d - fd}$$

$$l_B = \frac{fDl_0}{fD - l_0 d + fd}$$

式中，l_A、l_0 和 l_B 分别为 A、O 和 B 三点的物距；d 为允许的分散圈直径；f 为镜头焦距；D 为光圈的大小。

　　超焦距 H_{ch} 为：

$$H_{ch} = \frac{fD}{d}$$

　　由以上 3 式可得：

$$l_A = \frac{H_{ch} l_O}{H_{ch} + (l_O - f)}$$

$$l_B = \frac{H_{ch} l_O}{H_{ch} - (l_O - f)}$$

在精度满足要求的情况下可以检测到位置 1 和位置 2 的最大厚度分别为：

$$h_{max1} = \frac{l_O - l_A}{\cos 2\theta} \times \sin\theta$$

$$h_{max2} = \frac{l_B - l_O}{\cos 2\theta} \times \sin\theta$$

可以检测的最大带钢厚度为：

$$H = h_{max1} + h_{max2}$$

6.4　平坦度检测系统的组成

　　如图 6 – 10 所示，平坦度检测系统由激光器、CCD 传感器、前端机、上位机、逻辑控制电路、驱动控制电路、控制台和打印机组成。检测系统的工作过程为：激光器发出的激光束以一定角度照射到被测带钢表面上，形成一个高亮度光斑，光斑经透镜成像在线阵 CCD 的光敏阵列上。从 CCD 输出的连续视频信号经过 AD 采样和 FIFO 数据缓存后，送到前端机中的图像处理卡 DSP 中进行光斑像信号的预处理，上位机接收到前端机处理的代表光斑像点位置信息的数据后，经过有效性检测和插值校正，完成平坦度参数的计算等任务。最后，将平坦度参数以模拟信号的方式发送到主操作室，实现平坦度的闭环控制。信号检测与处理系统原理图如图 6 – 11 所示。

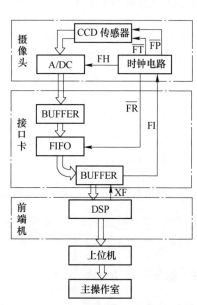

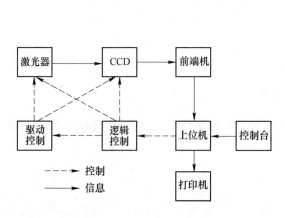

图 6 – 10　平坦度检测系统框图　　　图 6 – 11　信号检测与处理系统原理图

每组测量单元的接收处理部分主要由 CCD 传感器、ADC、FIFO 和 DSP 等组成，如图 6－11 所示。系统的工作过程如下：CCD 传感器的光敏元受光的激发将光信号转化为电信号并在外部驱动脉冲的作用下输出。CCD 输出的电信号为离散的模拟脉冲序列，经过 ADC 转换为数字信号后，经过高速缓存器 FIFO 暂存后，将结果存入 DSP 片内的数据存储器中以便进一步处理。最后，DSP 根据用户的要求将处理结果上传给工控机供用户使用。

6.4.1　摄像传感器 CCD

线阵 CCD 传感器具有体积小、质量轻、像元数多、速度快、价格低、功耗小、工作电压低和抗烧毁等优点，而且在分辨率、灵敏度、实时传输和自扫描等方面也优于其他摄像传感器，因此在非接触测量、精确定位测量应用广泛。CCD 传感器的光积分时间主要与入射光光强、光敏单元数和驱动频率有关，当入射光光强足够时，其光积分时间主要取决于光敏单元数和驱动频率。若提高测量速度，就要减少积分时间；若驱动频率过高，CCD 传感器的性能下降。因此，兼顾传感器性能和测量速度，本系统采用的 CCD 传感器有 1754 个有效光敏元。线阵 CCD 的驱动时钟选用 1MHz，CCD 的光积分时间至少需要 1754μs。

6.4.2　数字信号处理器 DSP

DSP 是一种高性能、高速数字信号处理器。它在结构上采用程序存储器和数据存储器分开寻址的哈佛结构，采用多处理单元、特殊的 DSP 指令、多总线结构和流水线结构，因此它指令周期短、运算精度高。本系统采用了 TMS320C25 处理器，该处理器内含 544 个字的 RAM、4k 字节的程序存储器 ROM。用掩膜方法可以将信号处理算法程序放置到内部 ROM 来全速运行。

6.4.3　高速缓存器 FIFO

FIFO 芯片是一种具有存储功能的高速逻辑芯片，在高速数字系统中经常用作数据缓存，尤其在多 CPU 通信中获得广泛应用。FIFO 芯片容量大，体积小，价格便宜，主要用在数量大、密度高、速度快的数据处理系统。作为一种新型大规模集成电路，FIFO 芯片以其灵活、方便、高效的特性，逐渐在高速数据采集、高速数据处理、高速数据传输以及多机处理系统中得到越来越广泛的应用。本系统采用 FIFO 芯片 IDT7203，它是一个双端口的存储缓冲芯片，具有 2048 ×9 的存储结构，有 12ns 的高速存取时间，低功耗，可异步读出，有六种运行方式，满足系统的要求。

6.5　系统 CCD 信号采集与处理的工作原理

CCD 测量系统采用 CCD 传感器光采样、AD 数据采集数据、FIFO 数据缓存和 DSP 数据接收和处理四级流水线结构。

6.5.1　时钟及驱动电路

整个测量系统的各个部分是在时钟电路的统一指挥下协调工作。时钟电路将为 CCD 传感器提供行同步驱动脉冲 $\phi_{\overline{FP}}$、像元同步信号 $\phi_{\overline{FT}}$，AD 转换脉冲 $\phi_{\overline{HEX}}$，数据传输脉冲

（AD→FIFO）$\phi_{\overline{RCLK}}$和ϕ_{DRDY}。各驱动信号如图 6 - 12 所示。

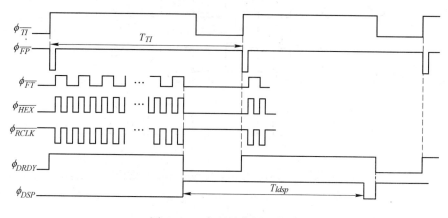

图 6 - 12　各驱动信号示意图

6.5.2　CCD 传感器光采样

CCD 光采样的光积分启动控制信号由 TMS 卡产生。每隔 T_{TI}时间，TMS320C25 处理器的定时器产生一次中断，从 TMS 卡的可编程输出引脚 XF 输出一个宽度为 3ms、周期为 T_{TI}（$T_{TI} \geq 5ms$）的 CCD 光积分控制信号 ϕ_{TI}。该 ϕ_{TI}信号的上升沿启动 CCD 的光积分，同时在行同步信号 $\phi_{\overline{FP}}$ 和像元同步信号 $\phi_{\overline{FT}}$的驱动下，CCD 输出上一次光积分的信号。采用 TMS320C25 的可编程输出引脚产生 CCD 光积分控制信号 T_{TI}，这样在光强容许的范围内可以灵活调整 CCD 光积分时间 T_{TI}。

6.5.3　AD 数据采集

采集是在时钟电路经分频输出的 1MHz 的 $\phi_{\overline{HEX}}$信号控制下进行。$\phi_{\overline{HEX}}$信号的上升沿启动 AD 采样时钟电路，对每一次 CCD 光积分输出的 1754 个有效光敏元信号进行一组 AD 采样（共 1754 次），CCD 光积分输出的 1754 个有效光敏元信号所需时间为 T_{ad}（$T_{ad} = 1754\mu s$）。

6.5.4　FIFO 数据缓存

CCD 信号是串行输出，TMS 是成组使用数据，因此有必要设置数据缓存 IDT7203 来存放每次 CCD 光积分信号的 AD 采样数据。TMS 卡每次处理的数据为 1754 个，因此 IDT7203 工作在单片方式（在该方式下最多可处理 2048 个字存储单元）下即可满足要求。CCD 光采样、ADC 信号采集与 FIFO 存储数据流水线工作示意图如图 6 - 13 所示。

6.5.5　DSP 数据处理

对于每组数据（每次 CCD 光积分的 1754 个有效光敏元信号）而言，数据采集与数据处理工作于流水线方式，如图 6 - 13 所示。对于单个数据点（单个 CCD 光敏元信号）来说，数据采集与数据处理是分时进行的。当 FIFO 存满 1754 个数据时，DSP 进行 1754 次中断来读取存放在 FIFO 的 AD 转换结果间内的其余（$T_{ldsp} - T_{drd}$）时间内，CPU 可以进行

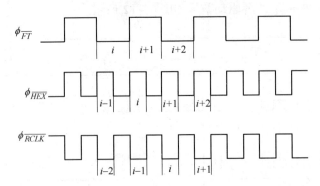

图 6 - 13   CCD 光采样、ADC 信号采集与 FIFO 存储数据流水线工作示意图

数据处理（处理所占用的时间为 $T_{dsp} = T_{ldsp} - T_{drd}$）。系统工作过程中，需保证 CCD 的光积分控制信号时间 $T_{TI} \geqslant T_{ldsp}$。

6.6   数据采集与处理

检测系统采用 CCD 传感器光采样、AD 数据采集、FIFO 数据缓存、DSP 数据处理和上位机处理数据五级流水线结构，如图 6 - 14 所示。

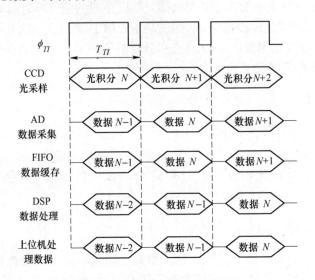

图 6 - 14   系统五级流水线作业示意图

6.6.1   数据采集

数据采集的步骤如下：

第一步：将按预先设定 S 个带钢子片断进行数据读取，参与测量的所有通道的高度值被存储在上位机中。

第二步：上位机将第一步获得的高度值进行平坦度参数的计算。在这次计算完成之后，第一步中 S 个带钢子片断的形状信息应用于显示和平坦度的控制。同步于这次计算，采集数据实时存储直到采集完 $W(S > W)$ 个新的带钢子片段。

第三步：保留上一个测量周期的后 $M - W$ 个带钢子片段并增加新测量的 W 个带钢子片段进行平坦度计算，这样就保证了带钢平坦度测量的连续性。完成这次计算后，新的形状信息应用于平坦度控制系统。在这次计算中，新的带钢信息再次实时存储直到采集完 W 个新的带钢子片段。然后，计算重新开始，该过程周期性的进行。S 和 W 的大小，决定了"老"数据所占得权重大小。

6.6.2　数据处理

检测系统采用"二重差分算法"对平坦度参数进行计算。第一差分：首先，确定每个通道带钢最大高度值和最小高度值之间的差值，然后，确定目前正在被处理的每个通道的带钢片断的波浪度，并将最小波浪度所属的通道定义为"参考通道"。第二差分：参照"参考通道"，把其他通道的波浪度来减去参考通道的波浪度。

由此可见，该算法的优势在于：由于系统没有一个固定的零点，参考通道对于带钢来说并不固定，在一块带钢片断到另一块带钢片断之间是可以变化的。所以检测系统不受摄像器和激光轴等长期不稳定的影响。该算法与数字滤波算法相结合，就可以用来消除带钢的垂直移动和倾斜等振动带来的影响。

6.7　激光平坦度仪总体结构和主操作界面

图 6 - 15 所示为三点式激光平坦度仪总体结构框图。测控系统的显示及操作主界面是

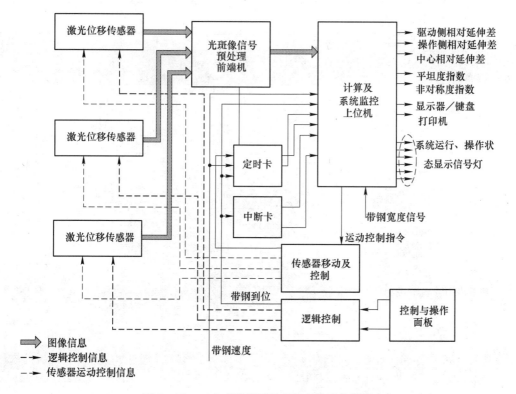

图 6 - 15　三点式激光平坦度仪总体结构框图

用户和系统的交互平台，用户通过它可以对系统进行参数设置和查询、管理数据文件、调节控制测量系统、对系统进行标定和仿真等。系统通过它可以显示系统的运行状态、对非正常运行状态的报警、结果数据图的输出、显示与打印等。图 6-16 所示为三点式激光平坦度仪的显示及操作主界面功能。

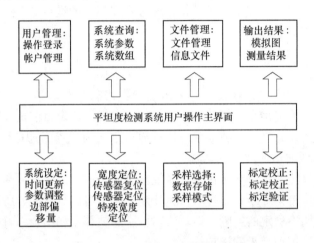

图 6-16 显示及操作主界面功能

图 6-17 所示为三点式激光平坦度仪的显示与操作主界面。显示及操作主界面有两种工作模式：非控制状态模式和可控制状态模式。非控制状态模式下，操作主菜单及帐户管理、文件管理、记录文件、系统参数、系统数组等按钮处在禁用状态，这时只能显示系统

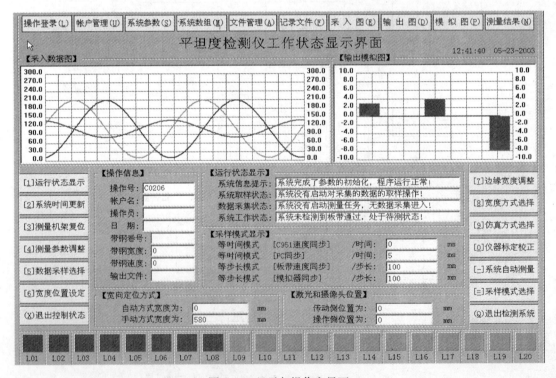

图 6-17 显示与操作主界面

运行状态及计算结果等信息。可控制状态模式下，可以进行对操作主菜单的操作，进而可以设置系统参数、调节系统运行状态等功能。

　　系统启动的默认状态是非控制状态，可按照已设定好的参数自动运行。正常运行时也处在非控制状态，以防止非操作人员对运行过程进行不正当的干预。当需要对某些参数重新设置或改变系统的工作状态时，可以通过加密的操作人员登陆界面进入可控制状态下的界面，激活两侧相应的操作菜单进行各种操作。

6.8　一种新的平坦度测量方法——激光角度位移法

　　在板带轧制过程中，因带钢纵向延伸不均匀，轧后的带钢常出现垂直于板面方向的"中浪"、"边浪"、"1/4 浪"等平坦度缺陷。为了消除这些缺陷，通常在轧机的出口设置板形自动监测装置以便对带钢进行自动检测。板形自动检测是板形自动控制的必要条件，所有板形信息均来自板形检测装置。因此，能否实现板形的在线自动检测已成为板形自动控制的关键。板形在线自动检测技术可以分为接触式和非接触式两种。最具代表性的接触式自动检测技术为分割辊式张力检测技术，其缺点是检测过程中装置必须与带钢接触，容易磨损带钢表面，该检测技术主要在冷轧生产中应用。非接触式自动检测技术以激光三角法、激光截光法和激光莫尔法为代表。非接触式板形检测方法，因其硬件结构相对简单、易于维护、造价及备用件相对便宜，传感器为非转动件，安装方便，且不会划伤带钢表面，一直受到研究工作者的青睐。因此，板形检测逐步地由接触式向非接触式转变的趋势。

　　本文在综合了激光位移法和激光截光法测量原理的优点，提出了一种新的非接触式板形检测方法——激光角度位移法，应用该检测方法的系统，结构简单、无损带钢表面、易于维护，可广泛适用于冷轧和热轧的生产。

6.8.1　激光角度位移法检测原理

　　如图 6 - 18 所示，假设在一段带钢的第 $j(j=1,2,\cdots,m)$ 条纤维上测量了 $n+1$ 个点的带钢高度，对于相邻 2 个测量点，其高度差为 $\Delta h_{ji}(i=1,2,\cdots,n)$。若带钢速度 v_i 和两点测量的时间间隔 Δt_i 已知，则两测量点在水平方向上的投影长度为 $\Delta x_i = v_i \cdot \Delta t_i$，而这两测量点间带钢纤维的长度 Δl_{ji} 可按式（6 - 1）近似计算：

$$\Delta l_{ji} = \sqrt{(\Delta h_{ji})^2 + (\Delta x_i)^2} \quad (i=1,2,\cdots,n) \tag{6-1}$$

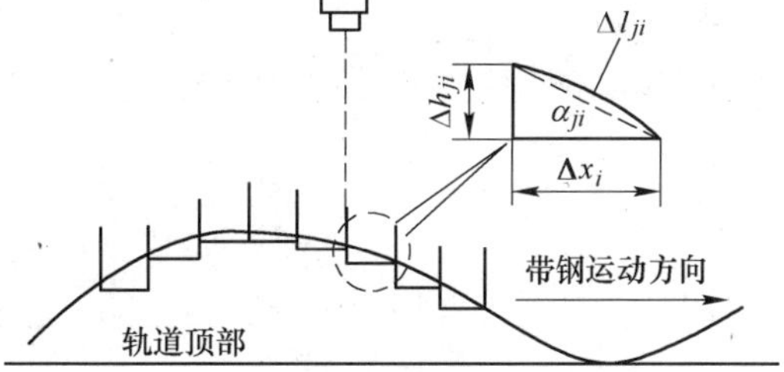

图 6 - 18　带钢纤维测量原理

则对于相邻 2 个测量点的连线与水平方向所成夹角 α_{ji} 可表示为：

$$\alpha_{ji} = \arccos(\Delta x_i / \Delta l_{ji}) \qquad (6-2)$$

若第 j 条纤维的整段长度记为 L_j，则

$$L_j = \sum_{i=1}^{n} \Delta l_{ji} \qquad (6-3)$$

而第 j 条纤维对应的水平投影长度记为 L_x：

$$L_x = \sum_{i=1}^{n} \Delta x_i \qquad (6-4)$$

L_j 与 L_x 相差越大，反映带钢出现的"浪"越高，平坦度缺陷也就越高。平坦度缺陷一般用相对延伸差 ξ_j 来表示：

$$\xi_j = \frac{L_j - L_x}{L_x} \qquad (6-5)$$

在实际的生产测量中，系统的采样模式有等步长模式和等时间模式。若本系统工作在等步长模式下，即

$$\Delta x_1 = \Delta x_2 = \cdots = \Delta x_n = \Delta x \qquad (6-6)$$

则由式（6-2）~式（6-6）可得：

$$\xi_j = \frac{L_j - L_x}{L_x} = \frac{1}{n} \sum_{i=1}^{n} \frac{2\sin^2(\alpha_{ji}/2)}{1 - 2\sin^2(\alpha_{ji}/2)} \qquad (6-7)$$

α_{ji} 通常很小，所以 $\alpha_{ji} \approx \sin\alpha_{ji} \approx \tan\alpha_{ji}$，又因为 $\sin(\alpha_{ji}/2) \ll 1$，所以 ξ 可以近似为：

$$\xi_j = \frac{L_j - L_x}{L_x} = \frac{1}{2} \frac{\sum_{i=1}^{n} \alpha_{ji}^2}{n} = \frac{1}{2} \overline{\alpha_j^2} \qquad (6-8)$$

如图 6-19 所示，带钢的第 i 个测量点为 A_i，运行 Δx 距离后，第 $i+1$ 个测量点为 B_{i+1}；B_i 为测量 A_i 时，B_{i+1} 此时在带钢上的位置点，可知 $l_{B_iB_{i+1}} = \Delta x$；$O$ 点为带钢处于理想平直状态时的基准测量点；A_{i0} 为 A_i 在轨道上的投影点；$B_{(i+1)0}$ 为 B_{i+1} 在轨道上的投影点；C 点为 A_i、A_{i0} 的连线与 B_{i+1}、$B_{(i+1)0}$ 连线的交点。

从图中的几何关系可以得出：

$$\alpha_{ji} = \tan\theta \frac{|l_{A_{i0}O} - l_{B_{(i+1)0}O}|}{\Delta x - |l_{A_{i0}O} - l_{B_{(i+1)0}O}|} \quad (6-9)$$

令 $l_i = l_{A_{i0}O}$，$l_{i+1} = l_{B_{(i+1)0}O}$，得：

$$\alpha_{ji} = \tan\theta \frac{|l_{l_{i+1}} - l_i|}{\Delta x - |l_{l_{i+1}} - l_i|} \quad (6-10)$$

所以，只要求出每个测量点偏离基准测量

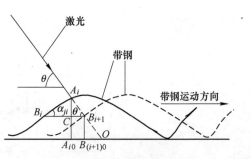

图 6-19　激光检测原理图

点的距离，由式（6-8）和式（6-10）就可以求出相对延伸差 ξ。

6.8.2 系统设计

如图6-20所示，平坦度检测系统有高强度的线激光源、CCD成像模块、信息采集预处理模块、DSP处理模块、计算机处理模块、人机接口模块等。检测系统的工作过程为：线激光源固定安装，以一定角度照射到被测带钢表面上，形成一条高亮度的线光斑线。如果带钢无"浪形"，则此线光斑为直线；如果带钢有"浪形"，则此线光斑为曲线。线光斑经透镜成像在CCD的光敏阵列上。从CCD输出的连续视频信号经过AD采样和FIFO数据缓存后，送到图像处理卡DSP中进行光斑像信号的预处理，然后将处理的代表光斑像点位置信息的数据送到主计算机中，经过有效性检测和插值校正，完成平坦度参数的计算等任务。最后，将平坦度参数以模拟信号的方式发送到主操作室，实现平坦度的闭环控制。

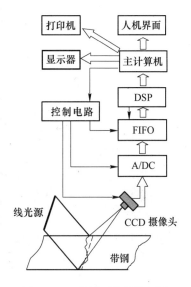

图6-20　检测系统结构框图

6.8.3 平坦度指标

由于光源采用线光源，该系统可以测量带钢宽度方向上任意一个位置的带钢相对延伸差，在实际测量时，可根据需要只计算指定位置的相对延伸差。为实现对板形缺陷的有效控制，需将实测板形偏差分解成一些典型的、简单的、可控的板形模式（如：中浪、单边浪、双边浪、1/4浪等），以便建立具体板形跟各板控执行机构之间的联系，并对各板形模式分别提出相应控制策略。若指定位置为中心处、操作侧1/4处、操作侧边部、传动侧1/4处、传动侧边部，则

（1）伸长率指标。ξ_{oe}：操作侧边部的相对延伸差；ξ_{oq}：操作侧1/4处的相对延伸差；ξ_c：带钢中心处的相对延伸差；ξ_{mq}：传动侧1/4处的相对延伸差；ξ_{me}：传动侧边部的相对延伸差。

（2）对称性指标。

$$S_{oe+me-c} = \frac{\xi_{oe} + \xi_{me} - 2\xi_c}{2(\xi_c + 1)}$$

$$S_{oq+mq-c} = \frac{\xi_{oq} + \xi_{mq} - 2\xi_c}{2(\xi_c + 1)} \tag{6-11}$$

（3）水平度指标。

$$S_{oe-me} = \frac{2(\xi_{oe} - \xi_{me})}{\xi_{oe} + \xi_{me} + 2}$$

$$S_{oq-mq} = \frac{2(\xi_{oq} - \xi_{mq})}{\xi_{oq} + \xi_{mq} + 2} \tag{6-12}$$

7 2250mm 热轧平整机的板形调控特性和窜辊策略研究

7.1 2250mm 热轧平整机不均匀磨损及板形调控特性

热轧平整机平整作为热轧带钢生产接近成品的一道工序，直接影响成品的力学性能、板形和表面质量等质量指标。热轧平整与冷轧平整及冷热轧相比，由于带钢表面有明显的氧化层、平整完全在无润滑和无冷却的条件下进行、轧辊的换辊周期长等工艺特点，工作辊的磨损问题非常突出。工作辊的磨损不仅缩短了工作辊的服役期，同时还会导致工作辊辊形的变化，影响平整机的板形调控性能。武钢热轧厂 2250mm 热轧带钢平整机是由意大利 MINO 公司引进的国内第 1 台可以平整 1900mm 宽度以上带钢的平整机，工作辊一端带有台阶，使用辊面段与台阶段的直径差约为 8mm，平整机可以 ±200mm 进行长行程窜辊。该轧机自使用以来，工作辊磨损严重且不均匀，由于轧机机型的独特性而导致其板形控制特性异于常规热轧平整机，且在热轧平整操作中存在特殊的工作辊弯辊调节现象，即绝大多数情况下使用负弯辊，通常每进行一次窜辊操作，负弯辊力相应增加，负弯辊量最大可用到 70% ~ 80%。由于缺乏相应的研究，导致了现场操作的盲目性，轧辊辊耗大，严重影响了板形质量，轧机的板形控制性能无法得到发挥。所以，有必要对其进行深入研究以改善在现场生产中出现的磨损严重且不均匀、工作辊存在特殊的弯辊调节现象等问题，并制定正确的工艺和板形控制策略，这对于提高热轧产品的板形质量具有重要意义。

7.1.1 平整机机型及工艺特点分析

对于常规工作辊轴向窜动的四辊轧机来讲，主要有两种典型机型：HCW 轧机和 WRS 轧机。前者工作辊与支持辊辊身长度相等，主要通过工作辊的轴向窜动改变辊间接触长度，减小辊间有害接触区，提高辊缝横向刚度，达到改善轧机板形控制性能的目的；而后者工作辊比支持辊的辊身长度长，主要是通过工作辊的轴向窜动增加辊面参与磨损的区域以改善工作辊的磨损辊形，为实现轧制计划的自由编排创造条件。同时两种机型都结合强力弯辊，轧机的板形控制性能会得到提高，如图 7 - 1 所示。武钢 2250mm 平整机由于工作辊辊身长度（2700mm）长于支持辊辊身长度（2200mm），所以窜辊范围为 - 200 ~ - 150mm 时，平整机可以通过工作辊窜辊增加辊面参与磨损的区域，其功能类似于 WRS 轧机；在上工作辊的传动侧和下工作辊的操作侧各有长为 400mm 的台阶段不参与平整，因此窜辊范围为 - 150 ~ + 150mm 时，平整机可以通过工作辊窜辊间接改变辊间接触长度，其功能又类似于 HCW 轧机。因为其同时兼有 HCW 和 WRS 机型特点，因此平整机的轧辊磨损和板形控制特性有其自身的特点。

为了对平整机的整个平整过程的轧机性能进行分析，对平整机 2 号（上辊）和 6 号

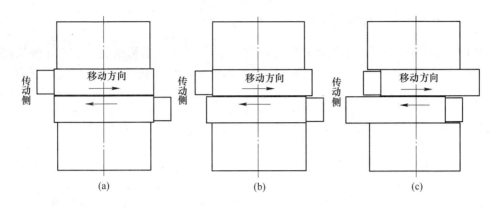

图 7 - 1　平整机工作辊窜辊示意图

（a）窜辊量为 -200mm；（b）窜辊量为 -150mm；（c）窜辊量为 +200mm

（下辊）工作辊的整个服役期间进行了跟踪测试。在 2 号和 6 号轧辊服役期间，共平整带钢 170 块，总重达 4000t。平整带钢宽度约为 1200mm，厚度范围为 2.0mm，平整钢种为 SPA - H。对平整后带钢取样，测量带钢横截面厚度，如图 7 - 2 所示。可以看出，平整后带钢板廓形状呈现一致性分布，带钢凸度 C_{100} 一般为 60 ~ 70μm。在整个工作辊服役过程中，轧制压力、张力及轧制速度设定值基本保持恒定，轧制力为 2MN，前后张力分别为 150kN 和 90kN，稳定轧制速度为 400m/min。平整过程中对弯辊力的调节一般是根据热轧来料的规格、材质和表面质量等因素来定。从总体上看，在轧辊服役初期多使用正弯辊力，大小约为最大弯辊力的 10% ~ 30%，随着工作辊服役时间的增加逐渐减小并转为负弯辊调节，并且绝大部分情况是使用负弯辊，每进行一次窜辊操作，负弯辊力相应增加。在工作辊服役后期，负弯辊力最大用到 70% ~ 80%。

在一般情况下，工作辊的磨损会使承载辊缝凸度不断变大，应该不断增大正弯辊进行补偿。使用负弯辊必然使承载辊缝的凸度更大，但通过测量发现，平整后带钢的凸度基本保持稳定（如图 7 - 2 所示）。对于这种弯辊特殊的调节现象，必然存在某些影响因素使承载辊缝凸度在平整过程中没有增大反而逐渐减小，所以必须对轧辊在整个服役过程中的磨损辊形进行分析。

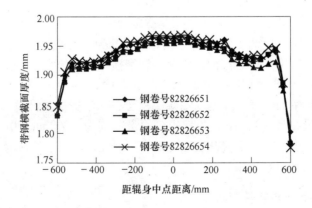

图 7 - 2　平整后的带钢横截面厚度分布

7.1.2 工作辊磨损及其辊缝凸度分析

为了分析热轧平整机的轧辊磨损情况,对 22 支轧辊服役前后的辊形进行了连续跟踪测试,图 7-3 所示为其中具有代表性的两对工作辊下机后的辊形。从图中可以看出热轧平整机轧辊磨损存在如下特点。

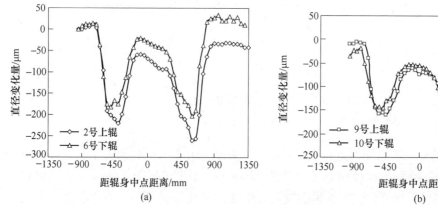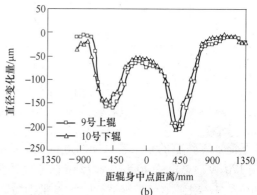

图 7-3   热轧平整机工作辊磨损辊形
(a) 2 号和 6 号配对轧辊;(b) 9 号和 10 号配对轧辊

(1) 沿辊身长度方向,上、下工作辊均出现明显的不均匀磨损,磨损曲线整体呈现"W"形,且沿整个工作辊辊身呈现不完全对称分布。

(2) 上、下工作辊磨损辊形相似,但由于上、下工作辊反对称布置,实际磨损曲线呈反对称分布。

(3) 对应于带钢边部区域的工作辊局部磨损严重,最大局部区域的直径磨损量高达 250μm;相比之下,辊身中部磨损较小,最大一般为 60μm。

(4) 工作辊局部磨损严重区域宽度约为 400mm,这与工作辊可以进行 ±200mm 的窜辊有关。

为了描述工作辊磨损与辊缝凸度变化之间的关系,现定义磨损影响系数,即:

$$K_w = \frac{\Delta C_m}{\Delta C_W}$$

式中, ΔC_m 为轧辊磨损产生的辊缝凸度变化量; ΔC_W 为与 ΔC_m 对应的辊身磨损凸度,即 $\Delta C_m = D_c - D_P$, D_c 为轧辊中点的直径, D_P 为轧辊磨损峰值处的直径。

图 7-4 所示为工作辊磨损所引起的辊缝凸度变化。从图中可以看出,随着辊身磨损凸度的增加,磨损产生的辊缝凸度呈线性减小趋势,即辊身磨损凸度 ΔC_W 每增加 1μm 产生的辊缝凸度变化量约为 -0.3μm;工作辊窜辊量分别为 -200mm,0mm 和 +200mm 时,由相同的辊身磨损凸度产生的辊缝凸度变化很小。因此,可以近似认为由辊身磨损产生的辊缝凸度变化在不同窜辊量下相等。

7.1.3 工作辊窜辊和弯辊特性分析

为了研究该 2250mm 平整机特殊的板形控制性能,根据平整机的生产工艺,运用有限

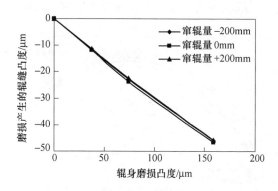

图 7 - 4　磨损产生的辊缝凸度变化

元分析软件 ANSYS12.0 建立了辊系有限元仿真模型，对不同工况下的板形调控特性进行了计算分析，建模参数见表 7 - 1。

表 7 - 1　三维有限元仿真轧制工艺参数

参　　数	参　数　值
工作辊尺寸/mm × mm	$\phi(500 \sim 550) \times 2700$
支持辊尺寸/mm × mm	$\phi(1000 \sim 1100) \times 2250$
工作辊辊颈/mm × mm	$\phi320 \times 570$
支持辊辊颈/mm × mm	$\phi600 \times 812$
单侧弯辊力/kN	$0 \sim 300$
窜辊范围/mm	$-200 \sim +200$
弯辊力加载中心距/mm	3124
支持辊约束中心距/mm	3240
最大轧制力/MN	15

（1）工作辊窜辊特性。由于工作辊为台阶平辊，在负窜辊极限位置，即窜辊量为 -200mm 时，辊间有效接触长度为支持辊全长 2200mm；在窜辊量为 -150mm 时，恰处于临界位置，此后辊间接触长度将随着窜辊量的增加而减小；在正窜辊极限位置，即窜辊量为 +200mm 时，辊间有效接触长度最小，为 1850mm。因此，分别取窜辊量为 -200mm，-150mm，0mm 和 +200mm 时的辊缝形状和对应的带钢凸度进行比较分析，如图 7 - 5 和图 7 - 6 所示。从图中可以看出，在轧制力为 2MN、带钢宽度为 1200mm 和弯辊力为 0 时，随着工作辊由负极限位置逐渐正向窜动，在窜动量为 -200 ~ -150mm 时，辊缝凸度保持不变；当窜辊为 -150 ~ 0mm 时，辊缝凸度逐渐减小，但变化比较缓慢；随着轧辊从零位正向窜动，即窜动量从 0 ~ +200mm 时，辊缝凸度明显减小。工作辊在 ±200mm 窜动引起的辊缝凸度总变化量 ΔC_S 为 -11.5μm。

（2）工作辊弯辊特性。弯辊力的调节功效（即弯辊效力）可用弯辊力影响系数 K_B 表示，即：

$$K_B = \frac{\Delta C_B}{\Delta F_B}$$

式中，ΔC_B 为弯辊引起的辊缝凸度变化量；ΔF_B 为与 ΔC_B 对应的弯辊力改变量。

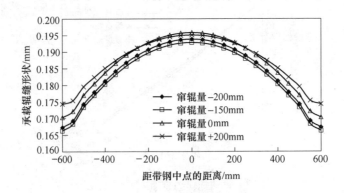

图 7-5　工作辊窜辊对辊缝形状的影响

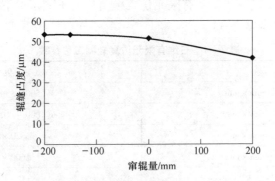

图 7-6　工作辊窜辊对辊缝凸度的影响

弯辊力作为平整机板形控制的重要手段，其变化对辊缝凸度的影响如图 7-7 所示。可以看出，在轧制力为 2MN，带钢宽度为 1200mm，窜辊量为 -200 ~ -150mm 时，弯辊力变化引起的辊缝凸度改变基本相同；窜辊量为 -150 ~ +200mm 时，弯辊效力 K_B 逐渐提高。在负弯辊时弯辊效力呈非线性，且负弯辊力越大，弯辊效力越高；在正弯辊时，弯辊效力基本不变，工作辊窜辊量分别为 -200mm，0mm 和 200mm 时，K_B 约为 -0.099，-0.137 和 -0.208。

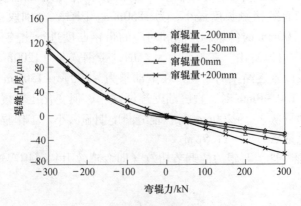

图 7-7　弯辊力对辊缝凸度的影响

7.1.4 平整机板形综合调控特性分析

从以上分析可以看出，工作辊磨损和窜辊都会引起承载辊缝凸度的减小，而工作辊弯辊力由正弯辊向负弯辊的逐渐调节则会引起承载辊缝凸度的增大。所以，必须施加相应的弯辊力来增大承载辊缝凸度，以补偿工作辊磨损和窜辊引起的承载辊缝凸度的减小，即为了使承载辊缝凸度保持相对稳定，必须使得：

$$\Delta C_B = -(\Delta C_M + \Delta C_S)$$

式中，ΔC_B 为弯辊产生的辊缝凸度变化；ΔC_M 为磨损产生的辊缝凸度变化；ΔC_S 为窜辊产生的辊缝凸度变化。

由此可以得出热轧平整机在平整过程中，工作辊磨损、窜辊和弯辊对板形的综合影响及调控，如图 7-8 所示。具体过程为：当新辊上机后，需要根据平整轧制计划、初始辊形配置及目标伸长率来设定轧制力 P 和弯辊力 F_{B0}；随着带钢轧制长度的增加，由于工作辊磨损使得辊身磨损凸度增大 ΔC_W，产生相应的承载辊缝凸度变化 ΔC_M，同时根据窜辊策略在平整一定数量的钢卷后进行窜辊，由此产生相应的承载辊缝凸度变化 ΔC_S，当 $\Delta C_M + \Delta C_S$ 累积到一定程度就会影响到平整带钢的板形质量，因此必须调节弯辊力使得 $\Delta C_B = -(\Delta C_M + \Delta C_S)$。这样就可以保证承载辊缝凸度保持相对稳定，直至工作辊磨损严重下机。

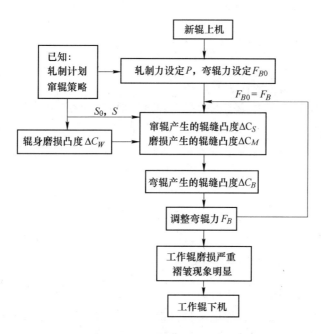

图 7-8 平整机板形综合调控流程图

7.1.5 现场试验分析

表 7-2 为工作辊不同服役阶段的承载辊缝凸度，图 7-9 所示为工作辊不同服役阶段的下机辊形。可以看出：（1）服役 12h 后，辊身磨损凸度约为 40μm，产生的凸度变化

$\Delta C_W = 40 \times 0.3 = 12\mu m$；工作辊窜辊量从 $-200 \sim -100mm$，产生的凸度变化 $\Delta C_S = -1\mu m$；弯辊力的调节从 $+10\% \sim -20\%$，即从 $+30 \sim -60kN$，凸度变化为 $\Delta C_B = 12.6\mu m$。（2）服役结束下机后，辊身磨损凸度约为 $175\mu m$，产生的凸度变化 $\Delta C_W = 175 \times 0.3 = 52.5\mu m$；工作辊窜辊量从 $-200 \sim +200mm$，产生的凸度变化 $\Delta C_S = -11.5\mu m$；弯辊力的调节从 $+10\% \sim -75\%$，即从 $+10 \sim -225kN$，凸度变化为 $\Delta C_B = 66.7\mu m$。

表 7-2　工作辊不同服役阶段的承载辊缝凸度

服役阶段	辊身磨损凸度/μm	$\Delta C/\mu m$	窜辊量/mm	$\Delta C/\mu m$	弯辊力变化/kN	$\Delta C/\mu m$
服役 12 h 后	40	-12	$-200 \sim -100$	-1	$+30 \sim -60$	+12.6
服役结束后	175	-52.5	$-200 \sim 200$	-11.5	$+10 \sim -225$	+66.7

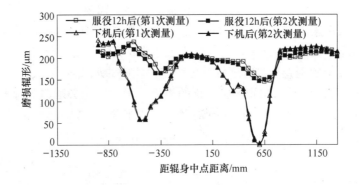

图 7-9　工作辊不同服役阶段的下机辊形

　　从计算结果可以看出，服役 12h 后和服役结束下机后，$\Delta C_B \approx -(\Delta C_W + \Delta C_S)$，工作辊弯辊力的调节主要是为了补偿工作辊磨损和窜辊对板形的影响。同时，在热轧平整机操作中特殊的工作辊弯辊调节现象，即绝大多数情况使用负弯辊，通常每进行一次窜辊操作，负弯辊力相应增加，负弯辊量最大可用到 70% ~80%。这种弯辊力调节的特殊现象是与热轧平整机特殊的"W"形不均匀磨损和由于工作辊带有台阶而造成的特殊的工作辊窜辊特性有着必然的联系。为了补偿平整过程中工作辊磨损和窜辊引起的承载辊缝凸度的减小，必须采用由正弯辊向负弯辊逐渐变化的调节手段以增大承载辊缝凸度，从而保证承载辊缝凸度的相对稳定。

7.2　2250mm 热轧平整机窜辊策略的研究

　　随着家电和汽车工业的进一步发展，用户对带钢板形质量要求日趋严苛。平整是决定成品带钢板形的最后一道工序，保证平整带钢的板形质量是平整机重要任务和目标，而平整机的板形控制能力对于实现这一目标具有重要意义。相对冷轧平整而言，因为热轧平整带钢的表面有明显的氧化层，平整完全处于无润滑和无冷却的条件下进行，轧辊的换辊周期远长于冷轧平整机，所以导致了热轧平整机工作辊的磨损问题非常突出，给板形控制带来的问题比较严重，且在轧辊的服役期内，平整机的板形控制特性变化较大，导致板形控制的不稳定。而工作辊窜辊策略的选取对轧辊磨损的均匀化起着非常重要的作用。武钢热轧厂 2250mm 热轧带钢平整机是由意大利 MINO 公司引进的国内第一台可以平整 1900mm

宽度以上带钢的平整机。在平整过程中，工作辊磨损严重且不均匀，其磨损和板形控制特性异于常规热轧平整机，工作辊易出现褶皱和光带等辊面缺陷，因此有必要对其进行深入研究，提出改进的工作辊窜辊策略，改善工作辊磨损严重且不均匀及板形控制不稳定的问题，对于提高热轧产品的板形质量具有重要意义。

7.2.1 热轧平整机轧辊的磨损问题

图 7-10 所示为热轧带钢平整机工作辊的辊型配置情况。可以看出：工作辊为一端带台阶的平辊，使用辊面段与台阶段的直径差约为 8mm，且上下辊反对称布置。工作辊辊身长 l_w 为 2700mm，台阶段长 S_e 为 400mm。该平整机具有正负弯辊和水平窜辊装置，平整力一般为 2~3MN；单侧最大弯辊力为 ±0.3MN；工作辊窜辊行程为 ±200mm，现有窜辊策略为每平整 7~10卷钢窜辊 50mm；最大平整速度为 400m/min；平均每平整 2000t 左右更换一次工作辊。

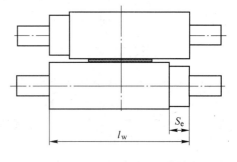

图 7-10 热轧平整机工作辊配置示意图

为了分析热轧平整机的轧辊磨损情况，对 22 支工作辊服役前后的辊形进行了连续跟踪测试。为了保证测量数据准确，采用千分表配合马鞍架来测量。每支辊从传动侧到操作侧重复测量至少 2 次。工作辊辊身测量间隔为 50mm，沿辊身长度方向共读取 47 个点的轧辊直径相对值。图 7-11 所示为其中具有代表性的两对工作辊下机后的辊形。从图中可以看出热轧平整机轧辊磨损存在如下特点：

（1）沿辊身长度方向，上、下工作辊均出现明显的不均匀磨损，磨损曲线整体呈现"W 形"，与热连轧机工作辊的"猫耳形"磨损形态相似，但又有显著不同。以某热连轧机的 F4 机架为例，工作辊下机后辊形一般呈"箱形"，并在"箱形"底部两侧出现局部"猫耳形"磨损，中部磨损量可达"猫耳形"磨损峰值的 90%。相比之下，热轧平整机工作辊的中部直径磨损量仅为 40~60μm，是峰值磨损的 15%~20%。"W 形"磨损曲线沿整个工作辊辊身基本对中，但不完全对称；上、下工作辊磨损辊形相似，但由于上下工作辊反对称布置，实际磨损辊形曲线呈反对称分布。

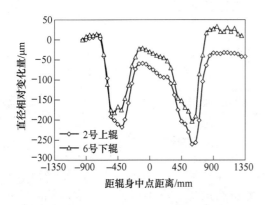
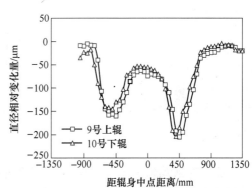

图 7-11 热轧平整机工作辊磨损辊形

（2）对应于带钢边部区域的工作辊局部磨损严重，最大局部区域的直径磨损量高达 $200 \sim 300 \mu m$；相比之下，辊身中部磨损较小，最大一般为 $40 \sim 60 \mu m$；工作辊的两个峰值磨损区的距离为 $900 \sim 1200mm$，与带钢的宽度相近。可见，带钢边部磨损效应在这里尤为突出。

（3）工作辊局部磨损严重区域宽度约为 $400mm$，这与工作辊可以进行 $\pm 200mm$ 的窜辊有关。工作辊局部严重磨损区域辊面出现"褶皱"现象，有时甚至出现"褶皱"和"光带"交替的辊面缺陷。光带间隔约 $50mm$，分析认为由于工作辊反复进行间隔 $50mm$ 的窜辊，带钢边部重复作用在有限的窜辊位置，使得辊面在这些位置磨损严重而形成"褶皱"和"光带"的辊面缺陷。

7.2.2 平整机窜辊策略的改进

（1）板形的综合控制和改进目标。平整机在平整过程中，工作辊磨损、窜辊和弯辊对板形的综合调控影响如图 7-12 所示。具体过程为：当新辊上机后，需要根据平整轧制计划、初始辊形配置及目标伸长率来设定轧制力 P 和弯辊力 F_{B0}；随着带钢轧制长度的增加，由于工作辊磨损使得辊身磨损凸度增大 ΔC_W，产生相应的承载辊缝凸度变化 ΔC_M，同时根据窜辊策略在平整一定数量的钢卷后进行窜辊，由此产生相应的承载辊缝凸度变化 ΔC_S，当 $\Delta C_M + \Delta C_S$ 累积到一定程度就会影响到平整带钢的板形质量，因此必须调节弯辊力使得 $\Delta C_B = \Delta C_M + \Delta C_S$。这样就可以保证承载辊缝凸度保持相对稳定，直到工作辊磨损严重下机。

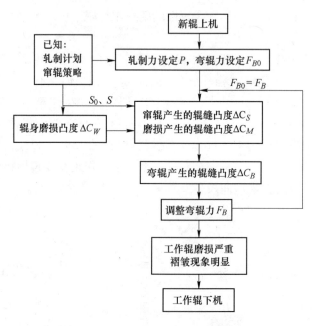

图 7-12 平整机板形综合调控流程图

为了抑制或均匀工作辊"W形"磨损分布，降低磨损峰值，减小由于轧辊磨损给板形控制带来的很大影响，必须对现有的窜辊策略进行改进。窜辊步长（每次窜辊时轧辊轴向移动距离，mm）、窜辊节奏（2 次窜辊间隔所平整钢卷数）和窜辊行程（一次窜辊循环内的轧辊始末窜辊量，mm）是工作辊窜辊策略的 3 个主要控制参数。现场目前采用的窜辊策略为等步长变节奏等行程窜辊，如图 7 – 13 所示。

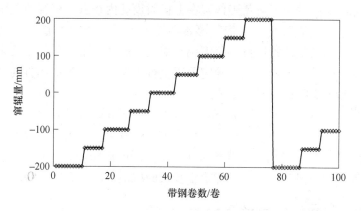

图 7 – 13　改进前工作辊窜辊策略

　　建立热轧平整机工作辊的磨损预报模型，根据工艺条件及生产实际共设计四种窜辊策略，分别为等步长等节奏、等步长变节奏、变行程等步长等节奏和变行程变步长等节奏。以典型的生产计划（带钢材质 SPA – H，规格 1200mm × 2mm，平整量 2000t）为例，针对不同窜辊步长、窜辊节奏和窜辊行程的组合进行研究分析，评定窜辊策略优劣的标准，为某窜辊策略下的辊身磨损峰值取得最小值，即

$$\max[f(x)] \Rightarrow \min \tag{7-1}$$

式中，$f(x)$ 为工作辊辊身磨损函数；x 为工作辊轴向坐标。

　　描述工作辊轴向不均匀磨损程度的函数 $f(x)$ 可表示为：

$$f(x) = \begin{cases} 0 & x \in (0, x_1) \\ (x - x_1)(a + d)/L_1 & x \in (x_1, x_2) \\ a\sin[b(x - x_2)] + a + d & x \in (x_2, x_3) \\ d & x \in (x_3, x_4) \\ (1 + k)\{a\sin[b(x - x_4) - \pi/2] + a + d\} & x \in (x_4, x_5) \\ (x_6 - x)(a + d)/L_2 & x \in (x_5, x_6) \\ 0 & x \in (x_6, x_7) \end{cases} \tag{7-2}$$

式中，$x_1 = L_W/2 - S - B/2 - L_1$；$x_2 = x_1 + L_1$；$x_3 = x_2 + 3\pi/2b$；$x_4 = x_2 + B - 3\pi/2b$；$x_5 = x_2 + B$；$x_6 = x_5 + L_2$；$x_7 = L_W$；$a$、$b$、$d$ 为多项式系数；k 为轧辊局部不均匀磨损系数；x 为工作辊轴向坐标；L_1、L_2 分别为工作辊与带钢接触磨损区域两侧的锥形部分长度。其中，L_W 为工作辊辊身长度；B 为带钢宽度；S 为工作辊轴向窜动量。

　　（2）窜辊方式及参数的选取。以磨损峰值最小为改进目标的窜辊策略优劣评定过程中，对每一种窜辊策略计算其辊身磨损峰值，寻找较小辊身磨损峰值所对应的窜辊策略，分析这些窜辊策略中的共同特征，进而对窜辊策略进行改进。窜辊策略的改进主要考虑轧制各阶段窜辊的步长、节奏、行程、轧制卷数、累积步长等因素。综合分析四种窜辊策略，分析发现窜辊策略采用等步长等节奏窜辊能较好地使局部磨损均匀化；变步长和变节奏幅度越大，局部磨损越严重；小幅度变步长和节奏与等步长等节奏窜辊结果相似，并无明显减小磨损峰值。同时为了避免工作辊在上机服役期内在五个窜辊位置重复平整，易在辊面相应位置产生"褶皱"与"光带"等辊面缺陷问题，影响平整后带钢质量。通过研究发现对每个周期的窜辊位置进行小范围调整即通过改变窜辊行程的方法来改善辊面缺陷问题。因此根据综合计算分析，最终确定采用变行程等步长等节奏单方向窜辊策略，在该策略下窜辊步长和节奏的选取至关重要。

图 7 - 14 所示为窜辊步长分别为 10mm、20mm、50mm、100mm、200mm、300mm 时，不同窜辊节奏下的轧辊最大磨损值比较。从图中可以看出，窜辊步长并非越小越好，也并非越大越好，而是存在最优值。当窜辊步长过小（小于 50mm）或过大（大于 200mm）时，都会加剧不均匀磨损。因此，最优窜辊步长的取值范围在 50～200mm 之间较为合适。

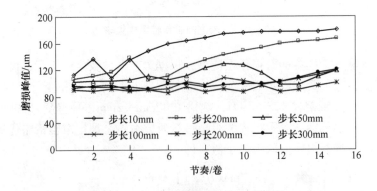

图 7 - 14　不同窜辊步长下磨损峰值

图 7 - 15 所示为窜辊节奏分别为 1、2、5、10、15 卷时，不同窜辊步长下的最大磨损值比较。可以看出，窜辊节奏越小，越能均匀磨损，且在不同窜辊步长下的最大磨损值越均匀。即要及时进行窜辊，尽量不要在某个窜辊位置停留轧制过多块带钢，以免造成工作辊局部磨损严重，影响平整带钢的板形质量。兼顾到现场实际生产可操作性，窜辊节奏采用 5 卷。

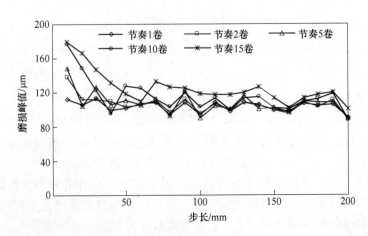

图 7 - 15　不同窜辊节奏下磨损峰值

对比分析窜辊节奏为 5 卷，步长分别为 50mm、100mm、200mm 的工作辊磨损预报曲线，如图 7 - 16 所示。从整体对比来看，步长为 200mm 时能最大程度均匀磨损，步长100mm 次之，步长为 50mm 时磨损最严重。但从磨损曲线的平滑程度来看则恰好相反，步长为 50mm 时磨损曲线最平滑，步长为 200mm 时轧辊磨损曲线呈锯齿形。因此综合考虑选择窜辊步长为 100mm 较为合适，同时也便于现场人员操作。

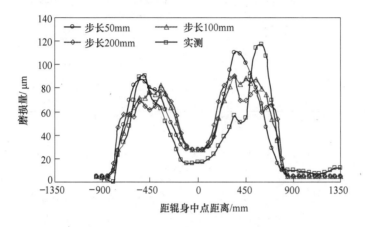

图 7 - 16   不同窜辊步长下磨损曲线比较

（3）窜辊策略的改进。以磨损峰值最小为改进目标，进行仿真计算，提出如图 7 - 17所示的窜辊策略改进方案。平整机工作辊窜辊位置为：

$$S_i^j = -S_{max} + (i-1)(\Delta s - 5) + (j-1)\Delta\lambda \qquad (7-3)$$

式中，S_i^j 为第 j 个窜辊周期的第 i 步窜辊位置，i 取 1 ~ 5，j 取 1 ~ 3；S_{max} 为工作辊最大正窜辊行程，S_{max} 取 200mm；Δs 为窜辊步长，$\Delta s = 2S_{max}/(n-1)$，$n$ 为窜辊节奏，n 取 5 卷；$\Delta\lambda$ 为避免出现辊面缺陷影响平整后带钢质量而作的调整量，$\Delta\lambda$ 取 10mm。

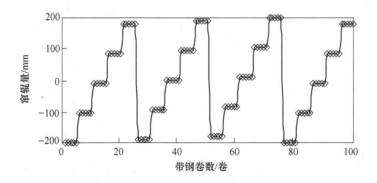

图 7 - 17   改进后的窜辊策略

7.2.3   现场试验

采用改进后的窜辊策略进行了工业轧制试验，测量下机后辊形并记录轧辊服役期内弯辊力调节量，与改进前记录的数据进行了比较（见表 7 - 3）。可以看出，改进后的工作辊窜辊策略可以均匀轧辊磨损，工作辊磨损峰值小于40μm，较改进前减小20%左右；可以改善板形调控特性，弯辊力调节量约为100kN，较改进前减小30%左右；可以降低辊耗，延长轧辊服役时间，单位磨损量减小20%。

表7-3   试验前后工作辊磨损和弯辊力调节量的对比

编　号	钢　种	平整量/t	磨损峰值/μm	单位磨损量/μm·t⁻¹	弯辊力调节量/kN
改进前	SPA-H	1066.8	64.5	0.060	210
	SPHT1	772.84	61	0.079	190
改进后	SPA-H	1275.16	38.3	0.030	105
	SPA-H	1162.12	40	0.034	110

8 2250mm 热连轧机工作辊温度场及热辊形分析

8.1 工作辊热辊形计算的理论基础

轧辊热辊形是辊缝形状方程中的一个重要参数。热轧时，工作辊与高温轧件接触而温度升高，同时由于冷却水和空气的作用而冷却，这是一个复杂的热传递问题。传热学研究的是具有不同温度的物体间或物体内不同温度的部分之间热量传递的规律，其基本定律以及能量守恒定律是研究轧辊热变形的重要理论基础。传热有三种基本方式：热传导、对流和辐射。对轧辊的温度场及热凸度计算中都要用到。

（1）傅里叶定律。温度场：在某一瞬间物体内各点温度分布的情况称为温度场，其数学表达式为：

$$T = f(x, y, z, t) \qquad (8-1)$$

式中，x、y、z 为物体各点的空间几何坐标；t 为时间。随 t 改变的温度场为不稳定态温度场、瞬态温度场或非定常温度场；不随 t 而改变的温度场为稳定温度场、稳态温度场或定常温度场。工作辊温度场属于瞬态温度场。

温度梯度：温度场中单位长度最大温度变化率方向是等温面的法线方向 $\vec{n}$。定义温度场中任意点的温度梯度为：

$$\mathrm{grad}\,T = \lim \frac{\Delta T}{\Delta n} = \frac{\partial T}{\partial n} \qquad (8-2)$$

通常定义温度升高的方向为温度梯度的矢量正方向。

傅里叶定律：在归纳大量的实验数据结果的基础上，傅里叶在 1882 年提出了导热的基本定律——傅里叶定律：

$$q = -\lambda \,\mathrm{grad}\,T = -\lambda \frac{\partial T}{\partial n} \qquad (8-3)$$

式中，q 为单位时间、单位面积上传过的热量，称为热流密度；比例系数 λ 称为导热系数，是表征物体导热能力的一个物理量。式中负号表示导热的方向永远沿着温度降低的方向。

（2）热传导导热定律。热传导是物质内部或物质之间从高温部分传递到低温部分的热传递。在板带生产中，轧辊与高温带钢之间及轧辊内部通过热传导方式进行热传递。傅里叶简化导热定律为：

$$Q_t = \lambda_t A \frac{T_{w1} - T_{w2}}{L} \Delta t \qquad (8-4)$$

式中，Q_t 为传递的热量，J；λ_t 为物质的导热系数，W/(m·K)；A 为垂直于热流的横截面积，m²；L 为热流方向上的路程，m；T_{w1}、T_{w2} 为两端的温度，K；Δt 为传热时间，s。

热流密度：通常以 $q_t = Q_t/(A \cdot \Delta t)$ 来表示热流密度，即单位时间通过物体单位面积的热流量，单位是 W/m²。

则傅里叶简化导热定律可表示为：

$$q_t = \lambda_t \frac{T_{w1} - T_{w2}}{L} \tag{8-5}$$

（3）牛顿冷却定律。对流传热是固体表面与其相邻的运动流体之间的换热方式。在热轧中为工作辊与其周围气体及冷却液之间的热量交换。对流传热用牛顿定律描述为：

$$Q = kA\Delta t\Delta T \tag{8-6}$$

式中，Q 为交换的热量，J；k 为表面对流换热系数，W/(m²·K)；A 为流体与固体之间的界面面积，m²；ΔT 为流体与固体的温差，K；Δt 为热量交换时间，s。

根据牛顿冷却定律，可得冷却液与工作辊之间的热交换公式：

$$Q = k_w A(T_w - T)\Delta t \tag{8-7}$$

式中，Q 为工作辊 Δt 内冷却液吸收的热量，J；k_w 为冷却液与工作辊表面换热系数，W/(m²·K)；A 为冷却液与工作辊之间的界面面积，m²；T_w 为 t 时刻冷却液的温度，K；T 为 t 时刻工作辊的温度，K。

以 $q_w = Q/(A \cdot \Delta t)$ 来表示热流密度，由傅里叶定律可表示为：

$$q_w = k_w(T_w - T) \tag{8-8}$$

根据牛顿冷却定律，可得空气与工作辊之间的热交换公式：

$$Q = k_a A(T_a - T)\Delta t \tag{8-9}$$

式中，Q 为工作辊 i 单元由 t 到 $t + \Delta t$ 内空气吸收的热量，J；k_a 为空气与工作辊表面换热系数，W/(m²·K)；A 为空气与工作辊之间的界面面积，m²；T_a 为空气的温度，K；T 为 t 时刻工作辊的温度，K。

以 $q_a = Q/(A \cdot \Delta t)$ 来表示热流密度，由傅里叶定律可表示为：

$$q_a = k_a(T_a - T) \tag{8-10}$$

（4）能量守恒定律。假设一个体系的能量是不变的，那么就可以借助于能量守恒定律来描述该体系的能量变化及其与周围介质的联系。对这样一个体系，能量守恒定律可以表示为：

$$E_i + E_g = E_o + E_s \tag{8-11}$$

式中，E_i 为进入体系所有形式的能量，J；E_g 为体系本身产生的热量，即内热源产生的热量，J；E_o 为流出体系所有形式的热量，J；E_s 为体系内储能的变化，J。

假定被研究物体各向同性，其导热系数 λ、比热 c 及密度 ρ 等物理量均为定值。从物体内任取一微元正方体如图 8 - 1 所示。

当无内热源时，由能量守恒定律可知，热流量（即传热速率）差额 ΔQ 等于 $\mathrm{d}t$ 时间内微元体的蓄热量增量，即

$$\Delta Q = \rho c \frac{\mathrm{d}T}{\mathrm{d}t} \mathrm{d}x\mathrm{d}y\mathrm{d}z \qquad (8-12)$$

由傅里叶定律可得在 $\mathrm{d}t$ 时间内由各个微面传入微元体的总热量 ΔQ_e 为：

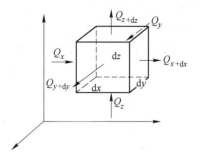

图 8 - 1 微元体能量示意图

$$\begin{aligned}\Delta Q_e &= (Q_x - Q_{x+\mathrm{d}x}) + (Q_y - Q_{y+\mathrm{d}y}) + (Q_z - Q_{z+\mathrm{d}z}) \\ &= \lambda \left(\frac{\partial^2 T}{\partial x^2} + \frac{\partial^2 T}{\partial y^2} + \frac{\partial^2 T}{\partial z^2} \right) \mathrm{d}x\mathrm{d}y\mathrm{d}z\end{aligned} \qquad (8-13)$$

根据能量守恒定律可知：

$$\Delta Q = \Delta Q_e \qquad (8-14)$$

即

$$\rho c \frac{\mathrm{d}T}{\mathrm{d}t} = \lambda \left(\frac{\partial^2 T}{\partial x^2} + \frac{\partial^2 T}{\partial y^2} + \frac{\partial^2 T}{\partial z^2} \right) \qquad (8-15)$$

又因为

$$\alpha = \frac{\lambda}{\rho c} \qquad (8-16)$$

式中，λ 为导热系数，$\mathrm{W/(m \cdot K)}$；ρ 为密度，$\mathrm{kg/m^3}$；c 为比热容，$\mathrm{J/(kg \cdot K)}$；α 为热扩散率，$\mathrm{m^2/s}$。

则上式可写为：

$$\frac{\partial T}{\partial t} = \alpha \left(\frac{\partial^2 T}{\partial x^2} + \frac{\partial^2 T}{\partial y^2} + \frac{\partial^2 T}{\partial z^2} \right) = \alpha \nabla^2 T \qquad (8-17)$$

称为无内热源的固体导热微分方程，又称傅里叶微分方程。

式中，$\nabla^2 T$ 为 T 的拉普拉斯算子，有明确的物理意义。当 $\nabla^2 T > 0$ 时，表示物体被加热；当 $\nabla^2 T < 0$ 时，表示物体被冷却；当 $\nabla^2 T = 0$ 时，表示物体具有稳定的温度场。$\alpha = \lambda/c\rho$ 为热扩散率，表示物体内部的温度趋于一致的能力，它与物质的导热率和热容积密度都有关系。显然，对于热轧工作辊的整个服役周期的温度场求解属于瞬态温度场的求解问题。

在分析圆柱体导热时使用柱坐标更为方便，经坐标变换后式（8 - 17）变为：

$$\frac{\partial T}{\partial t} = \alpha \left(\frac{\partial^2 T}{\partial r^2} + \frac{1}{r} \frac{\partial T}{\partial r} + \frac{1}{r^2} \frac{\partial^2 T}{\partial \theta^2} + \frac{\partial^2 T}{\partial x^2} \right) \qquad (8-18)$$

因为导热微分方程是根据一般的物理定律导出的，因此它是导热现象最一般形式的数学描述。它只表示存在于物体内部各点温度的内在联系，不可能表示一个具体导热过程的温度场。为了确定某一个具体条件下的温度场，还必须依靠定解条件。一般地说，定解条

件包括初始条件、边界条件、几何条件和物性条件。在求解导热问题时，导热微分方程连同定解条件一起才能完整地描述一个具体的导热过程。具体如下：

1）初始条件。初始条件给出整个系统的初始状态，即

$$T\big|_{t=0} = f(x, y, z) \qquad (8-19)$$

特殊的，当初始状态为均匀温度场时

$$T\big|_{t=0} = T_0 = \text{const} \qquad (8-20)$$

2）几何条件。几何条件是说明参与过程的物体的几何形状和大小，例如形状是平壁或圆筒壁以及它们的厚度、直径等几何尺寸。

3）物性条件。反映材料特征的物性参数归纳起来，有导热系数 λ、比热 c 及密度 ρ 等。严格地讲，物性参数不仅取决于材料本身的材质，而且与材料所处的温度有关。不过密度和比热对温度的依赖性非常小，而且除了表层外，轧辊主体部分的温度变化比较小，所以密度和比热一般按常数处理。

导热系数 λ 是衡量物体导热能力的物理量，其物理意义是当物体内温度降低 1℃/m 或 1K/m 时，在单位时间内通过单位面积所传导的热量。物质的导热系数不仅和材质有关，而且与物体本身的温度有关。纯金属的导热系数一般随温度的升高而降低。这是因为金属被加热时，晶格的振动加剧，干扰了自由电子的运动，使导热系数下降；而属于合金材料的轧辊，其导热系数随温度的变化规律恰恰相反，如高铬铸铁随着温度从 0℃ 增加到 1000℃，λ 从 18 W/(m·K) 增加到 45W/(m·K)。

4）边界条件。常见导热问题的边界条件有三种：

第一类边界条件（也称狄利克莱 Dirichlet 条件）：给出物体表面上各点的温度值 T_w，其数学表达式为：

$$T_w = f(x, y, z, t), 0 < t < \infty \qquad (8-21)$$

特殊的，当 $T = \text{const}$ 时，即边界表面温度为常值。

第二类边界条件（也称纽曼 Neumann 条件）：给出物体表面上各点的热流密度值 q_w，数学表达式为：

$$q_w = f(x, y, z, t), 0 < t < \infty \qquad (8-22)$$

当 $q_w = \text{const}$ 时，边界表面的热流密度不随时间及位置而变化；当 $q_w = 0$ 时，即为绝热边界条件。

第三类边界条件（也称罗宾 Robin 条件）：给定边界表面上各点与周围物体间的换热系数 h 及周围介质的温度 T_f，数学表达式为：

$$q_w = h(T_w - T_f) \qquad (8-23)$$

或

$$-\lambda \left(\frac{\partial T}{\partial n} \right)_w = h(T_w - T_f) \qquad (8-24)$$

另外，当物体发生辐射时，具有辐射边界条件。

　　在热轧轧制过程中，工作辊受高温带钢接触热传导作用，其表层温度在较短时间内迅速升高。在径向，热流从工作辊外层向中心传导；在轴向，热流从中部向两端传导。求解工作辊热辊形的过程分为两步：首先从热传导方程出发确定轧辊温度场，然后根据温度场的计算结果确定工作辊热变形。因此，带钢热连轧机工作辊热辊形计算的前提和关键是工作辊温度场的计算。通过实际生产过程中的实验方法可以测出工作辊温度场分布；根据热传导理论可建立工作辊温度场模型，进行模拟仿真。目前已开发出的模型主要有二维和三维模型，相应的计算方法有解析法、有限差分法和有限元法。

　　（1）实验法。工作辊的热辊形与其温度场有直接的关系。Stevens 等人在 20 世纪 70 年代对粗轧第二架上工作辊的温度进行了实测，将热电偶计埋在冷轧轧辊里测量温度的改变，如图 8-2 所示。但由于测点不能太多，不能准确测量轧辊沿轴向的温度分布，而且将热电偶计埋在轧辊里也降低了轧辊的强度，所以在线测量轧辊的温度有很大的困难。对工作辊温度场进行实测的方法最直接，但这种方法无法获得沿轧辊轴向的温度分布，也不可能将此方法用于工业轧机。

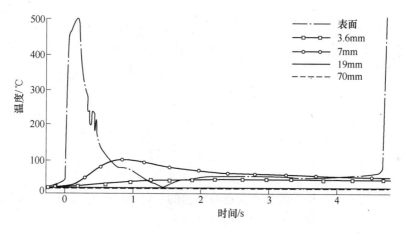

图 8-2　工作辊温度实测

　　（2）解析法。传统的解析法从研究连续体中无限小的微分体入手，得出描述连续体性质的微分方程。然后根据边界条件、初始条件解得一个通解，这个解可给出连续体内任何一点上所求的参数的值。解析方法多采用傅里叶变换和分离变量法对导热微分方程进行求解，微分方程的解析求解受边界条件和初始条件限制很大。

　　1976~1978 年，Unger 采用一系列适当的假定和数学上的合理简化，建立了轧辊温度场的计算模型，采用分离变量法求解，得到轧辊温度场，成为解析法计算轧辊热变形的典型代表。文献采用 Laplace 变化法建立了工作辊横断面内温度场计算模型。在该模型中，作者在时间上采用隐式解法，从而提高了解的稳定性并可采用较大的时间步长。文献将工作辊看成位于温度为 T_∞ 的环境中的无限长圆柱体，采用半解析级数（贝赛尔函数）方法计算工作辊的温度场，进而建立了一个在线热凸度预报模型。从 Haubitzer 的旋转圆柱体的二维稳态模型扩展开来，文献推导出了有关对流边界及在均匀热流密度条件下的解析解。文献结合三维热边界条件，用解析法求解二维热传导方程，建立了轧辊热凸度在线模型。文献采用解析法计算深度方向带钢和轧辊的温度场，并用差分法计算轧制方向的温度场。

利用求解得到的轧辊温度场，根据弹性力学中无限长圆柱体温度轴对称分布得出的圆柱体表面位移来计算轧辊热变形，即

$$u\bigg|_{r=R} = 2(1 + \nu)\frac{\beta_t}{R}\int_0^R Tr\mathrm{d}r \qquad (8-25)$$

式中，u 为轧辊径向位移，mm；ν 为泊松比；β_t 为热膨胀系数。

尽管这些方法研究考虑了复杂的边界条件和相关轧制参数，但是这些方法主要集中在轧辊周向及径向的温度变化及应力方程的推导，而忽略了轴向的温度变化。

用解析法求解轧辊温度场，具有数值解法无法比拟的计算快捷方便的优点，但是由于实际轧辊边界条件的复杂性，只有对边界条件进行大量简化，才能获得粗糙的近似解。同时，用解析法进行公式推导的过程复杂，即使对于稳态问题，整个推证也是相当繁琐的。因此在大多数情况下，要想用解析方法求精确解是不可能的。对于板形控制来说，其使用价值不大。

（3）有限差分法。有限差分法是对微分方程（即热传导方程式）近似求解的方法，它的基本思想是差分代替微分，差商代替导数。差分和差商是用有限形式表示的，而微分和导数则是以极限形式表示的。如果将微分方程中的导数用对应的差商近似代替，就得到了有限形式的差分方程。在求解温度场的问题上，就是将实际上是连续的热物理过程在时间和空间上离散化，近似地置换成一连串的阶跃过程，用函数在一些特定点的有限差商代替微商，建立与原微分方程相应的差分方程，以便利用计算机进行求解。

轧辊温度场有限差分方程可以采用两种方法进行推导：一种是直接从能量守恒定律推导；一种是由能量守恒定律推出的导热微分方程的微分项以差商代替进行推导。差分方程及其定解条件一起，称为相应微分方程定解问题的差分格式。差分格式必须满足相容性、收敛性、稳定性和求解快速性才能满足实际应用的要求。

轧辊温度场热辊形研究从工作辊温度变化与时间的关系来看，可分为求解轧辊的稳态温度场和瞬态温度场两种；从考虑问题的维数上看，可分为一维传热、二维传热和三维传热三种情况，分别或同时求解径向、轴向、周向的温度变化，一般一维模型传热考虑轴向温度变化，二维模型考虑轴向和径向温度变化，三维模型考虑径向、轴向、周向的温度变化。

1974 年盐崎等直接从能量守恒的观点出发，建立了轧辊二维温度场的差分格式。首先，将辊系划分成如图 8-3 所示的矩形网格，然后再基于能量守恒定律对每个单元网格的热输入、热输出、热源、储能变化等进行分析，从而建立起整个网格系统温度分布的差分格式，进而求出温度场的分布和变化。

盐崎推导出的显式差分格式为：

$$T_m^t = T_m + \sum A_{mi}(T_{mi} - T_m)\Delta t + \frac{q_m\Delta t}{\rho_{dm}c_m} \qquad (8-26)$$

其中

$$A_{mi} = \frac{\Delta S_{mi}}{R_{mi}\Delta V_m C_m \rho_{dm}}$$

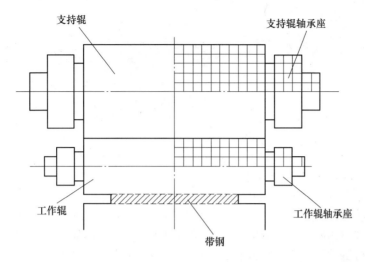

图 8 - 3 盐崎轧辊温度场计算模型

当 mi 是边界介质时:

$$R_{mi} = \frac{1}{\alpha_{tmi}} + \frac{\Delta x_m}{2\lambda_{tm}} \tag{8-27}$$

当 mi 不是边界介质时:

$$R_{mi} = \frac{\Delta x_{mi}}{2\lambda_{tmi}} + \frac{\Delta x_m}{2\lambda_{tm}} \tag{8-28}$$

式中, T_m^t 为节点 m 在 $t + \Delta t$ 时刻的温度, K; T_m 为节点 m 在 t 时刻的温度, K; q 为单元发热量, J; ρ_{dm} 为密度, kg/m^3; c_m 为比热, J/(kg·K); λ_t 为热传导系数, W/(m·K); ΔS_{mi} 为接触面积, m^2; ΔV_m 为体积, m^3; Δx_m 为单元边长, m。

边界上的温度及换热系数是根据轧辊圆周上各部分的不同情况求出等效温度 T 及等效换热系数 α_{eq}。如图 8 - 4 和图 8 - 5 所示, 依据轧辊周围介质的性质、温度等将其分为 n 个区域, j 区域的接触面积为 A_j, 温度为 T_j, 换热系数为 α_j, 则等效温度 T_{eq}、等效换热系数 α_{eq} 为:

$$\alpha_{eq} = \frac{\sum_{j=1}^{n} \alpha_j A_j}{\sum_{j=1}^{n} A_j} \tag{8-29}$$

$$T_{eq} = \frac{\sum_{j=1}^{n} T_j \alpha_j A_j}{\alpha_{eq} \sum_{j=1}^{n} A_j} \tag{8-30}$$

式 (8 - 26) 是显式差分格式, 当在 t 时刻各节点温度已知时, 可以用它求出 $t + \Delta t$ 时刻各节点的温度。

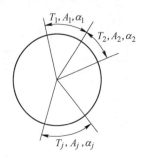
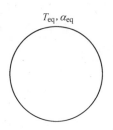

图8-4 实际边界温度和换热系数　　图8-5 等效边界温度和等效换热系数

根据以上建立的差分格式，对某一轧机进行了计算，求出了换热系数为取不同值时的工作辊和支持辊表面温度随轧制时间而变动的情况，得出工作辊在开轧后几十分钟就达到了平衡，而支持辊的温度仍继续变化。

文献采用差分法建立了热轧工作辊的瞬态温度场及其热凸度的二维模型。图8-6所示为采用此模型计算得到的轧辊热凸度随时间变化的趋势图，图中的三条线代表不同的机架，认为轧辊热凸度一般在轧制10～20块带钢左右，约30～50min后基本可以达到稳态。其中轧前3～5块时，热凸度变化最大。

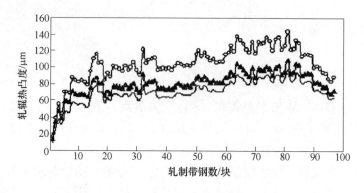

图8-6 热凸度变化趋势

文献采用有限差分法建立了热带钢连轧机工作辊二维温度场及热辊形的仿真模型，并利用实际生产参数进行仿真，文中指出工作辊下机后应冷却5h以上再磨辊，如果在5h以内磨辊应考虑热凸度的影响。

Ginzburg用自行开发的具有友好界面的Coolflex离线模型，能够模拟和预测工作辊基于各种冷却条件和轧制参数时的热凸度。此模型为二维有限差分模型，分析了热边界条件、热交换系统以及各种设计参数（如喷射角、喷射距离、冷却水流速、压力等）对轧辊温度的影响。Sumi采用二维差分方法对工作辊温度场进行了研究。

Martha P. Guerrero等采用四种方法分别对热轧工作辊的导热过程进行了模拟。图8-7所示为在一个轧制/间歇周期内，工作辊平均辊温随时间的变化。图8-8所示为在一个旋转周期内，工作辊距辊面不同深度点的温度随时间的变化。

有限差分法由于其思想简单，计算速度快，能满足要求的计算精度，在工程中得到广

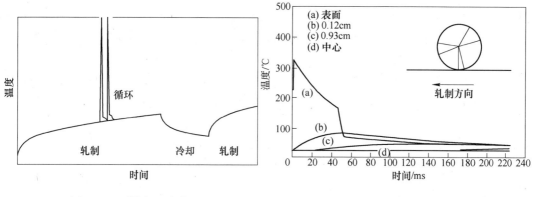

图 8-7 平均辊温变化　　　　　　图 8-8 不同深度点温度变化

泛的应用。我国宝钢、鞍钢从日本三菱引进的 1580mm 和 1780mm PC 热连轧机精轧机组的工作辊温度场和热凸度在线预报模型就采用了有限差分法。

（4）有限元法。有限单元法是将一个连续体分割为有限个"基本元"的集合，然后用有限个参数描述该"基本元"的特性，建立平衡关系，形成轧辊热辊形模型。

1991 年有学者采用 MSC/NATRAN 大型有限元软件计算了板带轧机工作辊二维、三维温度场和热变形。在二维温度场模型中，假定轧辊不转动，轧制区绕轧辊表面转动加热轧辊，未考虑轧辊轴向传热。其建立的三维温度场模型如图 8-9 所示，有以下特点：考虑径向、周向和轴向的热传导；热载荷沿周向和轴向均可变化；换热系数沿轴向可以变化；仅取轧辊右半部分可研究对象，且认为端部绝热，即 $\partial T / \partial z = 0$。

图 8-9 有限元模型

有学者采用二维瞬态温度场模型对轧辊温度场进行模拟计算，计算结果与三维模型十分相近。说明分析轧辊温度场时，采用二维模型具有较高的计算精度，而且计算量小、模型简单。

有学者提出一种二维瞬态仿真模型，并且用有限元法对瞬态温度场进行了数值仿真计算。他采用大型有限元分析软件 ANSYS12.0，对四辊轧机工作辊的温度场进行了模拟。模拟过程中，考虑了轧辊和轧件间的瞬态热接触和对流边界，动态分析了热轧时工作辊的升温过程，预测了工作辊的瞬态温度分布，并将温度分布用于轧辊热凸度的近似计算。在计算轧辊径向温度场时，轧辊边界条件按周期变化。轧制过程中随着轧辊旋转，轧辊表面反复受热和冷却。

在温度解析中，轧辊表面分成受热区和冷却区，并依照以下原则处理各区域的边界条件：

1) 受热区（来自轧件）：温度变化只限于界面附近，因而对于偏离界面某一距离的面采用绝热的边界条件。

2) 冷却区：轧辊表面由出口侧挡水板起到入口处挡水板止构成冷却区，经大量冷却水冷却，轧件出口处采用冷却水喷流式冷却。

3) 其他区域：少量空冷或漏水冷却区，此处热传导系数较小。

在计算轧辊轴向温度场及热凸度时，工作辊的边界条件采用给出等效热传导系数的方法。在轧辊颈部的轴承套处取固定温度为 313K，空气温度取 303K。通过模型的分析得出，随着轧制时间的延长，轧辊温度分布趋于稳定，轧制时间继续增加，轧辊温度分布变化很小；在轧制过程中，轧辊与轧件接触处最高温度可超过 733K，而在冷却后温度只有 373K 左右，温差相差很大，再现了实际轧制时温度场的动态实时分布。轧辊径向温度分布表明，轧辊由外向内温度梯度很大，轧辊中部温度分布比较均布，在轧辊表层 30mm 以内温度沿周向分布不均。

有限元法计算量大，能够得到高精度的解，但是对计算设备要求高，其应用受到一定的限制。通用有限元软件的出现可以简化一些建模工序，在实际工程中逐渐得到应用；但是具体到计算热轧工作辊温度场，有限元法的计算工作量仍然十分大，计算速度慢，只能用于离线计算，在线控制时无法直接利用，不能满足实时控制的速度要求。

8.2 2250mm 轧机的生产概况

工作辊热辊形是影响带材板形和断面质量的一个重要因素。随着轧制节奏的提高、轧制规格的拓展和市场需求的提高，轧辊热变形在生产实践中对带材板形和断面质量的影响已开始日益凸现出来，工作辊的热辊形已成为影响带钢板形质量的重要因素之一。

武钢 2250mm 热连轧机，是目前世界上产量最大、轧制宽度最大的热连轧机，自 2003 年 3 月 29 日建成投产以来，年实际产量已逾 487 万吨。该热连轧机组宽度覆盖范围广：700 ~ 2130mm，厚度覆盖范围大：1.2 ~ 25.4mm。该轧机投产后，国内又相继正在建设 3 套 2250mm 热连轧机，同时值得指出的是，1999 年后国内引进的 18 套热连轧机中，13 套均为四辊 CVC 轧机机型。因此，了解 2250mm 热连轧机的特点，掌握其控制特性对同类轧机也具有指导意义。2250mm 热连轧生产线精轧机组采用 CVC + WRS 机型配置，此机型轧机上游机架实现凸度控制，下游机架实现平坦度控制，具有实现自由规程轧制的潜力，是今后新建及改造热连轧线机型配置的趋势。

2250mm 热连轧机生产的特点如下：

（1）极限规格能力扩大。超宽轧机具有生产效率高的特点，在汽车板领域有明显的优势，可以减少轿车面板的焊缝，提高制造效率和相应的安全性能，在战备石油大型储罐用钢、高强度石油焊管，高强度结构用钢方面具有较大的优势。典型热连轧机极限规格比较见表 8 - 1。可以看出，超宽热连轧机在极限规格显示其优势，能较好地满足高速发展的现代轿车、大型客车、客车面板用钢的一次成型的尺寸需求，同时大幅度减少容器板、管线钢、石油及天然气储罐的焊缝，减少安全隐患，提升生产效率等。

（2）超强生产能力提高。超宽热连轧机的辊身长度增加的同时，其轧制负荷和能力相应提高，这样使该轧机高强度钢的生产能力得到提高，表 8 - 2 是典型轧机机型和能力比较。目前许多在一般较窄轧机不能生产或生产困难的品种，在超宽轧机可以实现大批量的稳定生产；产品强度级别达到 800MPa，生产品种范围更加广阔，许多过去很难生产或不能生产的高强度钢在超宽热连轧机中成为可行；更加适应市场向提高强度、降低厚度、减轻产品重量的低能耗产品发展，生产出更薄、更宽、强度更好的产品。

表 8 - 1　典型热连轧机极限规格比较

轧机类型 厚度 × 宽度/mm × mm	鞍钢 1580mm	武钢 1700mm	鞍钢 1780mm	武钢 2250mm
最薄极限 强度级别 ≤300MPa	1.2 ×1050 1.5 ×1200 3.5 ×1450	1.2 ×1050 1.5 ×1200 4.0 ×1500	1.2 ×1050 1.5 ×1200 4.0 ×1600	1.2 ×1250 1.5 ×1600 2.0 ×2130
中级极限 强度级别 ≤500MPa	2.7 ×1050 3.2 ×1200 4.0 ×1450	2.7 ×1050 3.2 ×1200 4.0 ×1500	2.7 ×1050 3.2 ×1200 4.0 ×1600	2.0 ×1250 2.7 ×1600 4.0 ×2130
高级极限 强度级别 ≤800MPa	4.0 ×1050 5.5 ×1200 7.5 ×1450	4.0 ×1050 5.5 ×1200 7.5 ×1500	4.0 ×1050 5.5 ×1200 7.5 ×1600	2.7 ×1250 3.5 ×1600 7.6 ×2130
最厚极限	12.7 ×1450	12.7 ×1580	16.0 ×1580	25.4 ×2130

表 8 - 2　典型轧机机型和能力比较

轧机类型	鞍钢 1580mm	武钢 1700mm	鞍钢 1780mm	武钢 2250mm
辊身长度/mm	1580	1700	1780	2250
工作辊直径/mm	630 ~700	700 ~760	700 ~760	630 ~700
最大弯辊力/kN	1200	2000	2000	1600
最大轧制压力/kN	30000	35000	35000	45000
机　型	PC	WRS	PC	CVC + SFR

（3）控制难度提升。超宽热连轧机在产品的尺寸、温度控制方面和一般轧机相比要求同控制手段和方法相同，因此，和其他轧机没有明显的区别。而带钢的轧制宽度增加后，对于板形控制目标值相同的条件下，其控制难度更高。

带钢的宽度越宽，轧制断面的增加，轧辊的磨损量增大，变形更加复杂，对板形控制的难度越大。2250mm 热连轧机是国内第一套超过 2m 的连轧机，其板形控制的机型、辊形以及在数学模型上的应用没有相应的经验高规律借鉴，新的技术需要不断消化和掌握，并需要根据日益苛刻的产品性能要求，不断完善和创新。

8.3　2250mm 轧机的热辊形表现

武钢 2250mm 热连轧机生产线装备有国际先进的全自动化控制技术和检测设备，然而自投产以来逐渐发现了一些与板形有关的问题，如带钢边部起尖、辊耗大、带钢存在边浪、弯辊等调控手段未得到有效应用，实际生产中出现凸度控制能力不足等。这些问题与该厂所特有的设备和工艺条件相关。

　　热轧生产线上的多种因素导致较为严重的板形质量问题的出现，表现为带钢平坦度差，生产不稳定性加大；带钢板廓较差，出现较为严重的边部增厚现象，严重影响后续加工。

　　辊形作为承载辊缝的重要影响因素，对带钢的板形质量产生直接的有效作用。2250mm 热连轧机所表现出的辊形问题为上游机架 CVC 工作辊辊形凸度调控能力设计不合理；下游机架工作辊局部"猫耳朵"磨损及过大热凸度，严重影响带钢板廓形状，存在严重的边部增厚问题。

　　由于超宽材轧制轧辊的轧制面较宽，在使用工作辊弯辊时的弯辊作用力施加在轧辊的两端，当弯辊力较大时，工作辊会出现复杂翘曲如图 8－10 所示，影响带钢边部的板形质量。

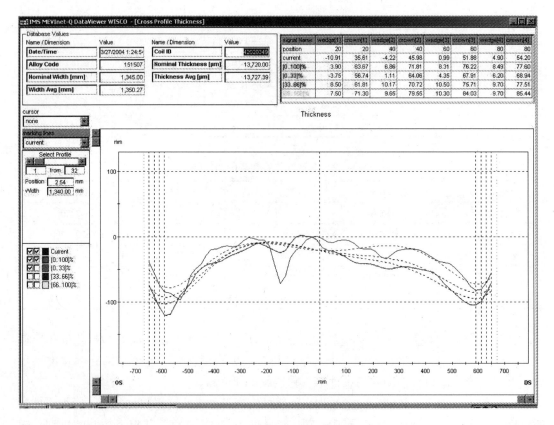

图 8－10　超宽材带钢凸度曲线

　　针对 2250mm 热连轧机工作辊热辊形的表现规律进行分析研究，有利于设计出符合生产实际和带钢板形质量的初始辊形，为辊形设计提供依据；有利于了解 2250mm 轧机工作辊热辊形的变化规律，分析其影响因素，为轧制工艺的实行提供指导。

8.4　工作辊热辊形的仿真模型

　　工作辊温度场和热辊形计算模型是板带生产过程中实现板形计算机控制的重要组成部分。板形设定模型在轧制前根据轧制规范，即轧件的材质、各机架出口厚度、宽度、轧制力和轧辊参数等信息,以工作辊热辊形和磨损辊形为基础,计算出满足目标带钢凸度和平坦度的各机架带钢凸度分配,进而由设定模型计算出满足限制条件的弯辊力,然后实施控制以达到预定要求。因此,工作辊热辊形计算模块在板形控制系统具有重要作用。

工作辊的热辊形与其温度场有直接的关系。计算工作辊的热辊形分两步进行,第一步计算工作辊的温度场,第二步根据得到的温度场分布计算工作辊的热辊形。工作辊温度场的计算以一定的周期模拟工作辊在轧制、水冷及空冷状态下的温度分布值;而热辊形的计算则以工作辊温度分布值为基础计算热凸度值。该热凸度计算值用于板凸度的设定,其中第一步求解工作辊的温度场是问题的关键和难点。

8.4.1 温度场的数学模型

大量的研究和实测表明,轧制过程中工作辊温度场变化可分为两类:在轧辊表层(约为辊径的10%)内承受周期性的温度剧变,变化周期为轧辊的旋转周期;在轧辊内部承受逐渐上升而后趋于稳定的温度变化。

工作辊的温度场实际上是个三维问题,按一维求解不能很好地反映轧制时热凸度变化的规律,难以实现生产中轧辊热凸度的准确预报。采用三维模型可以同时求得轴向、径向和周向的温度分布,是比较理想的方法。但其计算量大,无法满足工业控制中热凸度实时计算的要求。

热轧工作辊几何形状对称,其热边界的变化具有较严格的周期性。工作辊每旋转一周,辊面上任一点依次与轧件、冷却液和空气等不同环境接触。其中工作辊与高温轧件接触使温度升高,同时由于冷却水和空气的冷却作用而使温度降低,这是一个复杂的热传递问题。由于冷却介质的不同,工作辊温度场将产生波动。但实验表明,温度场的波动仅发生在极薄的辊面层中,而在任一截面的圆周方向几乎无温度波动,据此可将其简化为二维问题。此外,由于轧辊的转速较高,轧辊旋转周期比温度场和热凸度对轧制条件的变化快两个数量级,并且仅表面 2~3mm 深度的温度变化比较急剧,在轧辊内几乎无波动,温度基本上是轴对称分布。结合上述分析,本文研究的是由温度引起的热变形问题,对发生在轧辊表层的周向温度波动进行简化是合理的,可以忽略温度场沿周向的变化,将工作辊的温度场按二维问题求解。这样就使得温度场问题得以简化,提高计算速度,为接入工业控制提供可能。

因此,工作辊的热传导方程简化为:

$$\rho c \frac{\partial T}{\partial t} = \lambda \left(\frac{\partial^2 T}{\partial r^2} + \frac{1}{r} \frac{\partial T}{\partial r} + \frac{\partial^2 T}{\partial z^2} \right)$$

在热轧中工作辊受热膨胀产生热变形,使辊形发生变化。工作辊的热变形是一个复杂的热传导问题,轧制时工作辊辊面沿圆周的不同部分与外部某介质(如带钢、冷却水、空气)的热交换情况是不同的,比如工作辊只有整个圆周的一部分与带钢接触产生接触换热。工作辊旋转周期比温度场和热凸度对轧制条件变化的响应时间小两个数量级,可以忽略工作辊圆周方向冷却条件变化对温度场的影响,只考虑各种边界条件的综合效果对温度场的影响。

从总体上简单准确的描述和分析问题,采用等效环境(指该环境下在工作辊每旋转一周的时间内工作辊交换的热量，与实际复合环境下工作辊交换的热量相等）来描述工作辊的环境。等效环境用等效换热系数和等效温度两个参数来描述，可使问题简化。确定工作辊与各介质的等效换热系数是工作辊热辊形模型应用的前提。

在热连轧机工作辊温度场和热辊形的计算中，热边界条件的精确确定是较为困难的，一般情况下很难找到一个适用于不同轧机不同工况的统一规律。因此在计算工作辊温度场和热凸度时，大多会在理论计算经验的基础上，根据现场实测数据对边界条件进行修正。工作辊边界条件示意图如图 8-11 所示。

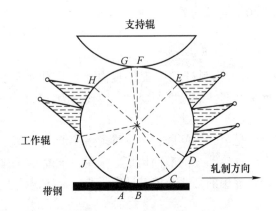

图 8-11　工作辊边界条件示意图

由图 8-11 可知，在轧制过程中工作辊沿圆周方向的热交换可以等效为 5 类情况、10 个区域。在 AB 区域内工作辊和热轧带钢接触，是工作辊表面温度升高的重要来源，在高温带钢的作用下，其表面温度迅速升高；在 BC 和 JA 区域内，工作辊与空气之间对流传热，同时带钢表面的温度较高，又对工作辊进行辐射传热，若忽略其中的辐射传热，该过程可等效为工作辊与空气之间的换热；区域 CD、IJ 是挡水板间的冷却水和工作辊之间的换热；DE、HI 区域是通过安装在工作辊出口和入口处的冷却水集管，喷出冷却水，从而对工作辊表面进行强制对流冷却，是工作辊冷却的主要途径；EF、GH 区域是工作辊和空气之间的自然对流换热；FG 处是工作辊和支持辊之间的接触传热，类似于在接触区域内工作辊和带钢之间的传热。因为支持辊与工作辊是瞬间接触，其接触换热及弹性变形热的影响可以忽略。

（1）轧制期工作辊与带钢的接触换热。在带钢与工作辊的接触过程中，一方面在接触面内存在氧化铁皮、润滑液、水等其他介质，另一方面接触的实际表面不可能是理想光滑表面，即所谓"粗糙接触"，带钢与工作辊在传热过程中产生了接触热阻，这也是接触时工作辊表面温度和带钢表面温度不一致的主要原因。除了带钢本身的热量传递给工作辊外，实际上在轧制过程中由于摩擦和带钢变形引起的热量也有一部分传给工作辊，而这部分热量相对于高温带钢来说，仅仅是很小的一部分，对最终结果不会造成很大的影响，可以忽略。在工程处理中常采用以下方法处理。

轧件与轧辊的热阻看作是由轧件表面的氧化层引起的，将轧件最外层的导热系数取小的数值，通过差分法进行解析，解析出氧化层厚度及接触时间对轧辊表面温度的影响，即可获得轧辊表面温度值，由此可将接触热阻转化为第一类边界条件求解。引入轧件与轧辊

间的等效传热系数 h_s，即可将热阻转化为第三类边界条件求解。文献给出板带温度与氧化铁皮厚度之间的关系，如图 8 – 12 所示。

可近似为：

$$s = 4.168 + 1.712 \times 10^{-6} \cdot e^{0.0146T_s}$$

式中，s 为氧化铁皮的厚度，μm；T_s 为板带温度，$℃$。

热轧板带材与工作辊的接触换热系数与接触区的润滑形式有关，可近似用氧化铁皮厚度的线性函数表示（如图 8 – 13 所示）：

$$h'_s = a_4 + a_5 s$$

式中，s 为氧化铁皮的厚度，μm；a_4、a_5 为常数，其与轧制润滑条件有关，在无润滑、水润滑和含 40% 的 $CaCO_3$ 热轧油润滑的条件下，取值见表 8 – 3。

表 8 – 3 在不同润滑条件下常数 a_4、a_5 的取值

常 数	无润滑	水润滑	热轧油润滑
a_4	3.2×10^{-2}	5.235×10^{-2}	1.51×10^{-2}
a_5	-2.32×10^{-3}	-4.175×10^{-3}	2.3×10^{-4}

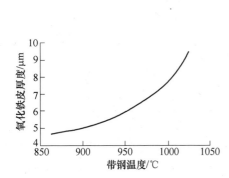

图 8 – 12 温度与氧化铁皮厚度的关系

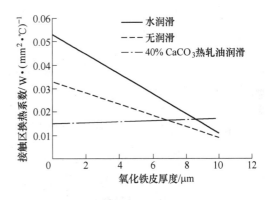

图 8 – 13 氧化铁皮厚度与接触换热系数关系

综合以上方法，考虑到数学处理上的方便，本模型采用等效传热系数方法。

在带钢接触区，带钢接触换热的热流密度为：

$$q_s = h'_s (T_s - T_r)$$

带钢与工作辊的接触角计算公式为：

$$Arc_s = \sqrt{R(\Delta h + 2CP_r/B)/R}$$

$$C = \frac{8(1 - \nu^2)}{\pi E} = 1.1 \times 10^{-5}$$

式中，Arc_s 为带钢与工作辊的接触角，rad；P_r 为轧制力，kN；B 为带钢宽度，m；E 为弹性模量，一般取 $2.1 \times 10^{-5} MPa$；ν 为泊松比，一般取 0.3。

代入相关参数，可得：

$$\frac{Arc_s}{2\pi}q_s = \frac{\sqrt{R(\Delta h + 2.2 \times 10^{-5}P_r/B)}}{2\pi}[15100 + 230 \times (4.168 + 1.712 \times 10^{-6}e^{0.0146T_s})] \times (T_s - T_r)$$

在带钢辐射区，带钢辐射换热的热流密度为：

$$q_{rad} = \varepsilon\sigma[(T_s + 273)^4 - (T_r + 273)^4]$$

式中，ε 为带钢热辐射率，取 0.2（介于 0~1 之间）；σ 为热辐射斯忒藩 – 玻耳兹曼常数（Stefan – Boltzman），为 5.67×10^{-8}W/(m² · K⁴)。

Arc_{rad} 取 $\frac{\pi}{2}$，所以

$$\frac{Arc_{rad}}{2\pi}q_{rad} = \frac{1}{4}\varepsilon\sigma[(T_s + 273)^4 - (T_r + 273)^4]$$

带钢与工作辊的等效换热系数基于下式：

$$q_{sequ} = h_s(T_s - T_r) = \frac{Arc_s}{2\pi}q_s + \frac{Arc_{rad}}{2\pi}q_{rad}$$

在带钢轧制过程中，如取轧制力 $P_r = 30000$kN，$B = 1.02$m，压下量 10mm，轧辊半径为 400mm，轧辊表面温度为 300℃，带钢为 1000℃，采取油膜润滑轧制，可得：

$$\frac{Arc_s}{2\pi}q_s = 307720\text{W/m}^2$$

$$\frac{Arc_{rad}}{2\pi}q_{rad} = 7139\text{W/m}^2$$

由计算结果可知上述两值差别较大，第一项起到主导作用，因此可略去第二项。在实际轧制过程中，因工作辊工作环境很难确切描述，使得带钢与工作辊之间的辐射换热和工作辊与环境间的辐射换热很难精确计算，而且它们占工作辊热流量的比例也不大，可以忽略。

上式简化可得：

$$h_s(T_s - T_r) = \frac{Arc_s}{2\pi}q_s = \frac{\sqrt{R(\Delta h + 2.2 \times 10^{-5}P_r/B)}}{R \cdot 2\pi}[15100 + 230 \times$$
$$(4.168 + 1.712 \times 10^{-6}e^{0.0146T_s})] \times (T_s - T_r)$$

故

$$h_s = \frac{\sqrt{R(\Delta h + 2.2 \times 10^{-5}P_r/B)}}{R \cdot 2\pi}[15100 + 230 \times (4.168 + 1.712 \times 10^{-6}e^{0.0146T_s})]$$

在上式中加入一个修正系数 k_s，以便下面的优化计算。

（2）轧制期和间歇期工作辊与空气的对流换热。工作辊在空气中的冷却属于无限空

间中的自然对流换热。

空气与工作辊之间的换热系数的计算常采用下式：

$$h_a = 110 \frac{\lambda_a}{D} \left[\left(0.5 Re_w^2 + Gr_D \right) Pr \right]^{0.35}$$

式中，λ_a 为空气导热系数，一般取 $0.02 \sim 0.03 \text{W}/(\text{m} \cdot \text{℃})$；$Re_w$ 为雷诺数，$Re_w = 0.2 \times 10^6 \sim 2.7 \times 10^6$；$Gr_D$ 为格拉晓夫数，$Gr_D = 0 \sim 5.4 \times 10^{10}$；$Pr$ 为普朗特数，$Pr = 0.9$；D 为工作辊直径，m。

在实际轧制中，上式引入修正系数 k_a 进行计算，以适应具体轧制过程。在模型计算的过程中，可以针对不同区域，选取工作辊与空气间的对流换热系数为一个常数。

（3）挡水板积水的换热。在轧件上方沿工作辊轴向装有挡水板（如图 8 - 14 所示），当工作辊冷却水从两侧流失时，挡水板上会存储一定量的积水。这样可以保证对工作辊的充分冷却，同时避免大量工作辊冷却水喷射到轧件表面。

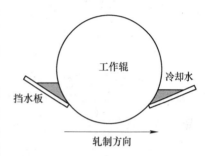

图 8 - 14　挡水板积水示意图

根据文献，挡水板处积水与工作辊表面的换热系数可以用下式表示：

$$h_{\text{cool}} = \gamma_{\text{cool}} \cdot 0.023 \cdot Re^{0.8} \cdot Pr_{\text{cw}}^{0.4} \cdot \frac{\lambda_{\text{cw}}}{l_{\text{cool}}}$$

$$Re = \frac{v_r \cdot l_{\text{cool}}}{\nu_{\text{cw}}}$$

$$Pr_{\text{cw}} = \frac{\rho_{\text{cw}} \cdot c_{\text{cw}} \cdot \nu_{\text{cw}}}{\lambda_{\text{cw}}}$$

式中，γ_{cool} 为挡水板传热修正系数；Re 为雷诺数；Pr_{cw} 为挡水板积水的普朗特常数；l_{cool} 为挡水板积水与工作辊接触弧长度，m；λ_{cw} 为水的导热系数，$\text{W}/(\text{m} \cdot \text{K})$；$v_r$ 为工作辊速度，m/s；ν_{cw} 为冷却水流动黏度，m^2/s；ρ_{cw} 为冷却水的密度，kg/m^3。

（4）轧制期和间歇期工作辊与冷却水的对流换热。工作辊与冷却水的对流换热是由于流体内部各部分之间发生相对位移而传递热量的现象。它与流体流动形式密切相关，根据流体运动的成因，对流换热可分为自然对流换热和受迫对流换热。工作辊与冷却喷淋水接触，工作辊热量主要通过冷却水带走，属于受迫对流换热。

Ginzburg 将整个圆周上分为喷射区以及喷射区之间的部分，分别考虑水冷系数，然后转化为等效水冷系数。其中，喷射区的水冷换热系数考虑了如下的因素：

$$h_{\text{water}} = h_O h_Q h_P h_\beta h_T h_d$$

式中，h_{water} 为喷射区冷却水换热系数，$\text{W}/(\text{m} \cdot \text{K})$；$h_O$ 为喷射水冷系数的参考值，取 $0.12 \text{W}/(\text{mm}^2 \cdot \text{℃})$；$h_Q$ 为与水流密度相关的水冷系数的相对值；h_P 为与水压相关的水冷系数的相对值；h_β 为与喷嘴喷射角相关的水冷系数的相对值；h_T 为与工作辊表面温度相关的水冷系数的相对值；h_d 为与喷嘴距离相关的水冷系数的相对值。

对于喷射区之间表面的水冷系数为：

$$h_{is} = a_7 \left(\frac{\alpha_{is}}{2\pi - \alpha_{\text{bite}} - \alpha_{\text{bur}} - \alpha_{\text{rad}}} \right) \left(\sum_{i=1}^{n} h_{\text{water}} \frac{\alpha_i}{2\pi} \right)$$

式中，h_{is} 为喷射区之间的冷却水换热系数，$W/(m \cdot K)$；α_{is} 为喷射区之间的角度，rad；α_{bite} 为轧制区的角度，rad；α_{bur} 为和支持辊接触的角度，rad；α_{rad} 为辐射区的角度，rad；α_i 为喷射区的角度，rad；a_7 为常数。

则等效水冷系数为

$$h_{\text{cool}} = \sum_{i=1}^{n} h_{\text{water}} \frac{\alpha_i}{2\pi} + h_{is} \frac{\alpha_{is}}{2\pi}$$

式中，h_{cool} 为等效水冷系数，$W/(m \cdot K)$。

对于喷射区之间表面的水冷系数，相对于喷射区乘以 0.4 的系数，即为：

$$h_{\text{cool}} = \sum_{i=1}^{n} h_{\text{water}} \frac{\alpha_i}{2\pi} + 0.4 h_{\text{water}} \frac{\alpha_{is}}{2\pi}$$

图 8 - 15 ~ 图 8 - 19 所示说明了 h_Q、h_P、h_β、h_T、h_d 与相对水冷换热系数之间的关系。

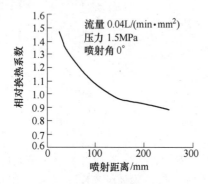

图 8 - 15 h_Q 与喷嘴距离的函数关系图

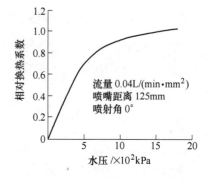

图 8 - 16 h_P 与水压的函数关系图

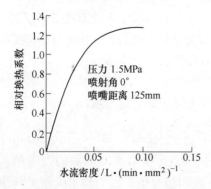

图 8 - 17 h_β 与水流密度的函数关系图

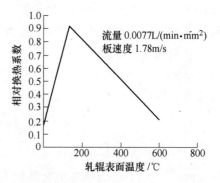

图 8 - 18 h_T 与轧辊温度的函数关系图

对于一个具体的轧机，由于工作辊上的冷却集管是固定的，在轧制过程中其他的水冷系数可以按照常数处理，与水压和水流密度相关的水冷系数是变化值，通过查找以上各表获得。

则简化的等效水冷换热系数为：

$$h_w = k_w h_Q h_P h^*$$

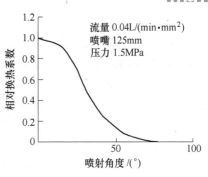

图 8-19　h_d 与喷射角度的函数关系图

式中，h^* 为基准常数值，按照经验一般取为 $1000\text{W}/(\text{m}^2 \cdot \text{K})$；$k_w$ 为水冷换热修正系数。

（5）工作辊辊颈表面及端部。由于轴承发热的绝大部分被润滑液带走（滚动轴承达到95%），特别是因为轧件长度有限，轴承发热部分距轧辊的热辊形变化部位较远，这一部分的计算也常常忽略。图8-20所示给出了某钢铁企业热轧精轧工作辊辊身端部与轴颈连接处的某一表面实测温度。从实测结果看，交界处的表面温度相差不多，如果考虑到仪器的测量误差，可近似认为端面处没有热交换，为绝热边界。

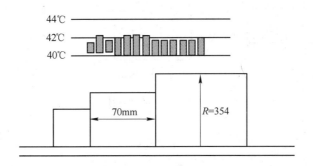

图 8-20　工作辊端部温度分布图

8.4.2　温度场的差分计算模型

有限差分法是用离散点上的计算值作为待求量的解，因此求解工作辊的温度场首先要将温度场所对应的区域离散化。取一工作辊的子午面，如图8-21所示。用平行于工作辊轴线的一组线和平行于半径的一组线将此子午面划分成网格，线与线的交点为格点，即在立体空间里将工作辊划分为许多以轴线为公共轴的圆环体。由于越靠近工作辊表面温度变化越剧烈，所以靠近表面的网格划分的稠密，内部网格划分的稀疏。轴向空间步长记作 Δx，径向空间步长记作 Δr。

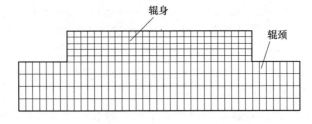

图 8-21　工作辊差分网格划分示意图

　　把节点看成是控制容积的代表，控制容积与子区域并不总是重合的。在区域离散化过程开始时，由一系列与坐标轴相应的直线或曲线簇所划分出来的小区域称为子区域。视节点在子区域中的位置不同，可把区域离散化方法分为两类：

　　（1）外节点法：节点位于子区域的角顶上，划分子区域的曲线簇就是网格线，但子区域不是控制容积。为了确定各节点的控制容积，需在相邻两节点的中间位置上做界面线，由这些界面线构成各节点的控制容积。这种方法是先确定节点的坐标再计算相应的界面，因而也称为先节点后界面的方法。

　　（2）内节点法：节点位于子区域的中心，此子区域就是控制容积，划分子区域的曲线簇就是控制体的界面线。先规定界面位置而后确定节点，因而这是一种先界面后节点的方法。

　　上述两种离散化方法在三类坐标系中的表示，如图 8 - 22 和图 8 - 23 所示。图中实线表示网格线，虚线表示界面线，小圆圈表示节点。

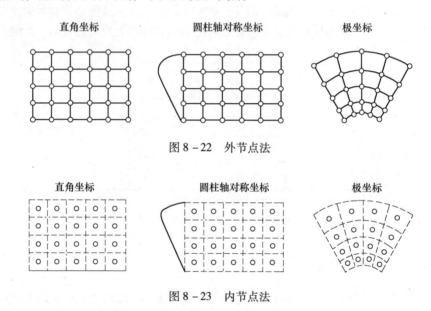

直角坐标　　　　圆柱轴对称坐标　　　　极坐标

图 8 - 22　外节点法

直角坐标　　　　圆柱轴对称坐标　　　　极坐标

图 8 - 23　内节点法

　　从导热微分方程推导差分方程有两种方法，即显式差分方法和隐式差分方法。对于非稳态问题，当从初始时层出发步步向前推进时，必须规定每一时层上空间导数的差分按哪一个时刻之值来计算。如果按每一时层的初始时刻之值来计算，所形成的离散方程称为显式；如果按每一时层的终了时刻之值计算，就得到全隐格式。在运用差分方程求解微分方程时，一定要保证所选差分格式的收敛性和稳定性，并且在此基础上尽量选取计算精度高的差分格式。差分格式的收敛性，是指差分方程的精确解随所选步长的减小趋近于微分方程决定变量的精确解。差分格式的稳定性，是指计算机求得的差分方程的计算解，趋近于差分方程的精确解。差分格式只有满足以上两个条件，才能运用此格式计算出能反映真实结果的有意义的值。另外，所选的格式还要具备计算精度高、步骤少、时间短等优点，上述各条件是能够完成在线预报的保证。

　　（1）差分格式的收敛性。有限差分计算中存在着舍入误差和截断误差。舍入误差是在反复计算中舍入的误差的积累，这种误差的积累对显式差分方程的稳定性影响很大，如果显式差分方程不能满足其稳定性的要求，则舍入误差的积累会造成完全错误的结果。截断误差为用差商项近似微商项时带来的误差。原则上讲，时间步长 Δt 和空间步长 Δx 越小，截断误差就越小，但是计算量也就越大。因此，在实际计算时要综合考虑精度和计算量的要求。从截断误差的角度看，显式和隐式具有相同阶的截断误差，计算精度也大致相同。而隐式差分的缺点是每计算一个时间步长就需要求解一个代数方程组，计算工作量比较大，而显式差分计算量远远小于隐式差分，所以在满足其稳定性条件下，显式差分具有较小的舍入误差。

（2）差分格式的稳定性。研究差分格式的稳定性，就是研究初始条件或是边界条件的微小扰动，在随时间步进的计算过程中是如何传播的。隐式差分方程的特点是方程恒稳定，即时间步长可以不受限制，而显式差分时间步长的选取则受空间步长的制约，因此显式差分需要进行稳定性验证。轧辊各类单元的稳定条件由于其显式差分方程不同而各不相同。

考察一般的显式不稳定态有限差分方程：

$$T_o + T_I + T_E + T_W + T_N + T_S - \left(6 - \frac{1}{Fo}\right)T_P = \frac{1}{Fo}T'_p$$

式中，傅里叶数 $Fo = \alpha\Delta t/\Delta^2 = \lambda\Delta t/\rho c\Delta^2$。$T_j$（$j = O，I，N，S，E$ 和 W）是围绕节点 P 的所有 6 个节点的温度，如果 T_P（时间层为 t 时 P 点的温度）的系数均为负值的话，该式表明计算时间为 t 时的 T_p 越低，则 P 点在新的时间层（$t + \Delta t$）时的温度就越高，但是这样就违背了热力学原理。由此可得，为了不违背热力学原理所必须的条件是对于给定的空间分格应当这样来选择 Δt，以使得 T_P 的系数不为负值。事实证明这就是显式有限差分方程稳定性的充分条件。所以用控制容积平衡法计算得到的显式差分方程，只要 $T_{i,j}$ 项的系数不为负值，就能满足差分方程稳定性计算的条件。

经过计算验证，空间步长不小于 4mm，时间步长不大于 5s 时，模型中所有单元显式差分方程均满足稳定性条件。而根据仿真结果，5s 内轧辊热凸度变化量仅几个微米，所以 5s 计算一次热凸度能够满足在线控制要求。

（3）差分格式的计算速度。温度场研究的一个主要目的是建立可以在线应用的计算方法，计算速度是必须考虑的问题。与隐式差分相比，显式差分具有较小的计算量和较高的计算速度。

综上所述，显式差分方程具有计算速度快，误差相对较小的优势，并且计算时间步长能够满足在线控制要求，因此选用显式差分方程计算工作辊温度场。

对工作辊热传导方程建立合适的差分方程是求解温度场问题的关键。工作辊温度场问题属于热力学问题，推导此类问题的差分方程一般有两种方法：第一种方法是纯数学方法，直接通过对微分方程的分析来进行差分化；第二种方法是能量分析法，对各格点对应的控制体积，根据能量守恒定律列写差分方程。

通过传热的数值计算方法论述可以得出：对于内部节点，采用差商代替微商或控制体积平衡法来获得差分方程，他们的推导过程有所差别，但最终形式却是一致的。对于非第一类边界条件作离散化处理时，用差商代替微商的方法和用控制容积平衡法得到的表示边界条件的差分方程式是不同的，控制体积平衡法更符合物理实际，它所得到的差分方程最为准确。因此，本文通过控制容积平衡法来建立轧辊内部和边界节点的差分方程。针对每个格点，通过对其控制体积进行能量分析，运用能量守恒定律列写差分方程。

每个节点用来表示该系统内的一个称为单元控制体积的区域，考察从相邻区域通过这一区域的表面的热流，并推导出一个用相邻节点温度表示的求这一节点温度的公式，这个方法与偏微分方程替代法是等效的，而且特别对于不均匀网格、对流边界条件和异性区域，相对比较方便和容易运用。

采用控制容积平衡法所得的离散方程具有二阶精度，且物理意义明确，因而这一方法在边界节点离散方程的建立中得到广泛的应用。

温度场模型基于以下假设：工作辊各向同性；忽略工作辊变形而产生的变形热，假设工作辊不含内热源；工作辊与轧件、冷却水、空气之间的换热情况用等效换热系数表示；轧辊各项物性参数变化不大，可认为是常数；计算时间步长 Δt 应选择较小的固定值，以便每一区域的热流可根据当前的温度分布计算出，且在该时间步长内可视为常数；工作辊辊身端面为绝热边界。

下面建立工作辊热辊形模型的有限差分方程。

（1）工作辊表面边界格点的差分方程。工作辊的表面边界单元与外界进行能量交换，属于第三类边界条件。图 8-24 所示中虚线代表控制体积，i、j 分别是格点对应的行序号、列序号。i 的方向是从工作辊芯部到表面，j 的方向是从传动侧到操作侧。

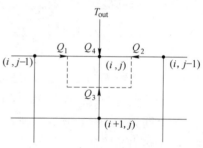

图 8-24　表面格点能量关系图

在 Δt 时间内，从 $(i, j-1)$ 到 (i, j) 格点，对轴向（x 方向）、径向（r 方向）显式：

$$Q_1 = 2\pi\lambda\left(r - \frac{\Delta r}{4}\right)\frac{\Delta r}{2}\left(\frac{T_{i,j-1}^n - T_{i,j}^n}{\Delta x}\right)\Delta t$$

从 $(i, j+1)$ 到 (i, j)：

$$Q_2 = 2\pi\lambda\left(r - \frac{\Delta r}{4}\right)\frac{\Delta r}{2}\left(\frac{T_{i,j+1}^n - T_{i,j}^n}{\Delta x}\right)\Delta t$$

在 Δt 时间内，从外界传入控制体积的热量 Q_3 为：

$$Q_3 = h(T_{out} - T_{i,j}^n)2\pi r\Delta x\Delta t$$

从 $(i+1, j)$ 到 (i, j)：

$$Q_4 = 2\pi\lambda\left(r - \frac{\Delta r}{2}\right)\Delta x\left(\frac{T_{i+1,j}^n - T_{i,j}^n}{\Delta r}\right)\Delta t$$

在 Δt 时间内，控制体积的热能增加量 ΔU 为：

$$\Delta U = \rho c 2\pi\left(r - \frac{\Delta r}{4}\right)\frac{\Delta r}{2}\Delta x(T_{i,j}^{n+1} - T_{i,j}^n)$$

由能量守恒定律得：

$$\Delta U = Q_1 + Q_2 + Q_3 + Q_4$$

即：

$$\rho c 2\pi\left(r-\frac{\Delta r}{4}\right)\frac{\Delta r}{2}\Delta x\left(T_{i,j}^{n+1}-T_{i,j}^{n}\right)=2\pi\lambda\left(r-\frac{\Delta r}{4}\right)\frac{\Delta r}{2}\left(\frac{T_{i,j-1}^{n}-T_{i,j}^{n}}{\Delta x}\right)\Delta t+2\pi\lambda\left(r-\frac{\Delta r}{4}\right)\frac{\Delta r}{2}\left(\frac{T_{i,j+1}^{n}-T_{i,j}^{n}}{\Delta x}\right)\Delta t+$$

$$2\pi\lambda\left(r-\frac{\Delta r}{2}\right)\Delta x\left(\frac{T_{i+1,j}^{n}-T_{i,j}^{n}}{\Delta r}\right)\Delta t+h\left(T_{\text{out}}-T_{i,j}^{n}\right)2\pi r\Delta x\Delta t$$

两边同除以 $2\pi r\rho c\Delta r\Delta x$，整理得：

$$T_{i,j}^{n+1}=T_{i,j}^{n}+\frac{\lambda\Delta t}{\rho c(\Delta x)^2}T_{i,j-1}^{n}+\frac{\lambda\Delta t}{\rho c(\Delta x)^2}T_{i,j+1}^{n}+\frac{2\lambda\Delta t}{\rho c(\Delta r)^2}\left(1-\frac{\Delta r}{4r-\Delta r}\right)T_{i+1,j}^{n}-$$

$$\left[\frac{2\lambda\Delta t}{\rho c(\Delta x)^2}+\frac{2\lambda\Delta t}{\rho c(\Delta r)^2}\left(1-\frac{\Delta r}{4r-\Delta r}\right)+\frac{2h\Delta t}{\rho c\Delta r}\left(\frac{4r}{4r-\Delta r}\right)\right]T_{i,j}^{n}+\frac{2h\Delta t}{\rho c\Delta r}\left(\frac{4r}{4r-\Delta r}\right)T_{\text{out}}$$

令

$$fx=\frac{\alpha\Delta t}{(\Delta x)^2},\ fr=\frac{\alpha\Delta t}{(\Delta r)^2},\ g=\frac{2h\Delta t}{\rho c\Delta r}$$

得：

$$T_{i,j}^{n+1}=T_{i,j}^{n}+fxT_{i,j-1}^{n}+fxT_{i,j+1}^{n}+2fr\left(1-\frac{\Delta r}{4r-\Delta r}\right)T_{i+1,j}^{n}-$$

$$\left[2fx+2fr\left(1-\frac{\Delta r}{4r-\Delta r}\right)+g\left(\frac{4r}{4r-\Delta r}\right)\right]T_{i,j}^{n}+g\left(\frac{4r}{4r-\Delta r}\right)T_{\text{out}}$$

（2）工作辊内部格点的差分方程。内部格点控制体积能量关系如图 8-25 所示，此控制体积是一个以工作辊中心轴为轴的圆环体。

在 Δt 时间内，从 $(i,j-1)$ 到 (i,j)、$(i-1,j)$ 到 (i,j) 格点，对轴向（x 方向），径向（r 方向）显式得：

$$T_{i,j}^{n+1}=T_{i,j}^{n}+frT_{i-1,j}^{n}+fxT_{i,j-1}^{n}+fxT_{i,j+1}^{n}+fr\left(1+\frac{\Delta r}{r}\right)T_{i+1,j}^{n}-\left(2fr+fr\frac{\Delta r}{r}+2fx\right)T_{i,j}^{n}$$

（3）工作辊侧面单元格点的差分方程。如图 8-26 所示，工作辊的侧面边界单元与外界进行能量交换，属于第三类边界条件（从操作侧到传动侧）。

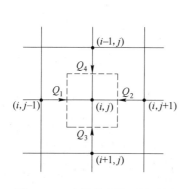

图 8-25　内部格点能量关系图

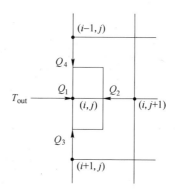

图 8-26　侧面格点能量关系

在 Δt 时间内，对轴向（x 方向）、径向（r 方向）显式，令 $g=\dfrac{2h\Delta t}{\rho c\Delta x}$ 得：

$$T_{i,j}^{n+1} = T_{i,j}^n + fr\left(1 + \frac{\Delta r}{2r}\right)T_{i-1,j}^n + fr\left(1 - \frac{\Delta r}{2r}\right)T_{i+1,j}^n + 2fxT_{i,j+1}^n - (g + 2fx + 2fr)T_{i,j}^n + gT_{out}$$

同理，传动侧侧面格点的显式差分方程为：

$$T_{i,j}^{n+1} = T_{i,j}^n + fr\left(1 + \frac{\Delta r}{2r}\right)T_{i-1,j}^n + fr\left(1 - \frac{\Delta r}{2r}\right)T_{i+1,j}^n + 2fxT_{i,j-1}^n - (g + 2fx + 2fr)T_{i,j}^n + gT_{out}$$

（4）工作辊端部单元。如图 8 – 27 所示，工作辊的端部边界单元与外界是绝热的边界条件（从操作侧到传动侧）。

在 Δt 时间内，对轴向（x 方向）、径向（r 方向）显式得：

$$T_{i,j}^{n+1} = T_{i,j}^n + fr\left(1 + \frac{\Delta r}{2r}\right)T_{i-1,j}^n + fr\left(1 - \frac{\Delta r}{2r}\right)T_{i+1,j}^n + 2fxT_{i,j+1}^n - (2fx + 2fr)T_{i,j}^n$$

同理，传动侧侧面格点的显式差分方程为：

$$T_{i,j}^{n+1} = T_{i,j}^n + fr\left(1 + \frac{\Delta r}{2r}\right)T_{i-1,j}^n + fr\left(1 - \frac{\Delta r}{2r}\right)T_{i+1,j}^n + 2fxT_{i,j-1}^n - (2fx + 2fr)T_{i,j}^n$$

（5）工作辊角部单元。如图 8 – 28 所示，工作辊的角部格点单元与外界进行能量交换，属于第三类边界条件（从操作侧到传动侧）。

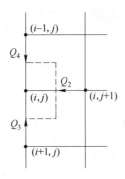

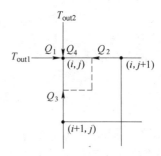

图 8 – 27   端部格点能量关系图   图 8 – 28   角部格点能量关系图

在 Δt 时间内，对轴向（x 方向）、径向（r 方向）显式，令 $g_1 = \dfrac{2h_1\Delta t}{\rho c \Delta x}$、$g_2 = \dfrac{2h_2\Delta t}{\rho c \Delta r}$，得：

$$T_{i,j}^{n+1} = T_{i,j}^n + 2fxT_{i,j+1}^n + 2fr\left(1 - \frac{\Delta r}{4r - \Delta r}\right)T_{i+1,j}^n -$$

$$\left[g_1 + 2fx + 2fr\left(1 - \frac{\Delta r}{4r - \Delta r}\right) + g_2\frac{4r}{4r - \Delta r}\right]T_{i,j}^n + g_1 T_{out1} + g_2\frac{4r}{4r - \Delta r}T_{out2}$$

同理，传动侧角部格点的显式差分方程为：

$$T_{i,j}^{n+1} = T_{i,j}^n + 2fxT_{i,j-1}^n + 2fr\left(1 - \frac{\Delta r}{4r - \Delta r}\right)T_{i+1,j}^n -$$

$$\left[g_1 + 2fx + 2fr\left(1 - \frac{\Delta r}{4r - \Delta r}\right) + g_2\frac{4r}{4r - \Delta r}\right]T_{i,j}^n + g_1 T_{\text{out1}} + g_2\frac{4r}{4r - \Delta r}T_{\text{out2}}$$

（6）工作辊芯部单元。如图 8-29 所示，工作辊的芯部单元在工作辊对称轴上，其位置具有特殊性，需要单独分析。在 Δt 时间内，对轴向（x 方向）、径向（r 方向）显式得：

$$T_{i,j}^{n+1} = T_{i,j}^n + fx T_{i,j-1}^n + 4fr T_{i-1,j}^n + fx T_{i,j+1}^n - (2fx + 4fr)T_{i,j}^n$$

（7）工作辊端面芯部单元。如图 8-30 所示，工作辊的芯部单元在工作辊对称轴上，其位置具有特殊性，工作辊辊颈距离轧制区域较远，可忽略其热量传导。从端面操作侧传入工作辊芯部是绝热的边界条件。

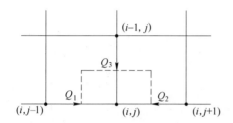

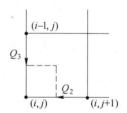

图 8-29　芯部格点能量关系图　　　　图 8-30　端面芯部格点能量关系图

在 Δt 时间内，对轴向（x 方向）、径向（r 方向）显式得：

$$T_{i,j}^{n+1} = T_{i,j}^n + fx T_{i,j+1}^n + 4fr T_{i-1,j}^n - (fx + 4fr)T_{i,j}^n$$

同理，端部传动侧芯部格点的显式差分方程为：

$$T_{i,j}^{n+1} = T_{i,j}^n + fx T_{i,j-1}^n + 4fr T_{i-1,j}^n - (fx + 4fr)T_{i,j}^n$$

在计算出工作辊温度分布后，既可以用有限元法求解给定温度场的工作辊热变形，也可以用解析法计算。求解工作辊温度场径向热变形是一个二维热弹力学问题，用解析法相当复杂。因为工作辊轴向比较长，故把它假设为"无限长"的圆柱体，其位移与轴线的方向无关，且温度场关于辊轴的中心截面对称分布，联立热弹性理论应力与应变基本方程式，则可解得任一横截面轧辊表面的热膨胀量为：

$$u(x) = \frac{1+\mu}{1-\mu} \cdot \frac{\beta}{r}\int_0^r T(r)r\mathrm{d}r + c_1 r + \frac{c_2}{r}$$

由位移边界条件 $u\big|_{r=0} = 0$ 可知，要使上式成立需使 $c_2 = 0$；c_1 可由边界条件解出，对于工作辊表面的热膨胀，在实际计算中当 $r = R$ 时，在 t 时刻沿轧辊轴向距离带钢中心 x 处的直径热胀量 $u(x,t)$：

$$u(x,t) = 4(1+\mu)\frac{\beta}{R}\int_0^R \left[T(x,r,t) - T_0 \right]r\mathrm{d}r$$

式中，$u(x,t)$ 为热胀量，mm；$T(x,r,t)$ 为轧辊轴向距离带钢中心 x 处、径向距离带钢中心 r 处离散单元的数值计算温度，K；T_0 为轧辊初始温度，K。

如图 8 - 31 所示，当 x_1 为辊身任意点，x_2 为辊身两边标志点 x_w、x_d 截面时，便得到热辊形 $D(x, t)$：

$$D(x,t) = u(x,t) - [u(x_w,t) + u(x_d,t)]/2$$

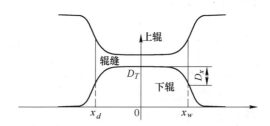

图 8 - 31　工作辊热凸度

8.4.3　温度场及热辊形的仿真过程

在计算出任意时刻工作辊的温度场后，通过上述两公式，先进行数值积分，得到轧辊轴向距离带钢中心 x 处的直径热胀量，便可得到某时刻轧辊的热辊形。

工作辊温度场和热辊形模型计算流程如图 8 - 32 所示。在确定相关数学模型以后，开发了轧辊温度场和热辊形计算程序。本文采用 Matlab 编制程序，进行工作辊温度场及热辊形的建模与仿真，并运用图形用户界面（Graphical User Interface，GUI），采用图形方式显示计算机操作环境用户接口，以实现了热辊形模型的参数人工修正和各种轧制工况的仿真分析，工作辊热辊形模型仿真计算界面如图 8 - 33 所示。

8.4.4　仿真参数

（1）基本参数。本模型是针对某钢厂 2250mm 热轧生产线在线控制系统开发的，基本参数见表 8 - 4。

表 8 - 4　2250mm 热轧生产线基本参数

基 本 参 数		F1 ~ F4	F5 ~ F7
几何参数	工作辊长度 L/mm	2550	2550
	工作辊最大直径 D/mm	850	700
	工作辊最小直径 D/mm	765	630
物性参数	轧辊材质	高铬铸铁轧辊	高速铸钢轧辊
	工作辊材质密度 ρ/kg·m^{-3}	7600	7850
	工作辊材料比热 c/J·(kg·K)$^{-1}$	590	500
	工作辊材料导热系数 λ/W·(m·K)$^{-1}$	21	41
	线膨胀系数 BL/K	11×10^{-5}	11×10^{-5}
	杨氏模量 E/MPa	20.5×10^4	22.6×10^4
	泊松比	0.3	0.29

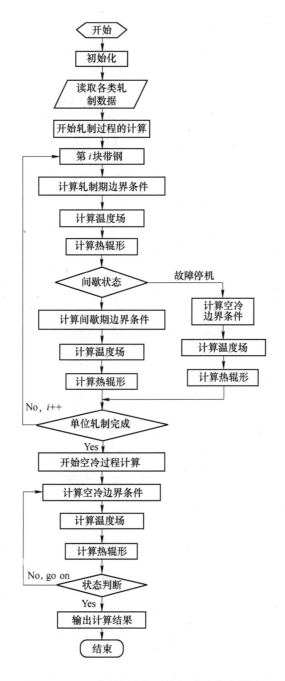

图 8 – 32 工作辊温度场及热辊形计算流程图

（2）轧制参数。轧制参数分为两部分，一部分在现场二级记录中采集，包括轧制总时间、各个机架的轧制压力、轧制速度、带钢宽度、各机架带钢温度等；另外一部分是不能直接得到的轧制参数，需要通过计算获得，如：根据现场二级统计数据中带钢质量，结合带钢密度，求出带钢体积，进而求得带钢的平均轧制时间等。具体一组参数见表 8 – 5。

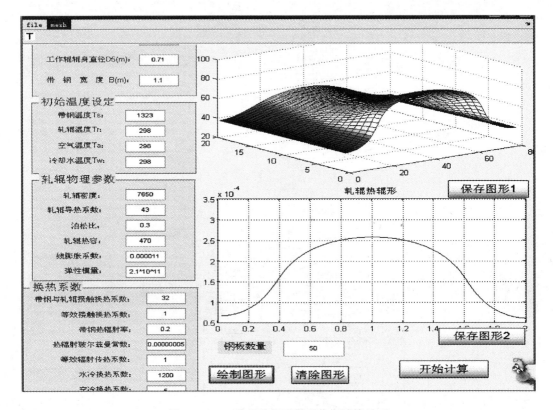

图 8-33   工作辊热辊形模型仿真计算界面

表 8-5   轧制工艺参数

工作辊直径/mm	角速度/r·min⁻¹	带钢入口温度/℃	工作辊初时温度/℃	冷却水温度/℃
700	40.8	1010	30	37.8

（3）其他参数。除以上参数外，还需要计算工作辊与带钢、冷却液、空气之间的等效换热系数，以及环境温度，如：空气温度、冷却液的温度等。

各类温度为：工作辊初始温度为 27℃；工作辊冷却水温度依季节不同变化，范围为 20 ~ 35℃；外界空气温度依季节不同变化，范围为 20 ~ 35℃。

8.5   不同工况下的温度场和热辊形仿真分析

8.5.1   不同工作辊直径的影响

图 8-34 所示为空气换热系数 h_a 为 9.27，水冷换热系数 h_w 为 2300，接触换热系数 h_s 为 29.68 时，当工作辊直径 D_W 分别取 700mm、665mm、630mm，工作辊的温度场的变化情况。可以看出，工作辊直径越大，沿辊身长度方向的轧辊的温度分布越小，但是变化程度较小，当轧辊直径从 700mm 变为 630mm 时，在轧辊长度方向 1225mm 位置处，温度变化仅为 0.86℃。

图 8-35 所示为空气换热系数 h_a 为 9.27，水冷换热系数 h_w 为 2300，接触换热系数 h_s

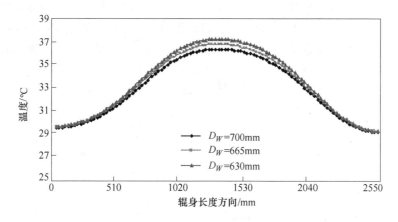

图 8 - 34　不同辊径下的工作辊温度场分布

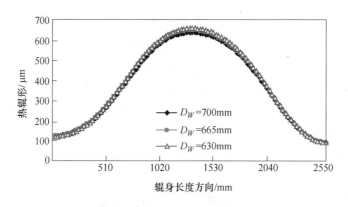

图 8 - 35　不同辊径下的工作辊热辊形分布

为 29.68 时，当工作辊直径 D_W 分别取 700mm、665mm、630mm，工作辊热辊形的变化情况。可以看出，工作辊直径越大，沿辊身长度方向的轧辊的热辊形分布越小，但是变化程度较小，当轧辊直径从 700mm 变为 630mm 时，在轧辊长度方向 1225mm 位置处，热辊形变化仅为 20.1μm。

从图 8 - 34 和图 8 - 35 中工作辊温度场和热辊形随直径的变化情况可以看出，工作辊辊径的变化对于工作辊温度场和热辊形影响较小，其主要原因是工作辊直径增大，一方面增大了工作辊和带钢的接触弧长，相应增大了接触面积，带钢通过热传导和热辐射的途径传给带钢的热量增加；另一方面，工作辊直径增加，其与冷却水和空气的热对流的面积增大，冷却水和空气将工作辊的热量带走的部分相应的增加。此时，带走的热量比增加的热量要稍大，因此工作辊直径越大，沿辊身长度方向的轧辊的温度场和热辊形分布越小。

8.5.2　不同窜辊方式时的影响

8.5.2.1　窜辊与不窜辊时的影响

2250mm 热连轧轧机生产线 F5 机架在实际生产中所采用的等步长（步长为 50mm）、

不同节奏（11 块、5 块、8 块、10 块、10 块、13 块、9 块和 4 块）的窜辊模式，如图 8－36 所示。其主要的仿真计算参数如下：带钢温度为 890℃，轧辊温度为 28℃，空气温度为 28℃，冷却水温度为 28℃，轧制力为 1.062×10⁴kN，带钢宽度为 1278mm，工作辊导热系数为 41.0W/（m·K），轧辊密度为 7850kg/m³，轧辊比热容为 500J/（kg·K），工作辊直径为 700mm，轧制时间为 79s，间歇时间为 82.5s。

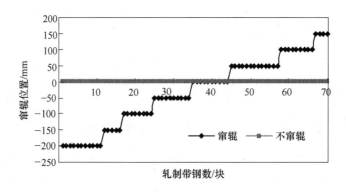

图 8－36　不同窜辊模式

图 8－37 所示为工作辊窜辊模式分别采用不窜辊、窜辊（等步长异节奏）时，工作辊温度场的变化情况。可以看出，工作辊温度场会随着工作辊窜辊量的改变而沿辊身长度方向发生相应的轴向偏移。

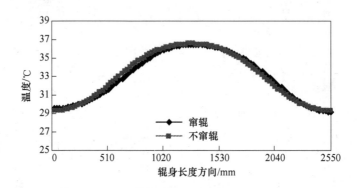

图 8－37　不同窜辊模式下的工作辊温度场分布

图 8－38 所示为工作辊窜辊模式分别采用不窜辊、窜辊（等步长异节奏）时，工作辊热辊形的变化情况。可以看出，工作辊热辊形会随着工作辊窜辊量的改变而沿辊身长度方向发生相应的轴向偏移。

从图 8－37 和图 8－38 中工作辊温度场和热辊形随直径的变化情况可以看出，工作辊不窜辊时，轧机的上、下工作辊相对带钢宽度中线呈现对称分布，如图 8－39（a）所示，而工作辊窜辊时，轧机的上、下工作辊相对带钢宽度中线呈现的不是对称分布，而是反对称分布，对于上或下工作辊来说，其相对带钢呈非对称分布，如图 8－39（b）和图 8－39（c）所示。此时，带钢与工作辊的接触位置会发生相应的变化，所以其温度场和热辊形会随着工作辊轴向位置的不同而发生相应的轴向偏移。

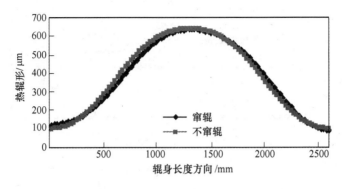

图 8 - 38 不同窜辊模式下的工作辊热辊形分布

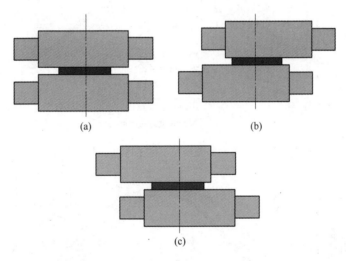

图 8 - 39 工作辊窜辊示意图

(a) 不窜辊；(b) 正窜辊；(c) 负窜辊

8.5.2.2 不同窜辊步长时的影响

图 8 - 41 和图 8 - 42 所示为工作辊的窜辊步长分别为 0mm、25mm、50mm，窜辊的初始位置为 - 150mm，窜辊节奏均为 10 块（如图 8 - 40 所示）时的工作辊温度场分布和热辊形分布。从图中可以看出，在其他轧制条件相同的情况下，工作辊温度场和热辊形分布类似，只是随着工作辊窜辊步长的增加，温度场和热辊形的中心峰值向右移动，其主要原因是经过一个轧制单位后，工作辊最终的窜辊位置为 - 150mm、0mm、150mm。

8.5.2.3 不同窜辊节奏时的影响

图 8 - 44 和图 8 - 45 所示为工作辊的窜辊节奏分别为 5 块、7 块、10 块，窜辊的初始位置为 - 200mm，窜辊步长均为 50mm（如图 8 - 43 所示）时的工作辊温度场分布和热辊形分布。从图中可以看出，在其他轧制条件相同的情况下，工作辊温度和热辊形分布类似，只是随着工作辊窜辊节奏的增加，温度和热辊形的中心峰值发生移动，其主要原因是经过一个轧制单位后，工作辊最终的窜辊位置为 - 50mm、150mm、100mm。

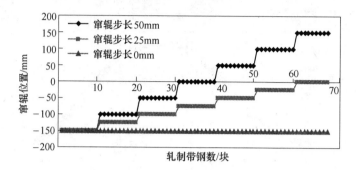

图 8-40 不同窜辊模式（窜辊步长不同）

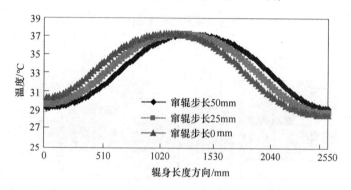

图 8-41 不同窜辊步长下的工作辊温度场分布

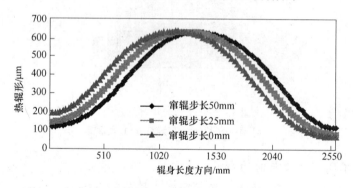

图 8-42 不同窜辊步长下的工作辊热辊形分布

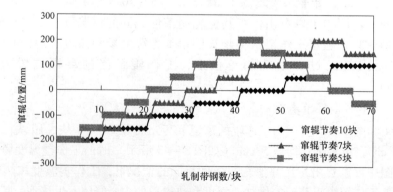

图 8-43 不同窜辊模式（窜辊节奏不同）

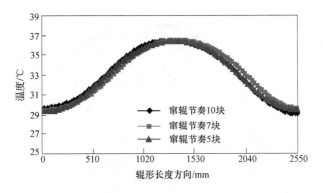

图 8 - 44　不同窜辊节奏下的工作辊温度场分布

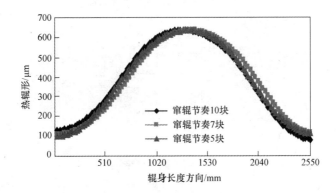

图 8 - 45　不同窜辊节奏下的工作辊热辊形分布

8.5.3　不同带钢宽度的影响

图 8 - 46 和图 8 - 47 所示为带钢宽度分别为 1000mm、1500mm 和 2000mm 时的工作辊温度场分布和热辊形分布。可以看出，当带钢较窄即 1000mm 时，由于带钢与工作辊的接触长度较短（如图 8 - 48（a）所示），所以对工作辊的温度场和热辊形影响范围较小，温

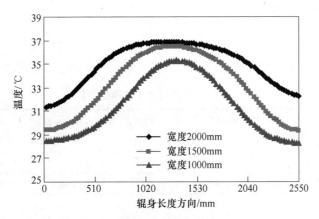

图 8 - 46　不同带钢宽度的工作辊温度场分布

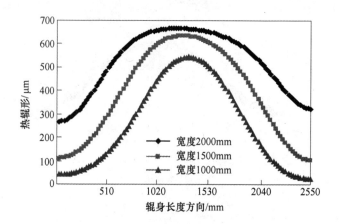

图 8 - 47   不同带钢宽度的工作辊热辊形分布

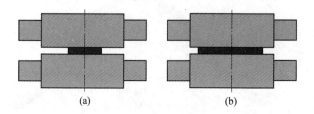

图 8 - 48   轧制不同宽度带钢示意图
（a）较窄带钢；（b）较宽带钢

度和热辊形变化主要集中在辊身中部部分；而当带钢较宽即 2000mm 时，由于带钢与工作辊的接触长度较长（如图 8 - 48（b）所示），所以对工作辊的温度和热辊形影响范围较大，辊身中部和边部的温度和热辊形变化都较大。同时可以看出，在其他轧制条件相同的情况下，由于轧制较宽带钢时，工作辊与带钢的接触范围较大，带钢通过热传导传给工作辊的热量较多，因此，轧制较宽带钢时的工作辊的温度场和热辊形总体上要大于轧制较窄带钢时的。

8.5.4   不同轧辊材质的影响

2250mm 热连轧机精轧机组上游机架（F1～F4）的工作辊材质采用的是高铬铸铁，而下游机架（F5～F7）的工作辊材质采用的是高速铸钢，仿真参数见表 8 - 6。

表 8 - 6   不同材质工作辊的参数

轧辊材质	导热系数 λ /W·(m·K)$^{-1}$	比热 c /J·(kg·K)$^{-1}$	密度 ρ /kg·m^{-3}	线膨胀系数 BL/K	杨氏模量 E/MPa	泊松比
高速铸钢	41	500	7850	11×10^{-5}	22.6×10^{4}	0.29
高铬铸铁	21	590	7600	11×10^{-5}	20.5×10^{4}	0.30

图 8 - 49 和图 8 - 50 所示为工作辊材质分别采用高铬铸铁、高速铸钢时的工作辊

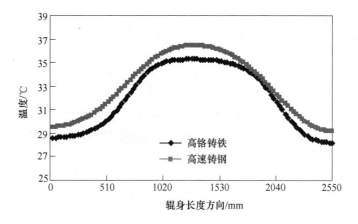

图 8-49　不同材质的工作辊温度场分布

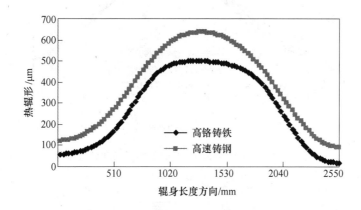

图 8-50　不同材质的工作辊热辊形分布

温度场分布和热辊形分布。可以看出，在相同条件下，采用高速铸钢工作辊的温度要高于高铬铸铁。其主要原因是高铬铸铁的导热系数为 21.0W/(m·K)，而高速铸钢的导热系数为 40W/(m·K)。高速铸钢轧辊的导热系数要远大于高铬铸铁的导热系数，所以，在轧制过程中高温带钢传入轧辊表面的热量向轧辊中心传递的速度高速铸钢轧辊要大于高铬铸铁，使高速铸钢轧辊的温度和热辊形要大于高铬铸铁轧辊的温度。

从图 8-49 和图 8-50 的温度场分布和热辊形的对比分析可以看出，由于热连轧机在一个轧制单位内的前几块带钢都是烫辊材，如果采用高速铸钢工作辊，其烫辊材的数量可以明显减少，提高生产效率。

轧钢时，高温带钢与高铬铸铁工作辊接触，在轧辊的表面就会形成一层致密的具有高硬度、高耐磨损的氧化膜，可以提高工作辊使用寿命。但是工作辊氧化膜的形成是个动态的过程，与实际轧制冷却情况有关，经常出现工作辊面氧化膜脱落的现象，影响了工作辊的使用寿命和带钢表面质量。研究表明，高速钢轧辊的耐磨性和表面抗粗糙能力要好于高铬铸铁轧辊，可以改善所轧带钢的质量，提高了生产能力。目前，高速铸钢工作辊正逐步取代高铬铸铁工作辊。

8.5.5 不同温度变化的影响

8.5.5.1 带钢温度变化的影响

图 8-51 和图 8-52 所示为带钢温度分别为 890℃、950℃、1010℃时的工作辊温度场分布和热辊形分布。从图中可以看出，在其他轧制条件相同的情况下，随着带钢温度的增加，带钢的温度场和热辊形呈稳定增加趋势，且在温度幅度增加相等（即 60℃）的情况下，工作辊的温度场和热辊形呈现均等增加趋势。由此可以看出，在热连轧机的板形控制中，如果控制模型的预设定温度与带钢实际温度相差较大，则会对带钢的最终板形控制带来较大影响。

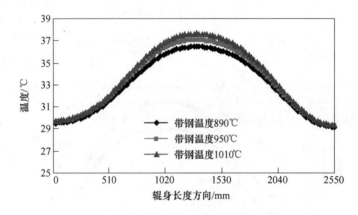

图 8-51 带钢温度不同时的工作辊温度场分布

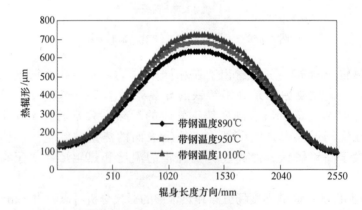

图 8-52 带钢温度不同时的工作辊热辊形分布

8.5.5.2 空气温度变化的影响

图 8-53 和图 8-54 所示为空气温度分别为 28℃、33℃、40℃时的工作辊温度场分布和热辊形分布。从图中可以看出，在其他轧制条件相同的情况下，随着空气温度的增加，带钢的温度场和热辊形变化不是很明显，当空气温度从 28℃变为 40℃时，工作辊辊身中点温度仅变化约 0.30℃，工作辊辊身中点热辊形仅变化约 9.3μm。

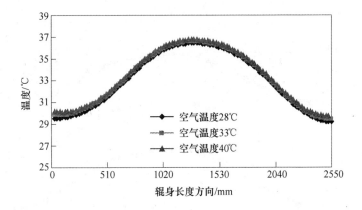

图 8-53 空气温度不同时的工作辊温度场分布

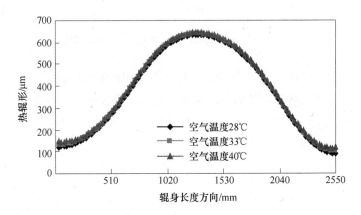

图 8-54 空气温度不同时的工作辊热辊形分布

8.5.5.3 冷却水温度变化的影响

图 8-55 和图 8-56 所示为冷却水温度分别为 15℃、25℃、35℃时的工作辊温度场分布和热辊形分布。从图中可以看出,在其他轧制条件相同的情况下,随着冷却水温度的降低,带钢的温度场和热辊形变化非常明显,且当冷却水温度为 15℃时,工作辊的热辊形

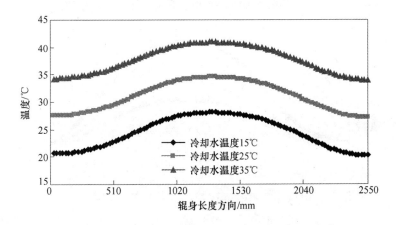

图 8-55 冷却水温度不同时的工作辊温度场分布

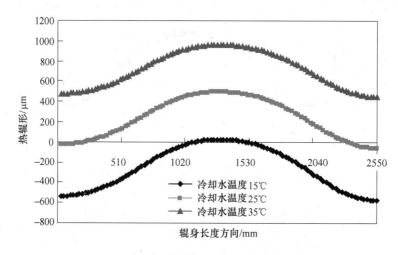

图 8 – 56   冷却水温度不同时的工作辊热辊形分布

值为负值，即工作辊不但没有受热膨胀，反而由于冷却水的温度较低而冷缩。因此，可以看出，工作辊与冷却水之间的对流换热是影响工作辊冷却效果的重要因素。

8.5.6   轧制节奏的影响

轧制节奏可以定义为：

$$R_h = \frac{t_r}{t_r + t_i}$$

式中，t_r 为轧制一块带钢通过轧机所用的时间；t_i 为轧制连续两块带钢之间的间隙时间。

2250mm 热连轧机的轧制节奏受多方面的影响，如轧件品种、轧机工作状态、轧机前后机组的作业率、操作人员的水平等多种因素。在生产中，轧制节奏在轧制前较难预测，其在整个轧制过程中是不断变化的。采用不同的轧制节奏，对工作辊热辊形的影响也不同，从而影响带钢的板形质量。

图 8 – 57 和图 8 – 58 所示为轧制时间为 50s，间隙时间分别为 20s、50s、80s 时的工作

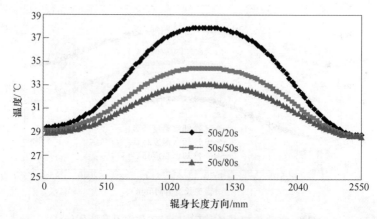

图 8 –57   工作辊温度场随轧制节奏的变化

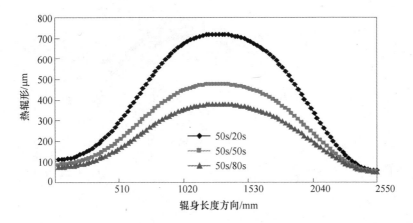

图 8 - 58   工作辊热辊形随轧制节奏的变化

辊温度场和热辊形分布。从图中可以看出，在其他轧制条件相同的情况下，随着间隙时间的增加，带钢的温度场和热辊形变化非常明显，间隙时间越长，带钢的温度场和热辊形越小，冷却效果越好。

8.5.7　水冷换热系数的影响

图 8 - 59 和图 8 - 60 所示为轧制时间为 50s，间隙时间为 80s 时，水冷换热系数分别为 2300W/(m² · K)、2500W/(m² · K) 和 2800W/(m² · K) 时的工作辊温度场分布和热辊形分布。可以看出，随着水冷换热系数的增加，工作辊温度场和热辊形分布逐渐减小。因此，冷却水与工作辊之间的水冷换热系数是影响工作辊温度场和热辊形的最主要的因素之一。

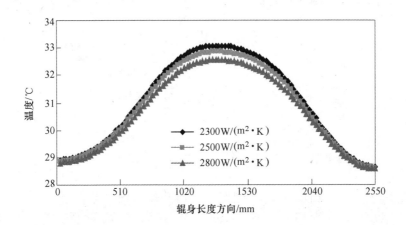

图 8 - 59   工作辊温度场随水冷换热系数的变化

工作辊的冷却效率与冷却系统的喷嘴压力、喷嘴流量、喷射角度、喷射高度、散射角度、轧制速度和散射角度等因素有关。对于已有的冷却集管，通常喷嘴压力、喷射高度、散射角度是不可改变的，而轧制速度与轧制工艺有关，故要改变工作辊的冷却效率，只有

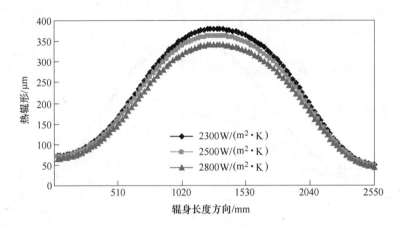

图 8 - 60   工作辊热辊形随水冷换热系数的变化

通过改变喷嘴流量和喷射角度两种途径。

8.5.8   一个轧制单位内温度场和热辊形的变化

8.5.8.1   轧制单位内温度场和热辊形的变化

图 8 - 61 和图 8 - 62 所示为一个轧制单位内工作辊的窜辊位置和所轧带钢宽度。可以看出，在实际生产中，所采用的窜辊方式为等步长变节奏方式，窜辊步长为 50mm，窜辊节奏为 4 ~ 10 块，轧制宽度为 1186 ~ 2000mm 之间。带钢宽度先宽后窄的目的是为了对工作辊进行烫辊，逐步建立起热凸度；同时，在轧制过程中不宜采用跳跃式的变宽轧制规程，其目的是为了避免因为宽度的骤变带来工作辊部分热凸度的急剧变化。否则，应在中间安排几块过渡材，这样可以使带钢的热辊形平稳变化，避免热辊形的跳跃变化而引起板形的突变，从而更好地控制带钢的板形。

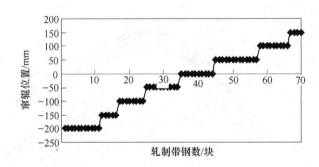

图 8 - 61   一个轧制单位内工作辊的窜辊位置

图 8 - 63 和图 8 - 64 所示分别为一个轧制单位内工作辊的温度场和热辊形的变化图。从中可以看出，在轧制单位的初期（第 1 ~ 30 块），随着轧制块数的增加，轧辊的温度场上升很快，热辊形变化很大。在辊身中点位置，当轧制前 10 块（第 1 ~ 10 块）带钢时，温度上升 2.3℃，热辊形变化 155.1μm。而在轧制单位的后期（第 61 ~ 70 块），随着轧制块数的增加，轧辊的温度场和热辊形变化较小，趋于相对稳定

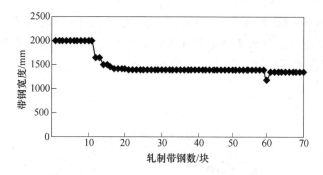

图 8 - 62 一个轧制单位内所轧带钢宽度

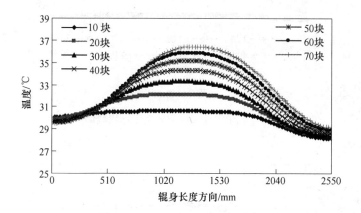

图 8 - 63 一个轧制单位内工作辊温度场分布

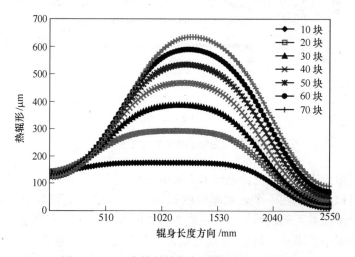

图 8 - 64 一个轧制单位内工作辊热辊形分布

状态。在辊身中点位置，当轧制最后 10 块（第 61 ~ 70 块）带钢时，温度上升 0.6℃，热辊形变化 47.8μm。

8.5.8.2　不同轧辊深度点对轧制带钢块数的变化

图 8 - 65 和图 8 - 66 所示分别为轧制时间为 50s，间隙时间为 80s，带钢宽度为 2000mm，不窜辊情况下的轧辊表面温度和轧辊芯部温度随着轧制带钢块数的变化。可以看出，轧辊表面温度和芯部温度随着轧制带钢块数的增加而逐渐上升。

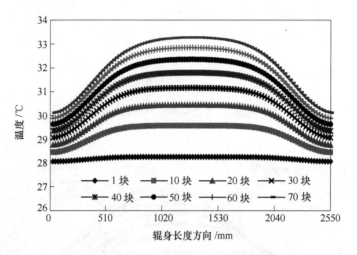

图 8 - 65　轧辊表面温度随轧制带钢块数的变化

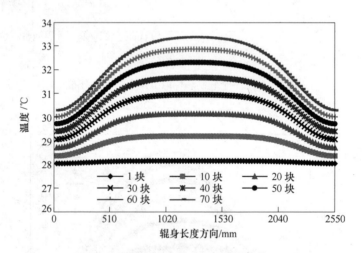

图 8 - 66　轧辊芯部温度随轧制带钢块数的变化

图 8 - 67 所示为辊身中点位置处即 1275mm 处的轧辊表面和芯部温度随轧制带钢块数变化对比图。可以看出，在一个轧制单位的初期（1 ~ 20 块），随轧制带钢块数的增加，轧辊表面和芯部温度差距逐渐增大，而在轧制单位的中后期（20 ~ 70 块），轧辊表面和芯部温度差距逐渐减小，当轧制最后 10 块带钢时，轧辊表面和芯部温度基本相等。其原因是在轧制初期，带钢温度很高，轧辊的温度较低，带钢与轧辊表面接触，带钢的热量通过热传导传递给轧辊表面，表面温度迅速上升，但是热量尚未全部传给芯部，两者的温度差距逐渐增大；在轧制的中后期，轧辊表面的温度与带钢逐渐接近，而热量不断传给芯部，使表面与芯部的温度逐渐接近。

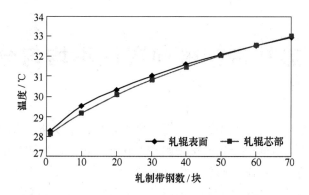

图 8 – 67　轧辊表面和芯部温度随轧制带钢块数变化对比

9　热轧带钢横向温度不均匀分布研究

温度作为金属塑性变形过程中重要的影响因素之一，不仅通过影响金属的变形抗力而影响其他轧制参数，而且影响金属的微观组织变化从而影响轧后产品的组织、力学和物理性能以及产品最终的尺寸精度。热轧带钢在加热、运输、轧制、轧后冷却及卷取过程中，由于金属内部的传热特点以及外部的加热和散热条件不同，带钢表面与内部、边部与中部、头部与尾部之间温度的分布和变化必然存在差异。这些差异宏观上会使带钢内部产生热应力进而造成热变形，微观上将造成相变的不均匀从而带来性能的不均匀。随着用户对热轧带钢产品质量要求的日益提高，沿板带横向温度的分布不均匀所造成的质量问题已引起各钢铁企业的注意。随着板带宽度的增加和厚度的减小，温度的不均匀问题越发突出。

9.1　带钢温度分布对带钢性能及板形的影响

在板带的热轧过程中，精轧出口温度和卷取温度极大地影响到带钢的最终组织结构，这些影响因素将直接影响到带钢的强度性能、晶粒尺寸以及碳含量在带钢横向的分布。含有均匀尺寸的晶粒，具有同向性和良好的碳分布的带钢微观组织结构是确保带钢良好冲压性能的必要条件。因此，温度是带钢最终产品性能的主要影响因素，具有重要的研究意义。

9.1.1　带钢纵向温度分布的影响

钢坯被加热到一定温度后就开始进入轧制过程，热轧轧制的过程主要包括除鳞、粗轧、精轧、层流冷却及卷取，在这每一步的过程中带钢的温度都会产生变化，带钢的纵向温度差主要是由于带钢本身长度较长，在通过这些轧制程序时，带钢的头部与尾部之间产生的温差。

在热轧过程中，温度的变化过程由钢坯的加热和轧件（板坯、带坯、带钢）的不断冷却所组成。钢坯（一般厚度较大）在室温状态下装入加热炉中，经过两个小时左右的加热（通过预热—加热—均热阶段完成钢坯加热过程）后，温度达到 1180～1250℃。钢坯出炉后开始降温，并随着钢坯厚度不断轧薄，板坯的温度通过各种形式的温降逐渐变低，在粗轧机组出口处约为 1080～1100℃，通过中间辊道的冷却到精轧入口处降到 1000～1050℃，精轧机组末架终轧温度一般为 830～880℃（有些钢种要求高于 900℃），输出辊道上通过层流冷却装置强迫冷却到 600～650℃后卷成钢卷。表 9 – 1 给出了一些典型的钢种在轧制过程中的工艺参数及温度。

表 9 – 1　典型钢种在轧制过程中的工艺参数及温度

位　　置	C_{35}	C_{15}	铁素体轧制
成品厚度/mm	2.70	1.74	1.10
末架速度/m·s^{-1}	4.33	10.34	9.67

续表 9-1

位　置	C_{35}	C_{15}	铁素体轧制
出炉温度/℃	1150	1150	1150
精轧除鳞前温度/℃	1104	1120	1093
除鳞后温度/℃	1049	1084	1023
F1 温度/℃	1026	1068	996
F2 温度/℃	967	1036	924
F2、F3 间机架喷水	有	有	强冷
F3 温度/℃	923	1012	840
F3、F4 间机架喷水	有	有	有
F4 温度/℃	899	997	824
F5 温度/℃	874	982	811
F6 温度/℃	842	959	801
F7 温度/℃	815	939	783

各机架的变形阻力、轧制压力的预估和准确确定该机架轧制温度是分不开的，而各架轧机轧制压力的预估精度将直接影响到轧件尺寸精度、带钢的板形好坏以及轧机负荷分配的合理性。带钢的力学性能主要取决于精轧机终轧温度和卷取温度，随着对带钢性能要求的多样化、高层次化，不仅从材料成分方面考虑，同时还从轧制温度着手进行控制，使带钢的终轧温度和卷取温度始终保持在要求的一定范围内，即终轧温度要保持在单相奥氏体或铁素体内，避免产生复合晶粒，导致硬度、伸长率等性能不合要求。卷取温度也一样，应根据钢种和用途不同，控制在某一温度。为使终轧温度保持在固定范围内，精轧机采用了升速轧制工艺或者带有的热卷箱恒速轧制工艺，它们均能使终轧温度变化保持在 ±20℃内，从而获得均匀一致的力学性能。

带钢温度对产品性能有重要影响，其中主要包括两个方面：

（1）精轧终轧温度要求稍高于居里点（the Curie temperature，也称居里温度或磁性转变点，是指材料可以在铁磁体和顺磁体之间改变的温度，即铁磁体从铁磁相转变成顺磁相的相变温度。也可以说是发生二级相变的转变温度。低于居里点温度时该物质成为铁磁体，此时和材料有关的磁场很难改变。当温度高于居里点温度时，该物质成为顺磁体，磁体的磁场很容易随周围磁场的改变而改变，这时的磁敏感度约为 10^{-6}），终轧温度太低将使带钢的力学性能降低（特别是影响冷轧后钢卷的深冲性能），但终轧温度又不能太高，否则容易因二次氧化影响带钢的表面质量（终轧温度一般为 830～880℃，根据钢种而异）。通常情况下，带钢的终轧温度必须高于 788℃，这样才能保证在经过所有轧制步骤前能完成相变过程，从而获得良好均一的带钢微观组织结构。如果在轧制过程中，部分组织已经转化为铁素体，变形的铁素体结构在冷却和卷取过程中将变得非常粗大，这将极大地影响最终产品质量。

（2）卷取温度要求低到足够程度，以避免在卷取之后，带材冷却过程中又使晶粒变大；但卷取温度又不能太低，否则将卷不紧（由于低温带钢弹性较大将发生松卷现象）。同时，精确的卷取温度是保证带钢良好性能的重要条件，通常采用层流冷却装置，以快速降低带钢温度，保证卷取温度及缩短轧线长度节省空间。图 9-1 所示给出了不同的终轧温度 T_{fin} 和卷取温度 T_{coil} 对低碳钢最终组织结构的影响。可以看出，产品的微观组织受到精轧出口温度和卷取温度的极大影响。对于低碳钢，当可以控制终轧温度高于 880℃ 低于 960℃ 以及卷取温度高于 500℃ 低于 680℃ 时可以获得较为均匀的晶粒分布和各向同性的碳分布，即为图中的区域 A 所示。当终轧温度低于 880℃ 高于 830℃，而卷取温度高于 500℃ 低于 680℃，将得到较为粗大的晶粒，即为图中的区域 B 所示。当终轧温度低于 830℃ 高于 750℃，而卷取温度高于 500℃ 低于 680℃，由于低温变形将使晶粒被拉长，即为图中的区域 C 所示。当卷取温度高于 680℃，将得到较为粗大的晶粒，即为图中的区域 D、E、F 所示。

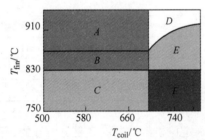

A	均匀晶粒及良好的各向同性的含碳分布
B	不均匀的晶粒（表面晶粒粗大）
C	低温变形产生的被拉长的晶粒
D	带有较大碳析出的均匀粗大晶粒
E	不均匀晶粒（表面晶粒及其粗大晶粒）
F	超大晶粒

图 9-1　精轧及卷取温度对低碳钢结构的影响

9.1.2　带钢横向温度分布的影响

层流冷却系统的出现以及轧制过程中采用加速轧制、机架间冷却和各种保温技术后，板带纵向温差已基本可以控制在 ±10℃ 以内，能够满足板带质量的要求。与纵向温度相比，带钢横向温度的研究更为复杂，对带钢质量的影响目前仍在探索中。但其对带钢力学性能横向均匀性以及平坦度的影响已为人们所认识，带钢温度的均匀性，不但将影响带钢的力学性能的均匀性，而且将直接影响到带钢厚度的均匀性（轧制压力的均匀性）：

（1）性能。板带横向温度的不均匀分布会引起组织沿横向的不均匀分布，从而导致性能不均匀；在带钢热连轧中能否正确的预测和精确地控制轧件温度，不仅影响到热轧带钢产品的厚度精度、板形、表面状态等外形质量，而且还将影响到产品的组织和性能。热轧过程中，由于存在加热和冷却不均，热轧供料沿横向存在性能差异，实际测量上表现为硬度分布不均。有学者定量研究了热轧来料局部硬度对冷轧带钢板厚和前张应力分布的影响程度及规律。根据实测的沿热轧来料宽度方向硬度分布，计算宽度方向的变形抗力分布。研究结果显示，热轧来料的横向硬度分布不均对轧后板形的影响很大，在硬度高的部位，金属延伸相对较难，该部位张应力较大；反之，在硬度较低的部位，金属延伸容易，该部位张应力相对较小。对于铁素体轧制技术，由于材料的相变发生在较窄的温度区间内，横向温差会导致带钢沿横向的晶粒结构差异，从而使带钢的横向性能发生改变。

（2）板形。横向温差会使带钢产生不对称板形（如楔形）或局部板形（局部浪形或局部高点）。带材在热轧过程中，由于冷却的不均匀，厚度方向和宽度方向上存在温差，带钢内部产生温度应力，同时也影响带钢的相变过程，产生相变应力。这种不均匀的应力分布，对带材的力学性能、组织成分以及最终板形造成危害。板形是板带钢的重要质量指标之一，由于横向温度差的存在，造成轧后平直带材在卷取并冷却至室温的过程中，产生较为严重的边部浪形，从而严重影响了产品质量。有学者曾针对本钢现场轧制厚3.03mm、4.04mm 和6.06mm 的热带过程，在仅考虑冷却至室温后热胀冷缩的条件下，根据式（9－1）计算得到上述3 种产品在精轧后平直条件下，由于横向温度差而造成室温下的波浪度分别为 1.52%、1.62% 和 1.89%。在计算过程中，线膨胀系数取铁素体膨胀系数，计算公式为：

$$\frac{\Delta L_V}{L_V} = \frac{\pi^2}{4} \cdot \lambda^2 \qquad (9-1)$$

式中，ΔL_V 为带钢纤维的长度差，m；L_V 为带钢纤维的长度，m；λ 为波浪度。

由近似计算，带钢横向两点间存在 1℃ 的温度差可导致 1.05×10^{-5} 的延伸差，相当于1IU 板形平坦度差，由此产生 2.205MPa 的应力差。

（3）磨损。横向温度不均匀会造成轧辊的不对称磨损或局部磨损过大，也会使带钢本身产生磨损痕迹，有学者曾指出受压部件常显示出由冷轧带钢卷上的纵向磨损痕迹引起的条纹，痕迹在与其邻接材料之间的碳含量及 r 值上存在差别。用实验室设备对精轧机组出口及卷取机入口处的温度分布进行测量，结果在带钢宽度上显示出区域性温差。成品带钢宽度上的温差最高达 20℃，因 r 值及碳含量等都与温度有关，所以发现痕迹是热轧中区域温差的结果。冷轧期间，这些差别引起了内部应力，在退火薄板上形成磨损痕迹。

（4）稳定。不对称和局部性能改变会造成轧制不稳定。

（5）寿命。带钢横向温度不均匀使输出辊道磨损程度不一，出现边部下陷现象，影响输出辊道寿命和热轧质量，从而不得不经常更换辊道，这不仅造成设备投资增加也降低了生产效率。

由此可见，沿板带横向温度的不均匀分布造成的板形质量问题是普遍存在且不容忽视的。国内宝钢、武钢、马钢和本钢等公司均已发现，由于横向温度差的存在造成轧后平直带材在卷取并冷却至室温的过程中，产生较为严重的边部浪形，从而严重影响了产品质量。图 9－2 所示为在鞍钢 ASP 1700mm 热连轧机精轧机的出口处使用 THV550 手持式红外热像仪的测量结果和温度补偿后的拟合结果，从精轧末机架经由层流冷却到卷取机入口的过程中，尤其是在精轧出口，由中部到边部的温度差最高可达 60～80℃。图 9－3 所示为马钢 CSP 热连轧机 F7 出口处安装的 RM312 温度扫描仪测量结果，带钢在距边部约 1/6 处，

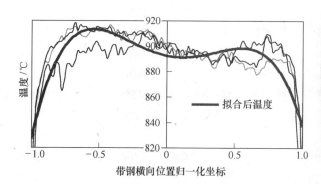

图 9－2 鞍钢 ASP 1700mm 热连轧机精轧机的出口温度分布

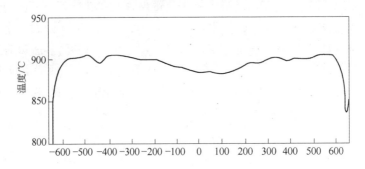

图 9-3 马钢 CSP 热连轧机 F7 出口温度测量结果

温度较高，靠近边部温度急剧下降，但中心部位温度较距边部 1/6 处略低，温度最高与最低处温差可达 20 ~ 40℃。

横向温差会引起平坦度缺陷，带钢的不均匀受热或冷却可能对带钢的平坦度产生扰动。这种不均匀加热或冷却可以产生内应力，在极端情况下这些应力可达到材料的屈服极限，造成带钢局部发生塑性变形。温度梯度引起的板形缺陷如图 9-4 所示。带钢沿其宽度方向具有平坦度缺陷时，其外观与边浪或小边浪相似；带钢整体厚度方向的板形缺陷，表现为沿带钢总体出现拱形；带钢头部和尾部厚度方向的板形缺陷，表现为带钢端部出现船形；比较短且偏薄的中厚板可以看到沿长度方向的平坦度缺陷。由于通常轧机出口处的材料表现出温度的横向变化，材料冷却时产生的不同收缩将改变板带的平坦度，当进行平坦度的在线测量时，必须考虑板带的这种温度变化。

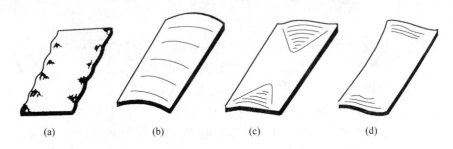

图 9-4 温度梯度引起的板形缺陷

(a) 沿宽度方向；(b) 沿轧件整体厚度方向；(c) 沿轧件头部和尾部厚度方向；(d) 沿长度方向

限于检测和控制手段的缺乏，对于带钢横向温度控制处于比较落后的局面。在国外，日本的川崎制铁为解决这一问题采用了板带宽向冷却温度均一化控制装置。德国的蒂森公司也已经开展了这方面的工作，相比之下，国内还停留在理论探讨阶段。有学者就带钢横向温度分布对于带钢性能及板形的影响有所研究，基本确定了横向温度分布不均匀会直接影响到带钢板形质量，但是系统性地对横向温度分布不均匀现象如何产生、影响因素及如何有针对性地控制等方面的研究尚未见到。

在热轧过程中，由于金属变形和传热过程条件复杂，所以轧制温度难以确定和控制。过去往往采用热像仪现场实测板带横向温度分布并结合传统模型的计算方法，通常仅将所获得的结果作为研究层流冷却过程的初始条件，这些结果受测量条件等的限制也无法得到全面的准确温度信息，因此对于精轧出口带钢横向温度分布规律与形成机理的研究在整个领域内尚未展开。随着对热轧带钢性能及尺寸精度的要求越来越高，对带钢的横向温度不均匀分布问题的研究是一项具有挑战性和极大实际意义的工作。综上所述，无论是从文献总结还是从现场的实际测量结果来看，带钢在精轧出口的不均匀温度分布对于产品的最终质量确实存在不良影响，有必要深入了解其分布规律以及形成机理，为从根本上提出补偿解决策略提供理论依据，从而消除其不良影响，实现带钢板形质量系统的高精度控制。

9.2 轧制过程仿真模型的建立

9.2.1 主要假设

带钢轧制过程中温度变化的影响因素十分复杂，为了便于计算，做出如下假设：
（1）忽略传送辊道与轧件接触造成的轧件温降；
（2）假设轧件上下表面热量得失完全对称，忽略带钢与传送辊之间的传热；
（3）轧辊为具有热传导的刚性辊，轧件的机械性能均匀，轧辊与轧件间为全黏着状态，摩擦系数恒定且轧辊表面温度均匀；
（4）不考虑轧件表面氧化铁皮和水印的影响；
（5）换热系数均匀；
（6）内热源为塑性应变热；
（7）外界环境条件视为恒定；
（8）冷却水横向分布均匀，故不考虑冷却水影响。

9.2.2 轧制过程中轧件的温度变化

热带钢连轧过程中，带钢在变形区内的传热过程主要包括轧辊与带钢的接触传热、带钢与轧辊之间的摩擦热以及带钢变形热。在变形区外带钢的传热过程主要包括水冷和空冷两部分，水冷指带钢向喷淋至其表面的冷却水传热的温降过程，其传热方式以对流为主；空冷指带钢在空气中向环境散热的温降过程，其传热方式以辐射为主。

在热轧线上，轧件的温度是左右成品质量以及节能生产的重要因素。例如，为了改善材料的强度和韧性等所进行的控制轧制和控制冷却（即控轧控冷），为进行板厚控制而采取的轧制力预测，为了节能而进行低温出钢等。轧件的温度对这些轧制工艺影响都很大，因而需要进行高精度的温度预测以及温度管理。

加热炉出钢后在热轧线上轧件温度的变化是通过各种热过程的反复进行而产生的。作为温度解析方法，常采用忽略带钢长度方向和宽度方向的热流，只以板厚方向的热流为对象的一维解析方法。然而，像热轧精轧线那样轧制薄轧件时，也有采用设板厚方向的温度分布为均一的简易计算方法。在板厚较薄并且板厚方向上的温度梯度可忽略不计的热轧精轧线上，轧件的温度变化可由以下的简单方法求出。

由运送过程中的辐射传热而产生的温度变化，可由下式表示：

$$\rho_s c_s h_s \frac{\partial T_s}{\partial t} = -2\varepsilon_b \sigma_b \left[\left(\frac{273 + T_s}{100} \right)^4 - \left(\frac{273 + T_a}{100} \right)^4 \right] \qquad (9-2)$$

由运送过程中输出辊道上的水冷却而产生的温度变化，可由下式表示：

$$\rho_s c_s h_s \frac{\partial T_s}{\partial t} = -2h(T_s - T_W) \qquad (9-3)$$

式中，ρ_s 为材料的密度，kg/m^3；c_s 为材料的比热，$4.1868kJ/(kg \cdot \text{℃})$；$h_s$ 为轧件厚度，m；ε_b 为热辐射率，一般为 $0.6 \sim 0.8$；σ_b 为斯蒂芬 – 玻尔兹曼辐射常数，$20.4315kJ/(m^2 \cdot h \cdot K^4)$；$h$ 为水冷的热传导系数，$4.1868kJ/(h \cdot m^2 \cdot \text{℃})$；$T_s$、$T_a$、$T_W$ 分别为带钢温度、环境温度以及冷却水温度，℃。

式（9-2）中，取 $[(273+T_s)/100]^4 \gg [(273+T_a)/100]^4$ 求解，则带钢在运行中由于辐射导致的温度变化可用下式计算：

$$\Delta T_f = T_0 - T_s = T_0 - \left\{ 100 \times \left[\left(\frac{T_0 + 273}{100} \right)^{-3} + \frac{6\varepsilon_b \sigma_b t}{100\rho_s c_s h_s} \right]^{-\frac{1}{3}} - 273 \right\} \qquad (9-4)$$

式中，T_0、T_s 分别为初始温度、终了温度，℃；t 为运行时间，h，$t = L/v$，L 为带钢长度，km；v 为带钢运行速度，km/h。

另外，对式（9-3）求解，则带钢因除鳞水和机架间冷却导致的温度变化可通过下式计算：

$$\Delta T_s = T_{s0} - T_c = T_{s0} - \left[T_W + (T_{s0} - T_W) \exp\left(\frac{-2ht}{\rho_s c_s h_s} \right) \right] \qquad (9-5)$$

式中，t 为冷却时间，h；T_c、T_{s0}、T_W 分别为冷却终了温度、冷却开始温度和水温，℃；h 为水冷的热传导系数，$4.1868kJ/(h \cdot m^2 \cdot \text{℃})$。

下面介绍求解轧制过程中轧件平均温度变化的方法。由变形热 Q_p 而产生的轧件平均温度上升量 ΔT_p 为：

$$\Delta T_p = \frac{Q_p}{\rho_s c_s} = \frac{\eta_p A W_p}{\rho_s c_s} = \eta_p \frac{Ak}{\rho_s c_s} \ln\left(\frac{h_1}{h_2} \right) \qquad (9-6)$$

式中，η_p 为来自塑性变形功的热效率因子，它的范围为 $0.85 \sim 0.89$；A 是热功当量，1；k 为变形抗力，MPa；h_1 和 h_2 分别为入口厚度和出口厚度，m；ρ_s 为材料的密度，kg/m^3；c_s 为材料的比热，$4.1868kJ/(kg \cdot \text{℃})$。

由摩擦热 Q_f 而产生的轧件平均温度上升量 ΔT_f 为：

$$\Delta T_f = \frac{2\eta_f Q_f}{(h_1 + h_2)\rho_s c_s / 2} = \frac{4\eta_f A W_f}{(h_1 + h_2)\rho_s c_s} = \frac{4\eta_f A \mu k \bar{v}_r t_r}{(h_1 + h_2)\rho_s c_s} \qquad (9-7)$$

式中，η_f 为摩擦热传给轧件的分配比，此值受压下率、轧制速度、轧辊和轧件温度等影响，一般为 0.5；t_r 为该道次轧制时间，h；$\bar{v}_r$ 为板带与轧辊之间的相对速度，m/s。其中，v_r 可表示为：

$$v_r = R\omega \left| 1 - \frac{H_n \cos\phi_n}{H \cos\phi} \right| \qquad (9-8)$$

式中，ω 为角速度，rad/s；H_n、ϕ_n 分别为中性点处的厚度和中性角；H、ϕ 分别为轧制中的板厚和此时距轧辊出口的角度。μ 是摩擦系数，可表示为：

$$\mu = 4.84 \times 10^{-4} T_s - 0.0714 \qquad (9-9)$$

式中，T_s 为轧件温度，℃。

由于轧辊的接触热传导 Q_c 而产生的轧件平均温度下降量 ΔT_c 为：

$$\Delta T_c = \frac{4}{\rho c h_a}(T - T_0)\sqrt{\frac{(R\Delta)^{0.5}}{\pi a v}} \qquad (9-10)$$

式中，T_0 为轧辊温度，K；R 为轧辊半径，m；h_a 为轧件平均厚度，m；a 为轧件的热扩散率，m^2/s。使用上述式（9-6）、式（9-7）和式（9-10），则可求出轧制过程中轧件的平均温度变化 ΔT：

$$\Delta T = \Delta T_P + \Delta T_f + \Delta T_c \qquad (9-11)$$

9.2.3　有限元模型的建立及参数设定

热轧中的金属变形分析是一个三维弹塑性热机耦合问题，有限元仿真软件 MSC. MARC 对于解决该类问题具有快速准确的优点，其中的 superform 模块专门用于计算金属变形问题，本文采用该软件进行了带钢轧制过程的动态热机耦合的仿真分析。

（1）有限元模型的建立。由于轧制过程中，轧件的变形和温度是随时间变化的过程，因此，需要进行动态仿真，即从轧件的咬入到稳定轧制过程进行仿真。利用 MSC. MARC 中的准静态分析功能，采用推板将轧件推入辊缝，然后依靠轧辊与轧件间的摩擦力将轧件连续带入辊缝并产生塑性变形。根据前面的假设，上下辊系和轧件具有上下对称的特点，故只需要建立包括上工作辊和带钢上半部分的轧制计算模型。带钢与轧辊的初始温度按前面的分析确定，带钢与轧辊的几何及轧制数据见表 9-2 和表 9-3。

表 9-2　仿真带钢参数

带钢尺寸	长度/mm	宽度/mm	厚度/mm
数　值	400~1000	800~1200	40~64

表 9-3　仿真轧机参数

参　数	数　值
入口厚度/mm	8~64
压下量/mm	16~54
轧辊速度/m·s⁻¹	0.4~1.0
轧辊宽度/mm	2000
轧辊半径/mm	442.5
摩擦系数	0.1~0.4

首先，建立两个 200mm×400mm 的 8 节点单元，然后对其进行网格划分，将它们分别划分为 20×20 个单元，并定义偏差因子为 0.3，使得该组单元从中部到边部逐渐减小，

因为边部单元的变形较大，同时与环境进行热辐射，需要对其进行网格细分。将这组平面单元在 x 方向拉伸为 $4mm \times 8$ 的单元，最后可获得轧件的尺寸为 $200mm \times 800mm \times 32mm$，共有 3200 个单元，其网格划分如图 9-5 所示。为简化计算忽略了轧辊内部传热，并将轧辊表面温度定义为均布，轧件单元为 8 节点六面体热力耦合单元，轧制模型如图 9-6所示。

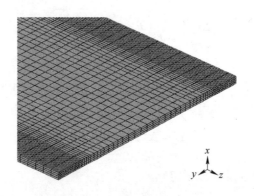

图 9-5　轧件的网格划分

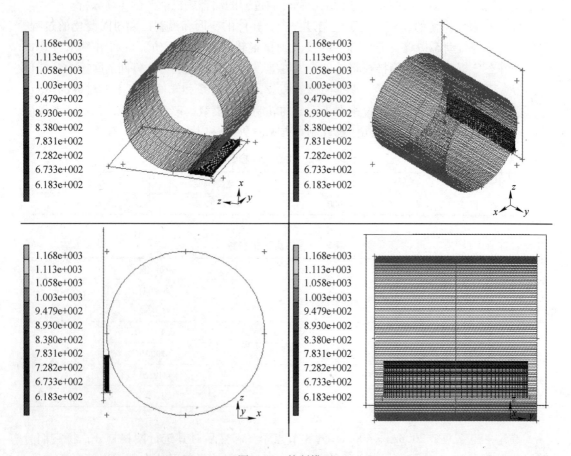

图 9-6　轧制模型

（2）接触设置。轧制过程是一个典型的接触问题，而接触问题又是一个典型的非线性问题。不同于其他问题，接触问题既不是材料的非线性也不是几何非线性问题，而是边界条件的非线性问题。这里有两个难题，一是随着轧制压力的变化轧制的接触条件也在不断发生变化，二是要考虑轧辊与轧件之间的摩擦，使得该问题很难收敛。为了避免这一问题，选择了刚性辊以代替柔性辊。

接触变化采用了修正的 Newton – Raphson 解法：在一个增量步中无论什么时候接触状态发生变化，接触约束调整需要形成新的平衡方程，并且需要额外的循环来找到平衡。这些只是由于接触的变化而附加的循环，在这个增量步为了决定是否需要减小载荷步大小和理想的迭代数进行比较时，并不计算在内，即只考虑真正的 Newton – Raphson 迭代。对于下一增量载荷步，采用前面增量步的累积循环迭代次数，这保证了当前面的增量步中接触发生很多变化，但时间步不会增加。

选择带钢与轧辊之间的摩擦为库仑摩擦，摩擦系数采用计算所得范围内的不同值，以研究摩擦系数对横向温差的影响。摩擦能量转化为热能的效率为 0.9。当带钢被推入轧辊后，由轧辊与轧件之间的摩擦力将其带钢咬合，出轧制区后，带钢与轧辊自行分离。

热轧过程中，带钢与轧辊的接触条件较为复杂，通常将轧制过程中不同阶段的摩擦分为轧件刚咬入轧辊时摩擦的入口摩擦、轧件头部通过轧辊时摩擦的过渡摩擦以及稳态轧制过程时摩擦的稳态摩擦。入口摩擦系数最大，在轧件头部通过辊缝进行穿带过程中，过渡摩擦系数渐渐地从最大值降低到稳态摩擦系数。在仿真模型的计算中主要考虑带钢的稳态摩擦系数。热轧的稳态摩擦系数受到轧件温度、轧件化学成分、辊面粗糙度以及轧制速度的影响。低碳钢在温度高于700℃轧制时，摩擦系数 μ 随着温度的增加而减小，轧制速度的增加使稳态摩擦系数降低，因此在使用钢轧辊的情况下，稳态摩擦系数可由下式求得：

$$\mu = 0.82 - 0.0005T - 0.056v \tag{9-12}$$

式中，T 为轧件的温度；v 为轧件的轧制速度。

确定轧件的温度以及轧制速度就可以得到轧制过程中的摩擦系数，轧件的温度范围为 700 ~ 1150℃，轧制速度范围为 0.4 ~ 1.2m/s，则摩擦系数选取的范围为 0.1778 ~ 0.4476。

（3）载荷步设置与计算。在 MARC 的计算中，可以认为轧件的轧制过程是一个热力耦合的稳态计算，除非轧件到达机架间或者发生侧偏，因此选择 quasi – static 的准静态分析类型。采用预先设置的模型初始条件，边界条件及接触设置，设定模型的计算时间分别为 1.5s 和 8s，分别包括 150 个和 400 个载荷步，将该作业提交运行。计算过程成功结束后，提取结果文件与实际情况进行比较，以确保该模型的准确性。

9.2.4 初始及边界条件

对连轧机组的第一机架进行仿真时，采用两种初始轧件温度分布，一是由文献给出的某热连轧机精轧入口的实测温度分布，中部的最低温度与边部的最高温度相差50℃，如图 9 – 7 所示；二是均匀的温度分布，温度值为 1000 ~ 1150℃，该温度的加载如图 9 – 8 所示。

工作辊的初始温度设为 30 ~ 100℃，轧件与轧辊之间的传热系数为 15kW/(m² · ℃)。环境温度为 20℃，带钢的热辐射系数为 200W/(m² · ℃)，变形生热及摩擦生热的转换效

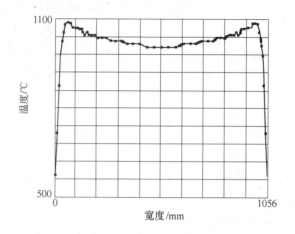

图 9 - 7　模型中带钢的初始温度

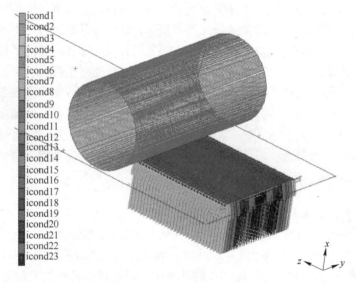

图 9 - 8　温度初始条件

率为 0.9。

9.2.5　带钢的物性参数

低碳钢是热连轧机的主要产品，故仿真时也以低碳钢为主要研究对象。有限元软件 MARC 中提供了大量的材料属性供选择，仿真时采用其中的 C15 号材料，它是各向同性的弹塑性材料，其主要性能如下：

温度计算是热力耦合计算的前提，材料的物性参数是随着温度发生变化的，对计算结果有很大影响，因此仿真模型中所采用的热物性参数均为试验所获得的数据，各项参数都随温度发生变化，其范围是 20 ~ 1200℃。

碳素结构钢 C15 的泊松比为 0.3，质量密度为 $7.895 \times 10^{-6} \mathrm{kg/mm^3}$。其杨氏模量随温度变化如图 9 - 9 所示，温度越高其杨氏模量越小。

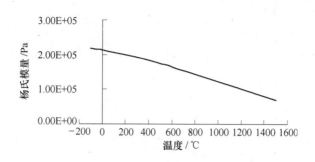

图 9 - 9　C15 杨氏模量随温度变化情况

碳素结构钢 C15 的比热容也随温度的变化而变化，随着温度的升高，材料的比热容逐渐增大，在 760℃左右出现拐点。比热容随温度的增加幅度加大，760℃左右出现拐点，之后比热容随温度的增加而减小，这是由于材料发生相变所引起的，800℃之后比热容随温度的变化渐趋平缓，如图 9 - 10 所示，最终在 1000℃该材料的比热容为 649J/(kg·℃)。

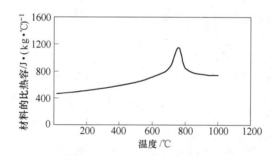

图 9 - 10　C15 的比热容随温度的变化情况

碳素结构钢 C15 材料的热膨胀系数随温度的变化如图 9 - 11 所示，随着温度的升高材料的热膨胀系数逐渐增大，但是大约到了 600℃之后逐渐趋于稳定，约为 1.5。

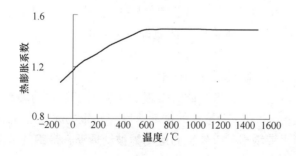

图 9 - 11　C15 的热膨胀系数随温度变化的情况

随着温度的升高，材料内部的热传导系数逐渐减小，大约超过 800℃之后材料的热传导系数变为随着温度的增加而增大，但变化幅度有所减小，在发生此变化之前其数值小有波动，如图 9 - 12 所示，最终在 1000℃时该材料的热传导系数为 24.88W/(m·K)。

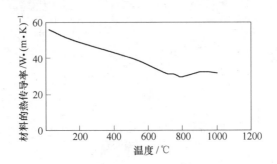

图 9 - 12　C15 的热传导系数随温度变化的情况

9.2.6　仿真模型的初步检验

采用以上的有限元模型进行模拟计算，轧制过程进行 1.5s 后带钢表面温度分布如图 9 - 13 所示，黑色粗线为拟合结果。

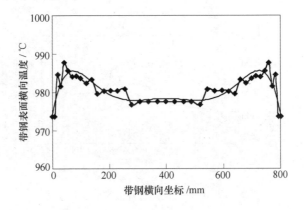

图 9 - 13　带钢表面温度的横向分布

理想的中性线应该是一条直线，但是带钢中部的压下会略小于边部的压下量，从而使得中性线发生变化，图 9 - 14 所示给出了带钢与轧辊之间的接触摩擦，箭头所指的位置是一系列的中性点，这些中性点所构成的曲线即为中性线，该结果与经典理论研究的结果一致。

图 9 - 15 所示给出了轧制过程中的扭矩，带钢被推板推入咬合区，在带钢进入咬合区前轧制力矩为零，带钢进入咬合区，此时带钢的速度大于轧辊的转动速度，相对于轧辊，带钢的移动为主动运动，0.09s 后推板的推动速度与轧辊的线速度相等，轧制力矩的方向改变，从这一刻开始，带钢相对于轧辊的运动为被动运动，带钢的运动为轧辊驱动，此时的轧制力矩稳定在大约 $3.0 \times 10^8 N \cdot mm$。

取带钢表面及厚度中心的两点，其在轧制过程中的温度变化如图 9 - 16 所示。带钢的中心温度在轧制开始时由于轧件的变形热而略有升高，而带钢表面的温度由于跟轧辊的接触换热而急剧降低，此时轧辊的表面温降约为 400℃，而心部由于变形生热所产生的温升约为 10℃。当带钢离开轧制区后，由于金属的内部传热，使得热量从带钢的心部向表面

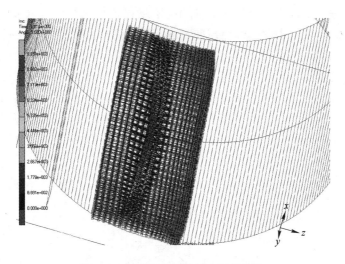

图 9 - 14 带钢与工作辊之间的摩擦

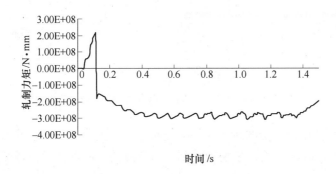

时间 /s

图 9 - 15 轧制扭矩

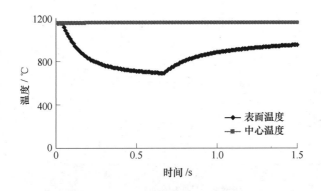

图 9 - 16 带钢表面及心部的温度变化

传送，带钢厚度方向的温度分布逐渐趋向均匀。带钢和轧辊刚接触时，两者之间存在接触热传导，高温轧件向低温轧辊传热，轧件温度迅速降低，同时带钢与轧辊之间的摩擦产生热量，带钢的塑性变形功也转化为热量，这两种因素会使轧件温度升高，但是不足以抵消接触热传导带走的热量，因此带钢在与轧辊接触时表面温度迅速降低，带钢中心温度略有升高。出辊缝以后，带钢表面与外界环境之间依然存在热交换，同时带钢内部温度较高，与带钢表面存在温度差，因此内部热量向表面传递，内部温度降低，表面温度升高，直到两者一致。

带钢轧制的过程是采用压下力使得带钢产生压下量从而达到所需要的尺寸。图9-17（a）所示给出了带钢在轧制过程中的带钢厚度方向变形量，其最终值为目标值17mm，带钢一半的压下量为8.5mm；图9-17（b）所示给出了带钢在出轧制区后压下量的局部放大图，可见由于材料的弹性回复而使得带钢的变形量略有减小。

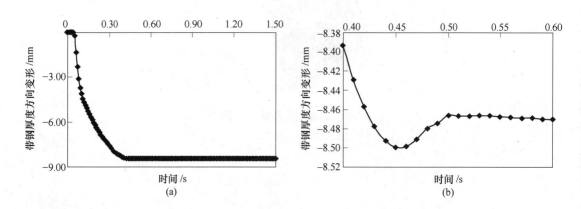

图9-17 带钢的压下变形
（a）带钢厚度方向变形量；（b）压下量的局部放大图

由于该模型在宽度方向上的所有条件都是对称的，因此带钢的表面节点的横向位移应该绝对对称。图9-18所示为该模型中带钢表面节点的横向延展，在宽度方向上对称，最大值为25mm。

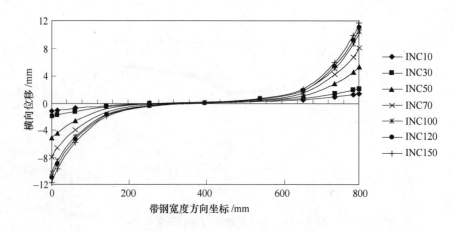

图9-18 带钢表面节点的横向位移

受实验条件及模型简化的程度所限，无法采用实际数据验证该模型，因此只能采用文献中的结果及有限元及物理学的基本理论来验证该模型的准确性，经验证，该模型结果有效可信。

9.3 热连轧带钢温度的测量

9.3.1 热轧温度检测装置

红外线是一种电磁波，具有与无线电波和可见光一样的本质。红外线的发现是人类对自然认识的一次飞跃。目前轧钢过程中用得较多的温度测量装置有：红外测温仪和红外热像仪。

(1) 红外测温仪。红外测温仪在钢铁工业中的应用范围越来越广泛。一般来说，非接触红外测温仪应用于钢铁生产过程中的比较多，当对温度进行监控时，有利于提高生产率和产品质量。温度表明生产过程是否工作在所要求的范围之内；加热炉温度是否太低或太高；轧机是否需要调整，或需要冷却到什么程度。红外测温仪都可以精确地监视每个阶段，使钢材在整个加工过程中保持正确的冶金性能，从而使红外测温仪在钢铁工业中的应用越来越广。红外测温仪在钢铁工业中的应用中有着很多的优点，如能生产优质的产品、提高生产率、降低能耗、增强人员安全、减少停机时间、易于数据记录等。其中，红外测温仪在钢铁工业中的应用主要是连铸、热风炉、热轧、冷轧、棒/线材轧制等。

红外测温仪在钢铁工业中的应用，其中智能传感头带有数字电路和双向通信，可在控制室内对传感头进行远程参数设置，使功能增强和控制更趋完美，这对于发射率变化的金属材料尤其重要。要生产出优质的产品和提高生产率，在炼钢的全过程中，精确测温是关键。

红外测温仪在钢铁工业中的应用主要分析如下：

连铸将钢水变为扁坯、板坯或方坯时，有可能出现减产或停机，需精确的实时温度监测，配以水嘴和流量的调节，以提供合适的冷却，从而确保钢坯所要求的冶金性能，最终获得优质产品、提高生产率和延长设备寿命。

1) 除鳞机。在钢材整个生产过程中，连续测温以及进行机架调整，可保证产品质量及生产线正常使用，并可避免意外停机。高性能双色测温仪或 1mm 波长的 MP50 行扫描仪（对于宽板坯）可安装在除鳞机和粗轧机之前，以帮助操作人员检查产品温度是否符合轧制要求，并据此对粗轧机参数进行相应的设定。

2) 精轧机组。钢坯进入轧机之前一直持续冷却，如果生产线停止工作一段时间，钢坯可能比再开动前温度还低。因此，轧辊必须作设置以补偿温度的相应变化。轧辊可由操作员人工设置，或者在每台轧机前安装上红外测温仪，轧机可自动设置，这就确保轧机设置正确。为了消除控制冷却区内蒸汽和灰尘对测温的影响，使用相应的双色测温仪即使在目标的能量被阻挡 95% 的情况下仍可准确测温。

3) 卷取机。在热轧过程中，通常冷却的钢板由卷取机卷成钢卷，以便运输至冷轧或其他设备处。保持层流冷却区合理冷却，在卷取机处需要准确测温。该点的温度是至关重要的，因为其决定成卷前的钢材是否被合理的冷却。否则，不合理的冷却可能改变钢材的冶金性能以致造成废品。

(2) 红外热像仪。利用某种特殊的电子装置将物体表面的温度分布转换成人眼可见的图像，并以不同颜色显示物体表面温度分布的技术称之为红外热成像技术，这种电子装置称为红外热像仪。热像仪在军事和民用方面都有广泛的应用。随着热成像技术的成熟以及各种低成本适于民用的热像仪的问世，它在国民经济各部门发挥的作用也越来越大。在工业生产中，许多设备常用于高温、高压和高速运转状态，应用红外热成像仪对这些设备进行检测和监控，既能保证设备的安全运转，又能发现异常情况以便及时排除隐患。同时，利用热像仪还可以进行工业产品质量控制和管理。热成像技术在工业上的应用实际上是作为一种高级测温技术应用于工业中的，这种设备我们称为热像仪。

过去的红外测温仪大都是点测温仪，点测温仪与热像仪比较，虽具有成本低、携带方便、传感器不需制冷等优点，但它却有如下缺点：

1）只能测量一个点（小区）的温度，不能测量表面的温度分布，不能提供图像，故难以证实仪器是否对准了被测点。

2）使用距离常常受仪器视场的限制。

3）目标的反常（不规则）反射难以同目标的真实温度变化区分开。

4）对环境温度起伏敏感。

因此，在远距离快速测量目标表面温度分布和记录热像的工程应用中必须使用热像仪。以前工业上使用的热像仪多用低温制冷的单元探测器的光机扫描系统，但这种系统成本高，结构复杂，使用不便。近年来，随着像增强和图像处理系统中采用数字电路的情况日趋增多，热释电摄像管系统和热电制冷探测器线列阵以及二维焦平面探测器列阵系统已成为民用热像仪的主要发展类型。热像仪可用于从冶炼到轧钢的各个环节。其具体应用实例列举如下：

1）大型高炉料面的测定。现代炼铁高炉要求炉内加入的原料分布均匀，从炉顶面温度的分布可以测定原料的分布均匀性。日本曾使用热像仪透过安装有高炉顶部炉壳的硅玻璃口测定炉内料面温度，进行图像处理后再由计算机控制给料设备的动作，调整原料流量，使炉料分布合理，起到降低焦比的作用。我国宝钢1号高炉，使用国产热像仪，实时采集、计算、显示料面温度，对决定原料的定量投放、提供生铁产量和质量、延长炉龄和节能降耗起了重要作用。

2）热风炉的破损诊断和检修。热风炉的炉衬在生产中容易被烧坏，但因炉子是封闭的，烧损位置不易发现。上海梅山钢铁公司应用热像仪诊断炉子破损位置，及时进行检修，大大延长了热风炉的使用寿命。

3）高炉残铁口位置的确定。高炉大修之前，需要在炉子上开口把炉内残铁排尽。以往凭经验确定开口位置，往往不准确，造成残铁排不尽，给拆炉工作带来困难。本溪钢铁公司5号高炉大修时，用481热像仪对炉壳测温，在死铁层下测拐点，只用了25min，就确定残铁水的下表面位置和开口位置，开口后残铁全部排尽。

4）钢锭温度的测定。炼钢厂浇注的钢锭，在入均热炉前的温度很重要。宝山钢铁总厂应用热像仪对入炉前的钢锭进行表面温度测定，使均热炉对钢锭加热达到最佳化，并且节省了煤气用量。

5）连铸板坯温度的测定。在连铸机中板坯的拉制与冷却水量及拉坯速度有一定关系，研究这一定量关系对板坯的产量、质量及连铸机的安全生产极为重要。武钢用AGA780热像仪对铸坯在不同冷却水量和不同拉坯速度下的温度进行设定，取得了大量数据，从而制定出与铸坯温度相适应的生产工艺规则，使连铸机能稳定运转。

6）钢铁模温度的测量。为了改进钢锭模的使用寿命，减少消耗，需测定锭模热态工作状态下表面温度场的变化规律。武钢、鞍钢和大连工学院联合测定了钢铁模从浇注到脱模之间表面温度场的变化情况，获得了该温度场的变化规律、锭模的最高温度及其位置和持续时间等数据，利用这些数据成功地设计出了高质量的钢铁模。

7）出炉板坯温度的测定与控制。从加热炉出来的待轧板坯，要求温度分布均匀。鞍钢中板厂用 6T61 热像仪测定了出炉板坯的温度，发现炉宽方向温度不均匀，还发现板坯出现"黑印"，据此，分析了原因，采取了相应措施，消除了这些问题，从而保证了板材质量。

8）热轧辊表面温度的测定。热轧辊长期在高温下工作，容易产生热疲劳裂纹，这与辊表面温度分布及变化的规律有关。武钢用 6T61 热像仪测量，发现轧辊表面温度分布不均匀，这与生产中轧辊冷却水分布不均、钢坯温度不均等因素有关，因此采取相应措施，从而减少或消除了热裂纹。

为了准确获得带钢轧制后的温度分布规律并验证本研究所建立的带钢温度场仿真模型以及轧辊温度分布计算模型，进行了一系列的温度场测试分析工作。下面分别对带钢以及轧辊温度场的测量结果进行分析和研究。

9.3.2 热连轧带钢温度的检测

过去对现场温度采集多采用现场测量和传统模型的计算方法。现场温度测量虽然方便快捷，但是由于主观因素大，容易造成采集温度偏差较大，甚至有时候需要通过其他轧制参数的测定值来量定温度，并且大多只能采集到表面温度，不能得到全面的准确温度信息。传统模型方法包括经验公式和有限差分等方法进行温度计算和确定，这种方法虽然可以在线应用，避免进行大量的试验，但是对温度影响因素较大的热轧过程来说，其温度计算的精确度仍有待于提高。

热轧生产线一般在出炉口、粗轧机组中间（如 R1 之后）、粗轧之后、精轧飞剪之前、精轧之后及卷取机之前共 5~6 处设置测温点，其中最重要的是粗轧之后的测温点，因为此处测温条件较好，板坯厚度适中，经变形后表里温度均匀，表面干净，无水汽障碍，故测量结果比较准确，一般皆以它作为基础来对加热温度进行反馈控制和对终轧温度、卷取温度及层流冷却速度进行前馈控制。加热炉前的测温点一般只用来监视出炉板坯，防止温度过低的板坯送去轧制。由于表面氧化铁皮太厚，此处测温不可能准确，所以不能用来实测出炉温度。不过，近年来使用的拖偶试验和"黑匣子"试验方法，可以较为精确的得到板坯的出炉温度。精轧飞剪之前的测温点按理对于测定精轧入口温度是十分重要的，但也由于在中间辊道上产生的次生铁皮而妨碍准确测温，故精轧开轧温度一般常采用粗轧出口的实测温度通过温降数学模型来计算确定，而此精轧入口前的温度计只是作校核计算时用。精轧机组后面的测温点为产品终轧温度的实测点。卷取前的温度计为卷取温度的实测点。可见，测温点只是安置在关键的为数有限的特殊点，而且其中有些点实测精度还不高，因此要确定轧件在任一位置的实际温度，便只能以某一处的实测温度为基础，通过数学模型来进行计算。同时，又可以根据实测温度来不断修正数学模型及调整加热温度、轧制规程（速度）和冷却水量，以实现对终轧温度和卷取温度的自动控制。

武钢二热轧在热轧板坯入炉前设置扫描式测温装置，对钢坯表面温度的分布状态进行多点测量。R2 后、F1 前、F7 后、精轧层流冷却区前、1 号卷取机前设置了英国 Land 公司红外测温仪。位于 F7 出口的 Pasytec 带钢表面质量分析测量系统具有测量宽向温度的附加功能，但从未投入使用。马钢 CSP 热轧生产线在除鳞之后、精轧出口、强冷之后卷取之前设置了温度测量点。精轧出口可以测量横向温度分布，但不参加反馈。

在不同的测量位置通常有相对的检测方法：

（1）加热炉温度。为了精确确定加热炉内钢坯传热计算的边界条件，纵向测温手段主要有拖偶试验和"黑匣子"试验。其中，拖偶试验是在钢坯上钻孔，埋入热电偶，电偶随钢坯入炉，测量钢坯加热过程中测温点温度随加热时间的变化，测温结果可用来分析炉气温度、加热时间与钢坯温度变化的关系，同时可用来校核加热炉内钢坯加热过程温度场数值模拟的边界条件。"黑匣子"试验是通过固定在钢坯上的高温温度记录仪实测和记录钢坯在加热炉内的温度变化及炉气温度分布，温度数据直接通过硬件接口读进计算机，并可以用相关软件进行数据处理。通过对实验结果的分析可以得出钢坯加热总括热吸收系数，并对数学模型进行验证，以得出控制模型中的总括热吸收系数。在热轧温度场计算中，轧件的热物性参数也对模拟结果有重要影响。对于金属的导热系数、比热和热扩散系数的测量，有学者采用 TC – 3000H 型激光脉冲物性参数测量仪测定，有学者用激光加热法测定。有学者对 1Cr18Ni9Ti 不锈钢的传热特性进行了分析，并用试错反算法得到了热传导系数值。

炉内带钢横向温度的测量可采用高温型电感式带钢对中测量设备，根据电磁场感应的原理，在被测量带钢的两侧边部上下水平放置两套对中传感器并与带钢中心对称布置；带钢上方的对中传感器内有两个发射传感器，带钢下方的对中传感器内有两个接收传感器，发射传感器所发射的磁场方向垂直于带钢边部到接收传感器。信号处理装置提供一个频率和频幅可调节的正弦波交流电压给电感发射传感器，电感发射线圈所产生的交变磁场感应到接收传感器；接收传感器被感应到的磁通量的大小取决于带钢的位置。频幅的大小变化所产生的交流电压经过计算转换为模拟输出信号，最终得到带钢的边部位置。对于带钢对中纠偏来说，来自两个相同的干扰分别作用于两个接收传感器，这种干扰可以抵消。该系统的研发始于 20 世纪 90 年代，现在已经取得广泛的应用，具有精确可靠，不受炉内蒸汽及粉尘影响的特点。

（2）精轧出口处。红外线行扫描系统最先被安装于波鸿和多特蒙得的蒂森克虏伯钢公司的两套热带轧机上以进行质量保证及工艺控制，其目的是为了在带钢的全长和全宽范围内获得均匀的温度。该系统于 1998 年初安装在这两套热带轧机上。国内马钢热连轧生产也在采用此系统进行温度测量。该系统包括：安装于精轧机组出口和卷取机入口处的两台温度扫描仪；两套数据处理及被测值换算用 LPU – 2 装置；一个在计算机房中的中央服务器站；一台在控制室中的在线显像用计算机；一台离线计算用计算机。

两台温度扫描仪均与服务器站连接。该系统具有在线显像和温度分布的离线计算功能，蒂森克虏伯公司使用该系统实时测量带钢横向温度分布，及时调节清理擦拭器及喷嘴，解决了温度分布不均匀引起的受压部件常显示出由冷轧带钢卷上的纵向磨损痕迹引起的条纹的问题。

武钢 2250mm 热轧生产线采用红外扫描测温技术对入炉前的热装板坯进行了实时过程温度图像扫描、分析及控制，克服了单点式测温法存在的测温数据单一、测量精度低等问题。并配套有关温度数据分析软件和通信软件，将测量数据送往上位机，进行燃烧控制的优化。马钢 CSP 热连轧生产也在采用 RM312 温度扫描系统进行温度测量。

粗轧机组中间（如 R1 之后）、粗轧之后、精轧飞剪之前、精轧之后及卷取机通常前装有红外线高温计，用于监测这几点的带钢温度，该高温计测量的是这几个位置带钢中部的表面温度，但是受到除鳞水蒸气等干扰条件的影响，所测结果与实际温度有一定差异。

红外测温仪所具有的特点，使它广泛地应用于工业的各个领域，但它是高技术产品，对生产和应用技术要求都很高。红外测温属于非接触式测量，是测温技术的主要种类。它具有测量范围广、响应快、不破坏被测对象温度场的特点，因而广泛应用于工业的各个领域。红外测温是检测物体表面辐射能量来测量温度的，因而人们围绕着如何准确地测量被测物体表面辐射能量和将测得的辐射能量转换成温度进行研究。测温仪的稳定与否是它能否在热轧生产中应用的关键。红外辐射或称红外线是波长位于 $0.76 \sim 1000 \mu m$ 之间的电磁辐射，它所依据的主要物理公式是普朗克公式，温度为 T 的黑体，单位面积在波长为 λ 的单位波长间隔内向整个半空间的辐射功率 W 由下式确定：

$$W = C_1 \lambda^{-5} \left(\exp \frac{C_2}{\lambda T} - 1 \right)^{-1} \tag{9-13}$$

该公式表明黑体温度 T 是辐射功率 W 和波长为 λ 的二元函数。事实上，在生产过程中，被测物体不是真正的黑体。物体的辐射功率 W_1 是被测物体的表面发射率 ε（即所谓黑体系数）与黑体辐射功率 W 的乘积。

$$W_1 = \varepsilon W \tag{9-14}$$

可见，任何物体的自发辐射功率 W_1 与黑体的辐射功率 W 和被测物体的表面发射率 ε 有关。被测物体的表面发射率 ε 与其材料的性质（组成成分、金属非金属、晶体非晶体等）、表面状态（表面光滑粗糙、氧化程度、污染或表面涂层等）即测温仪现场的实际应用状态和物体的温度直接相关。通常制造厂将测温仪在黑体条件下进行分度，并将它的工作波段 λ 予以确定，制造出不同工作波段的测温仪供用户选用。此时，波长确定，物体的黑体辐射率即已确定，只要能够得到被测物体的表面发射率，便可准确得出所测物体的实际温度。

通常被测物体的辐射光谱偏离黑体甚远，所以根据被测物体材料的性质选择测温仪的工作波段是必要的。辐射传递通路中介质的光谱特性是影响工作波段的另一因素，钢板表面存在水斑，其周围弥漫着水蒸气，对于短波和可见光波段内水是透明的，而水蒸气存在着许多吸收峰。理论和实践证明，对于特定的工业对象来说，测温仪工作波段的正确选择是必要的。对于热轧过程中的高温检测来说，选择 $0.9 \mu m$ 附近窄工作波段是合适的。

被测物体的表面发射率 ε 是辐射能量对温度转换的主要因素之一，发射率 ε 与被测物体温度 T、波长 λ、构成材料和表面状态密切相关。当被测物体材料和工作波段确定后，物体表面难免存在使发射率 ε 发生变化的影响因素，如水蒸气、氧化铁皮等杂散物质。这些杂散物质在被测物体表面分布不是均匀的，导致被测物体表面各个局部的发射率是不一致的，这样，同一温度的被测物体辐射能量是变化的，测温仪的温度显示和输出是波动变化的。频繁变化的温度信号给自动化系统控制生产带来困难。为解决这一难题，测温仪应具有"峰值－低谷"采样保持功能。测温仪是在黑体条件下进行分度的，被测物体不可能是真正的黑体，其发射率 $\varepsilon < 1$，这样，所测得的温度不是真实温度，而是所谓"表观

温度", 其值低于真实温度。如若测温仪参数功能选择正确和现场应用得当的话, "表观温度" 用作自控信号和显示是可行的; 另外, 也可以凭经验适当调整发射率 ε, 减少 "表观温度" 与真实温度的差异。

选用测温仪时应使目标充满测温仪视场。测温仪的视场直径 d 由距离系数 c 和测量距离 L 的关系决定:

$$c = \frac{L}{d} \tag{9-15}$$

式中, c 为距离系数; L 为测量距离; d 为视场直径。

测温仪从视场直径内接收的能量仅为总接收能量的 90% 左右, 产生所谓 "面积影响", 为了有效地克服 "面积影响", 应使目标直径两倍于视场直径, 因此, 应尽量选用距离系数 c 较大的测温仪。对于热轧过程的红外测温, 小目标测量和 "峰值" 采样保持功能的应用, 可大幅度减少被测带钢表面杂散物质对表面发射率 ε 的影响。

马钢 1800mm 热连轧精轧机架出口处装有 RM312 凸度仪, 在轧线上的位置如图 9-19 所示。该凸度仪上臂的中央装有红外线行扫描系统, 用于测量带钢的横向温度分布以做出带钢横断面厚度的温度补偿。该系统由 Land Infrared 公司提供, 1998 年初被安装于 Bochum 和 Dortmund 的 Thyssen Krupp Stahl AG 公司的两套热连轧机上以进行质量保证及工艺控制, 其目的是为了在带钢的全长和全宽范围内获得均匀的温度, 其主要系统结构如前所述。

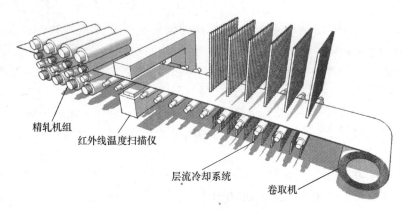

精轧机组
红外线温度扫描仪
层流冷却系统
卷取机

图 9-19 温度测量仪的位置

温度扫描仪与服务站连接。该扫描仪本质上是一种高速红外线辐射温度计, 它利用旋转镜以与带钢移动垂直的方向测量温度。通过带钢的移动以及穿过带钢移动方向的扫描线便可得到一个二维温度矩阵。传感器的光谱灵敏度为 $1.1\mu m$, 这说明, 外界光线对温度测量精度的影响因传感器光谱灵敏度短的波长而可忽略不计。该系统的测量范围是 600 ~ 1200℃, 测量精度在 ±5℃ 之内, 测量分辨率为 0.5℃, 辐射率为 0.85, 带钢在 60° 的扫描角度上被测, 扫描周期为 40ms, 扫描速度为每秒 25 次, 与热像仪相比测量精度更高。温度扫描仪的示意图如图 9-20 所示。

被测温度数据的处理和换算在相应的 LPU-2 装置中进行。LPU-2 装置带有一个能根据温度值将温度计信号转换成电压的高速 A/D 转换器。在 20Hz 的扫描频率下, 扫描每

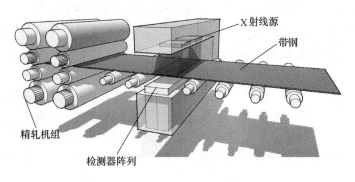

图 9 - 20 温度扫描仪示意图

秒输送 20000 个温度值。LPU - 2 装置把这些数值换算并处理成下流计算单元所需的形式。以带钢长度为基础表示温度数据，并把带钢速度考虑在内。带钢速度的信号被连接到一个模拟输入端上。为了把扫描仪信号转换成温度值，信号必须用带钢的辐射系数赋值。它通过一个 4 ~ 20mA 的输出端传送给扫描仪。在 LPU - 2 装置中，规定有 14 个自由可编程序区（温度分布图中的窗口或区域）。10 个区是以带钢宽度的每 10% 为一间隔而构成的，其余 4 个区用于技术研究。这些区靠辨别带钢边缘来触发、补偿带钢的移动。区域中被测的最大温度值为在线输出。

服务器站有下列功能：（1）从精轧机组过程计算机中接受目标值信号；（2）把实时的温度分布值传给精轧机组过程计算机；（3）贮存所有的温度分布数据用于离线计算；（4）贮存计算的统计值。

服务器计算机是一个双 Pentium - Pro PC，其时钟频率为 200MHz，操作系统为 Windows NT。部分位于仪表室内的两个 LPU - 2 的电子计算装置，通过使用 TCP/IP 协议的系统自身光纤局域网（LAN）与服务器中连接，用于质量控制的经换算了的温度数据经过服务器上的第二接口（也使用 TCP/IP 协议）和企业以太网总线被传送给主过程计算机。安装于服务器上的软件可以显示被测数据。所有系统相关数据均能通过服务器和客户进行更改。

按照客户 - 服务器原则，系统数据存储于最被需要的地方，即操作扫描仪及生成区域数据的所有数据部分存储于 LPU - 2 装置内。这里也是进行初始统计分析的地方，生成显示和统计数据的系统数据存储在服务器里。LPU - 2 装置的全程序设计可通过服务器完成。根据产品，在服务器计算机中进行各种计算构型。需要的构型经企业以太网总线被装载。该总线还用于传输当前的带钢数量以及其他原始数据，如材料、期望的目标温度、宽度、厚度及长度。随后，被测数据可用一明确的号码贮存起来。服务器装有贮存介质用于温度数据的短期和长期归档。短期归档包括全时所测的温度及 3000 根以上带钢产量的局部分解，它适应于约一星期的生产。长期归档包括 450 天内带钢宽度及 100m 长度段上 10 个区的平均温度和有关的标准偏差。这些数据经企业以太网总线传送至其他计算机系统（过程计算机和离线计算系统）中。

除温度扫描外，LPU - 2 装置还计算 14 个区域的数据（分布图的线段）以及 8 个模拟量和 8 个数字输入量。目前，这些输入量仅用于确定当前的带钢速度。然而，内部数据结构已处理并贮存了所有的测量结果，为数据库功能提供了其他的用途：七个未用的模拟输入端可与另外的测量系统连接。在这种情况下，这些测量结果可用20Hz的扫描频率贮存，并可被专门分配给所测的温度分布图。从其他温度测量仪上得到的模拟信号以及由厚度、宽度和厚度分布测量结果，如厚度偏差、宽度偏差及带钢凸度及楔形等产生的信号也可连接于此；可以连接数字输入端以在服务器选择一个特定的温度分布图。数字触点由厚度与平坦度测量系统触发，并允许将特定的温度分布图配给厚度与平坦度分布图。目前，所描述的系统把带有标准偏差的平均温度及温度分布图传送至高一级的计算机，也可以利用线性回归在纵向或横向进一步处理这些温度分布图，然后只有回归系数及其测定次数传给高一级计算机。这些系数可用于控制系统以控制压下机构的调整来抵消温度对带钢变形的影响。

红外线行扫描系统可以进一步反映出轧制过程中所存在的问题，并且通过后续的强冷以及层流冷却进行补偿，控制中部水量与边部水量，消除内部应力，进而改善带钢板形。

在F7机架和测量房之间安装有风扇，目的是吹向出口的薄带钢（小于2mm）使带钢贴在输出辊道上，薄带钢轧制出口速度约为11m/s。这种规格带钢在输出辊道上通过层流冷却区域到夹送辊时会飞离辊道，安装风扇可以从上部给带钢一个特定的力以减少带钢的导向问题。风扇自身安装在测试房的顶部。前面是圆柱状后面是三角形的输送管将空气垂直吹向带钢表面。管子的出口在材料流向方向形成了空气层流，带钢上的空气流的精确角度在调试阶段确定，开始值是30°，出口是输出辊道表面的上方。同时，风扇还可以吹走带钢表面的冷却水，使温度扫描仪测得的带钢表面温度不受机架间冷却水的影响。

9.3.3　1800mm热连轧机的工艺情况

马钢CSP生产线（如图9-21所示）是世界上第21条CSP薄板坯连铸连轧生产线，年生产能力2.0×10⁶t，其中约有70%供给其后的酸轧、退火和镀锌生产线。马钢CSP生产现场轧线部分的设备主要由辊底式隧道炉、液压事故剪、高压水除鳞箱、立辊轧机、7机架四辊精轧机组、快速冷却和层流冷却装置、飞剪、地下卷取机、钢卷车、步进梁式运输机、打捆机、称重装置、喷印机、检查线、取样剪等组成。与常规热轧相比，CSP生产线铸坯不经过冷却再加热的过程而直接进入轧线，且没有粗轧机。

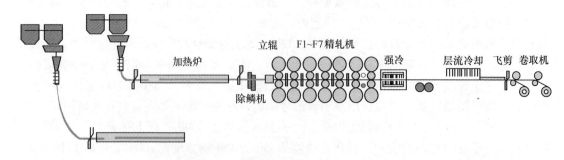

图9-21　马钢CSP装置布置示意图

马钢CSP精轧机组由7架串联的四辊轧机组成，采用CVC/CVC^{PLUS}，液压AGC控制、工作辊弯辊及液压活套等控制技术；在F1、F2轧机出口侧均设有10MPa的高压水（高压水耗量约为115m³/h）除鳞装置进行二次精除鳞，清除轧制过程中的二次氧化铁皮以获得更好的带钢表面质量；F1 ~ F6 机架后有液压活套；F1 ~ F7 机架采用了辊缝润滑。1800mm CSP 精轧机组主要参数见表 9 - 4。各机架轧机主要技术参数见表 9 - 5。

表 9 - 4　1800mm CSP 精轧机组主要参数

参　数	数　值
精轧机架数	7
轧制速度/rad·s^{-1}	0.58 ~ 8.85
工作辊长度/mm	2000
轧机类型	CVC - 4h
机架间距离/mm	5500
来料温度/℃	1050

表 9 - 5　各机架轧机主要技术参数

设备名称		轧 辊 尺 寸		轧制速度/m·s^{-1}	最大轧制力/kN
		工作辊/mm	支持辊/mm		
立辊轧机		φ750/700	—	0 ~ 1.0	2500
精轧机	F1	φ950/820 × 2000	φ1500/1370 × 1800	1.19 ~ 3.57	44000
	F2	φ950/820 × 2000	φ1500/1370 × 1800	1.19 ~ 3.57	44000
	F3	φ750/660 × 2000	φ1500/1350 × 1800	2.15 ~ 6.31	42000
	F4	φ750/660 × 2000	φ1500/1350 × 1800	3.00 ~ 8.81	42000
	F5	φ620/540 × 2000	φ1500/1350 × 1800	5.71 ~ 16.23	32000
	F6	φ620/540 × 2000	φ1500/1350 × 1800	8.11 ~ 23.05	32000
	F7	φ620/540 × 2000	φ1500/1350 × 1800	8.11 ~ 23.05	32000

　　CSP 的均热工艺及装备保证了板坯在这个长度和宽度上温度恒定，而在传统热轧带钢生产中，由于加热炉内的水印引起的局部温降，以及带钢头尾温差等纵向长度上的温度波动是不可避免的。在 CSP 实际生产工艺中，经辊底炉均热和升温后的薄板坯温度可达 1100 ~ 1150℃，高于传统轧机中间带坯的温度，且薄板坯沿横向和纵向温度均匀，板坯横断面与纵向温差一般均在 ± 10℃ 内，因此在轧制过程中没有温度波动引起的轧制力的变化，从而保证了带钢轧制的稳定性。

　　在精轧过程中，需要采用不同的温度控制工艺以降低工作辊的热凸度及带钢头尾温差，该 1800mm 精轧机组中与温度相关的控制系统主要有以下几项：

　　(1) 机架间冷却系统。机架间冷却系统位于活套的上游，带 4 列喷嘴的喷淋集管布置在 F1 ~ F6 的下游，一个位于带钢的上方，另一个在带钢的下方。系统的喷嘴将水喷射到带钢转换台的连接板之间。通常区分为工作位置（活套倾斜角度 28°）和等待位置（活套倾斜角度 61°）。该装置根据工艺过程的需要，为带钢的上表面和下表面提供所需的水流量，从而严格控制带钢的温度，并可以根据冷却模式进行调整。如果带钢比较长（特别是成品厚度比较小的碳钢），由于最后机架速度增加，则单位时间内所需带走的热量更大。机架间冷却系统参数见表 9 - 6。

表 9 - 6   机架间冷却系统参数

机架间冷却系统	机架之间的冷却系统参数数值
工作压力/MPa	1
每个装置最大水流量/m³·h⁻¹	F1 ~ F3：80 ~ 350 F4 ~ F6：80 ~ 270
喷嘴数量	F1 ~ F6：36 个喷嘴（4 列）
上喷淋集管	F1 ~ F3：44 个喷嘴（4 列）
下喷淋集管	F4 ~ F6：28 个喷嘴（4 列）

（2）工作辊冷却系统。轧机的进出口侧都装有轧辊冷却系统，进口侧工作辊冷却系统属于二次冷却装置，它的作用是将轧制过程中工作辊产生的热量带走；出口侧工作辊冷却系统的作用是将工作辊的热量带走。轧制后（这也包括了温度从热带钢转移到工作辊上的时间），大量的水通过冷却系统的喷嘴喷射到工作辊上，从而将工作辊的温度限制在一定的范围之内。工作辊冷却系统参数见表 9 - 7。

表 9 - 7   工作辊冷却系统参数

机架	F1	F2	F3	F4	F5	F6	F7
工作压力/MPa	1	1	1	1	1	1	1
每台机架水流量 （进口侧/出口侧）/m³·h⁻¹	100/560	104/596	95/540	84/476	70/400	70/370	70/370
总的水流量/m³·h⁻¹				3905			

（3）纵向喷淋及侧吹装置。带钢侧吹装置的供水管位于下一机架的进口侧，在整个带钢宽度上均布 3 个喷嘴。喷嘴喷出的水逆着物流方向喷射在带钢表面上。在该装置的作用下，带钢上表面疏松的氧化铁皮被除掉。当带钢下表面的氧化铁皮掉落时，需要从上方喷水将其除去。纵向喷淋及侧吹装置参数见表 9 - 8。

表 9 - 8   纵向喷淋及侧吹装置参数

侧吹装置	数 值
工作压力/MPa	1
每个装置最大水流量/m³·h⁻¹	10
F1 ~ F7 喷嘴数量/个	3
F7 下游喷嘴数量/个	2

9.4   热连轧带钢横向温度分布的测量分析

为了研究热轧带钢横向温度分布规律，对该套 1800mm 轧机上轧制的 228 块带钢采用前述测量设备进行了横向温度的测量，所测带钢的规格见表 9 - 9。

表 9-9 测量带钢的规格

轧 制 品 种	SPHC-1，SS400-3
带钢厚度/mm	1.5~7
带钢宽度/mm	1023~1542
精轧出口带钢温度/℃	846~923

9.4.1 带钢横向温度分布规律描述

对测量结果进行分析后发现，带钢的横向温度分布大都呈中间低、边部高，两侧温度分布基本对称，驱动侧略高于操作侧的分布规律，如图 9-22 所示。该特征可以采用边部及中部两组参数来进行描述：

将带钢横向温度分布定义为两个部分，即中部和边部。

带钢边部描述参数：Se，温度最高点到边部的距离；ΔTe，温度最高点与边部温度最低点的温差。

带钢中部描述参数：Sc，带钢中部温度最低点相对带钢中心点的偏差；ΔTc，中部温度最低点与带钢温度最高点的温差。

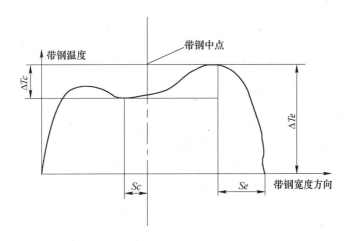

图 9-22 带钢横向温度分布示意图

通常在距带钢边部 Se 处温度最高，自此点向边部带钢温度迅速下降，此处温降的温差记为 ΔTe，该点向中部温度降低，至中部温度最低点温差记为 ΔTc，中部温度最低点的位置距带钢中心点的距离记为 Sc。利用这些参数 Se、Sc、ΔTe 和 ΔTc 可以很方便地对带钢横向温度分布规律进行分析。

利用前面给出的描述参数对 228 块带钢的横向温度分布测量结果进行分析，发现绝大多数的带钢中心部温差小于 20℃，即 58% 左右带钢的 ΔTc 在 20℃ 范围内，如图 9-23（a）所示。而另外 42% 左右的带钢中部温差 ΔTc 超过了 20℃，其中又可以分为四种情况：

（1）局部有温度高峰点，温度起伏较大并且没有明显的规律，Se 及 Sc 变化很大，如图 9-23（b）所示。

（2）在带钢边部温度尖峰较为明显，距离边部距离 Se 较小，中部温度变化没有明显

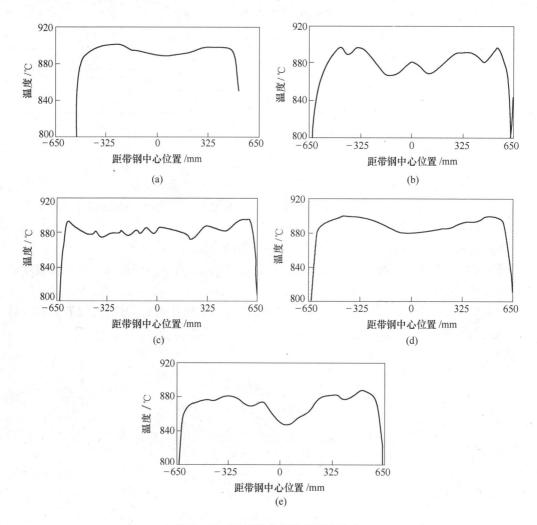

图 9 - 23   典型的带钢横向温度分布

规律，温度最低点位置不固定，距离中心较远即 Sc 较大，如图 9 - 23（c）所示。

（3）带钢中部总体温度低于边部但变化较平缓，中部温差 ΔTc 较小，如图 9 - 23（d）所示。

（4）带钢在中部出现局部温度降低较剧烈的情况，中部温差 ΔTc 较大，如图 9 - 23（e）所示。

有资料表明，1℃的温差可以产生 2.205MPa 的应力差，该应力差在轧机出口处表现为平坦度的变化，为消除这一应力差，可以在平坦度目标的设置上进行补偿。但是，本文发现的温度分布规律与文献有所不同，可见，关于平坦度目标的补偿要根据具体的轧机、轧制大纲及工艺情况确定。根据现场实际生产及测量状况来分析，个别异常结果是由带钢甩尾等情况所引起的，大部分测量结果符合前面所总结的规律。

9.4.2   带钢温度分布规律

在带钢边部区域，从带钢温度最高点到边部的温度降低最快，可以用之前所提出的参

数 ΔTe 和 Se 来描述这一边部区域的温度分布：

（1） ΔTe 介于 53～130℃ 之间；

（2） Se 值介于 40～405.6mm 之间；

（3） 在所测量的带钢中，有 79% 的带钢 $Se < 200mm$，因此大多数的边部带钢温降发生在距边部 200mm 的范围内。

进一步来讲，当带钢的厚度介于 2.5～3.5mm 之间，宽度介于 1275～1525mm 之间，易于出现边部尖峰的情况，而其他横向温度分布情况在所测量的带钢厚度与宽度规格中均有发生。进一步分析发现，Se 与带钢厚度、宽度及纵向温度之间没有明显的对应关系。

采用前面给出的特征描述参数，可以总结出带钢横向温度分布中心区域的规律如下：

（1） 中心部温差 ΔTc 介于 5.2～46.5℃ 之间；

（2） 温度最低点距带钢中心距离 Sc 介于 0～588.8mm 之间；

（3） 约 58% 的带钢中心部温差 ΔTc 小于 20℃；

（4） 约 42% 的带钢中心部温差 ΔTc 大于 20℃。

进一步分析发现，Sc 与带钢厚度、宽度及纵向温度之间没有明显的对应关系。

9.4.3 带钢横向温度与压下率的关系

带钢进入精轧机组后，由于轧辊压扁变形及磨损，导致辊缝形状发生变化，从而使得带钢沿宽向的变形量发生变化，进而使带钢沿宽向产生的热量发生变化。因此，带钢的压下率会影响温度的均匀性。根据测量结果，统计不同压下率带钢的平均横向温差，其结果如图 9-24 所示。

带钢压下率越大，横向温差越大，压下率每增加 1%，横向温差约增大 1.5～2℃。带钢的压下率越大，轧辊的压扁越严重，引发的横向温差越大。这是因为实际测量的带钢

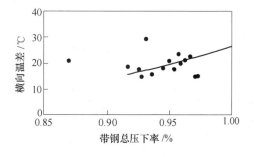

图 9-24 不同压下率带钢横向温差的变化

经过多机架轧制压下率更大，因此变形生热产生的变化越大。同时由于带钢压下率越大，出口带钢越薄，心部与表面的温差越小，变形生热所带来的影响也越大，因此薄板坯轧制中的横向温度控制更复杂。

9.4.4 带钢横向温度与带钢宽度的关系

对同样厚度不同宽度的带钢横向温差采用统计分析的方法，研究带钢表面温度温差与带钢宽度之间的关系。带钢的宽度越宽越难实现宽向温度的均一化控制，因此带钢的横向温差随带钢宽度的增加而线性增大。由于轧制计划编排的原因，所测的 228 块带钢宽度主要集中在三个值（1035mm、1285mm 和 1540mm）附近，其分析结果如图 9-25 所示。可见，带钢宽度越大，横向温差也越大，且宽度每增加 200mm，横向温差约增大 7～10℃。

9.4.5 带钢横向温度与终轧温度的关系

对于同样厚度的带钢，横向温差与其纵向温度之间的关系如图 9-26 所示。可见，带

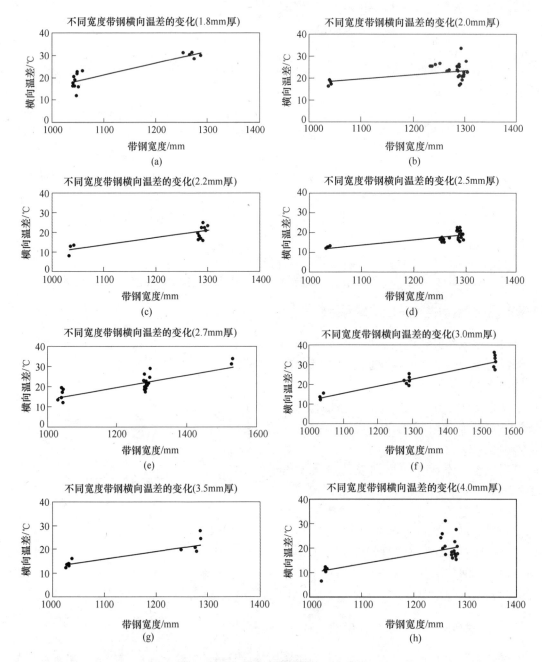

图 9-25　不同宽度带钢横向温差变化

钢的终轧温度越低，其横向温差越高，带钢的终轧温度每降低 1℃，带钢的横向温差增加 0.55~0.75℃。该结果表明，带钢的终轧温度与带钢的精轧入口温度及纵向温度控制所采用的相关技术有关，例如升速轧制和机架间冷却技术。因此，随着带钢纵向温度控制的使用，其对带钢横向温度分布的影响也在加大，带钢纵向温度控制与带钢的横向温度分布存在耦合关系，改善带钢横向温度分布可从降低纵向温度控制的强度着手，例如改良机架间冷却水的强度分布。在入口温度相同的情况下，终轧温度越低，轧制过程中带钢的温度变

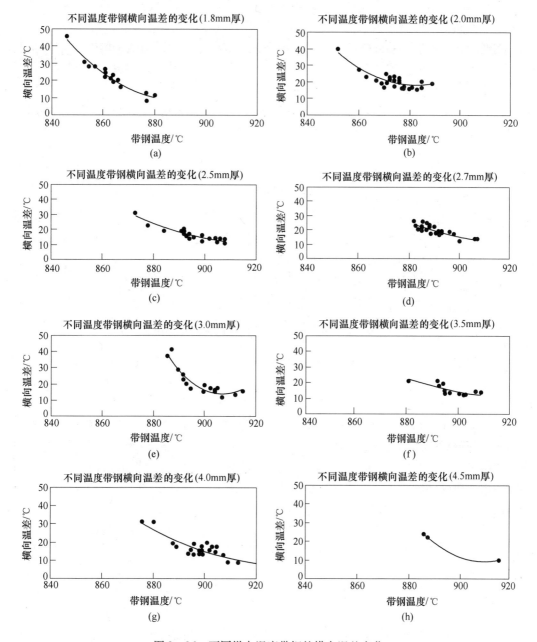

图 9-26 不同纵向温度带钢的横向温差变化

化量越大，横向温差也越大。

9.5 带钢轧制过程中的温度控制方法及调节手段

热轧温度制度主要包括开轧温度、终轧温度以及轧制中的温度控制。在薄板坯连铸连轧中，对普通低碳钢，一般的均热温度为1100~1150℃，开轧温度为1050~1100℃，终轧温度为750~920℃，这样的工艺参数可以满足大多数热轧产品的质量要求。

根据钢的控制轧制理论，一般来说，钢的轧制可分为再结晶温度轧制、未再结晶温度轧制、两相区轧制和铁素体轧制，前两种轧制在奥氏体温度下进行，不同的轧制方式对温度的要求不同。但总的来说，由于薄板坯连铸连轧中实现了直接轧制，因而开轧温度较低，较低的开轧和适当的终轧温度对提高产品的性能有利。如采用低于奥氏体再结晶温度的精轧温度，并利用合理的累积压下率，可以在随后的奥氏体相变中获得很高的成核率，使铁素体晶粒细化。对碳含量相对较高的钢种，随着含碳量的增加，微观组织中的珠光体的比例也随着增加，这样钢的强度也随着提高。由于采用低的终轧温度，因而首先获得细的奥氏体晶粒，然后对奥氏体转变进行控制，即使在碳含量较高的情况下，也能获得渗碳体片层间距小和珠光体球团尺寸小的微观组织。对含合金元素的钢种（这里主要是指微合金元素钢种），合金元素及其化合物的固溶规律对温度制度很重要，在现代低合金高强度钢中，一般是通过在钢中添加微量的 V、Nb、Ti，通过这些微量元素形成碳氮化合物，在钢中起到细化晶粒和析出强化的作用。但不同微合金碳氮化合物在钢中的行为规律不相同，因而所采用的热连轧温度制度也不尽相同。终轧温度控制是轧制工艺中需要控制的主要因素之一。不同钢种，钢的终轧温度控制不同。

一般来说，普通低碳钢的终轧温度基本上控制在 A_{r3} 线以上，根据经验公式，对一般低碳钢而言，低碳钢卷的 A_{r3} 线计算公式如下：

$$A_{r3} = 910 - 507w[C] + 27w[Si] - 63w[Mn] \qquad (9-16)$$

对以 08Al 为代表的低碳铝镇静钢，要求在 A_{r3} 点以上尽可能终轧，这样可保证 AlN 保持固溶状态。另外，当终轧温度较高时，冷却下来的热轧组织变成无取向分布，可以满足随后冷轧质量控制要求。对奥氏体轧制的 IF 钢，一般将终轧温度选在 A_{r3} 点以上。

对采用铁素体轧制的钢种，一般来说，温度控制尤为重要，这主要包括钢在轧制过程中的温度控制和终轧温度控制。铁素体轧制与常规轧制的一大区别就是钢在轧制中通过机架间冷却水进行冷却，将中间坯温度急速降到 A_{r1} 线以下，并在随后的机架中进行铁素体轧制，因而机架间的冷却速度非常重要。主要取决于中间坯的厚度、温度以及机架间冷却水速度，因而轧制时合理选择原始板坯的厚度以及前几机架的累积压下率是很重要的。另一重要的温度控制则是钢的终轧温度控制。对半无头轧制而言，热连轧温度制度非常重要，只有保证轧制时温度在长度和宽度上的均匀性，才能保证不同钢卷性能的稳定以及钢卷的尺寸精度。

9.5.1　纵向温度控制方法及调节手段

带坯从粗轧末架出口的温度到精轧出口的温度，其间的总温降包括了以下三个部分：

（1）带坯从粗轧出口到精轧入口即在中间辊道上主要由于辐射所产生的温降。

（2）带钢穿过精轧机组各机架，即从入口到精轧出口的温降。

（3）带钢经过冷却过程，带钢在进入卷取机前的温降。

因此，带钢热连轧机纵向温度控制主要包括：

（1）精轧机组终轧温度的控制。这不单是要求带钢头部达到所要求的温度，而且要求带钢全长终轧温度均匀一致，这样才能保证整带性能及厚度的均匀。轧制过程中由于带坯头部和尾部进入轧机的时间不同，并且粗轧末架出口速度一般要大于精轧入口速度，故尾部轧制温度将比头部低，为此而采用"升速轧制"来缩短尾部在轧制前的停留时间，减少其热量损失，以补偿温降，使其头尾温度均匀一致。但由于速度升高不仅减少了热损失，而且增加了塑性变形热，故若升速过快反会使带钢温度过高也不合于要求。因此，加速度的大小需根据试验确定。近年来发展了新的控制方案，即把终轧温度的控制变量由速度改为机架间喷水量。为了提高产量可采用大的加速度，而通过改变机架间喷水量来控制带钢全长终轧温度的均匀性。精轧机间带钢冷却装置简称机架间冷却装置。该装置的主要功能是控制终轧温度，保证精轧机终轧温度控制在 ±20℃ 之内。

机架间冷却装置是布置在机架出口侧的上下两排集管，集管上装有喷嘴，每根集管的流量大约为 $100 \sim 150\text{m}^3/\text{h}$，水压一般与工作辊冷却水相同。也有的轧机将集管布置在轧机入口侧。为了防止冷却水进入下一机架，在冷却集管处还安装了一个侧喷嘴，清扫带钢表面的水和杂物等。国内各精轧机组机架间冷却装置的设置情况见表 9-10。目前已能控制终轧温度在 $\pm(10 \sim 15)$℃ 左右，基本达到了整带温度均匀。

表 9-10　机架间冷却装置的设置情况

序号	机　组	设 置 位 置		水压/MPa	
		除鳞	冷却	除鳞	冷却
1	宝钢 2050mm 精轧机组	F1	F2～F6	15	0.4
2	宝钢 1580mm 精轧机组	F1/F2	F1～F6	15	2.0
3	鞍钢 1780mm 精轧机组	F1/F2	F3～F6	10	1.0
4	武钢 1700mm 精轧机组	F1	F2～F6	15	2.3
5	武钢 2250mm 精轧机组	F1	F2～F6	16	1～0.4

（2）卷取温度的控制。在终轧温度一定时，这实际就是对冷却速度的控制。随着带钢轧制速度的增高，轧后冷却能力也必须加强；尤其是轧制较厚带钢时，冷却速度往往达不到要求。因而，如果不采用强化冷却的措施，冷却能力往往成为限制轧制速度提高的重要因素。其次是带钢的冷却速度不仅要高，而且要根据情况而变化，因为不仅是依板厚、钢种及板宽不同，其所需冷却速度亦不同。因而，在冷却系统设计中便要有能适应多种冷却速度的灵活性。为此，必须采用近代的层流冷却技术，并利用计算机控制技术来实现带钢冷却速度的自动调节。卷取温度控制（控制输出辊道上的层流冷却集管数）需要知道带钢进入冷却水区的初始温度——亦即精轧机组出口温度，但由于带速太高，又加上冷却水控制阀有滞后（从给出信号到冷却水落到辊道面约需 $1.5 \sim 2\text{s}$），等带钢出精轧末架实测终轧温度后再控制就来不及了，需在带钢头部进入精轧第二或第三架轧机时即开始利用设定参数进行预设定控制。目前一般是采用粗轧机组出口处温度为基准，通过中间辊道温降公式和精轧机组温降公式来预估精轧机组出口温度。近代带钢热连轧机输出辊道冷却系统一般采用循环使用的低压大水量的冷却系统。目前热轧厂采用的层冷控制模型归纳起来主要有 5 种：德国 SIMENS 公司、美国 GE 公司、日本新日铁公司、日本三菱电器公司、意大利 ANSALDO 公司的数学模型。

（3）加热温度的控制。上述终轧温度和卷取温度的控制都希望能控制板坯出炉的温度，因为板坯温度的高低及其均匀与否不仅直接影响终轧温度，而且关系到轧制过程能否正常进行。但是，板坯温度只能通过加热炉的加热温度来控制，由于加热炉的热惯性太大，故其控制效果还有待于进一步提高。

9.5.2　横向温度控制方法及调节手段

9.5.2.1　横向温度控制方法

为了使轧件宽度方向上温度均匀分布，宝钢 1580mm 热轧机组在精轧 F1 机架前布置了感应式边部加热器。粗轧之后，在轧件断面宽度方向和厚度方向均存在着较大的温差，横向温降主要集中在边部约 100mm 处，因此，对带钢边部温度进行补偿是很必要的。

有学者采用二维数学模型，采用有限差分法研究了轧件横断面的温度场，温度场计算模型如下：

$$\frac{1}{\alpha}\frac{\partial T}{\partial t} = \frac{\partial^2 T}{\partial t^2} + \frac{\partial^2 T}{\partial y^2} + \frac{q}{k} \tag{9-17}$$

式中，α 为导温系数，m^2/h；k 为热传导系数，$W/(m^2 \cdot K)$；q 为考虑轧制塑性变形生热的源项，J。

通过计算得到了轧件表面温度、中心温度和平均温度随时间的变化及横断面的温度分布。根据计算结果，制定了沿板宽方向控制冷却水量的控制方案，板形质量得到了明显改善。

有学者为消除由于温度不均匀分布而造成的板形不良，研究了在板宽方向上采用三段不同冷却水量的模拟冷却制度。图 9-27 所示为其沿板宽方向采用不同冷却水量的消除宽向温度不均的工艺示意图。其获得结果为，中部冷却水量保持不变，次边部冷却水密度约为中部的 4/5。当边部冷却水密度与中部冷却水密度的相对差为 $(W_c - W_e) \times 100\% = 60\% \sim 65\%$ 时，温度沿横向的分布基本趋于均匀。

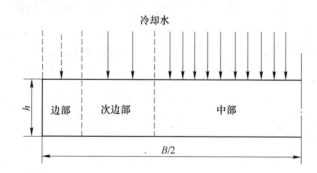

图 9-27　沿板宽方向采用不同冷却水量的消除宽向温度不均的工艺示意图

有学者采用有限元法研究了轧制过程中轧件横断面的温度场，将模型的边界条件分为 3 大部分：即空冷部分、水冷部分和变形区内热量变化。计算得到了轧制过程中轧件的中心温度、表面温度和平均温度随时间的变化情况。通过分析轧件头部和尾部两个不同断面平均温度的变化曲线，提出了通过加速轧制，可消除头尾温差的建议。通过分析计算结果，可知随轧件厚度减薄，厚向温差减小，但宽向靠近边部的部分具有明显的温度梯度，认为实现宽向水量控制是必不可少的。因此，轧件温度场的研究对现场实时控制、边部加温设备的安装、改善轧件的温度分布都有重要作用。

有学者指出造成热轧卷边部出现硬度沟，终轧温度偏低是其中一个原因，但另一个不可忽视的原因是边部冷却过快、温度过低。投入边部加热器可以减小带钢边部与中间位置的温度差。抽样结果表明，调质度在 T3 以上的钢卷对边部加热器的使用效果明显，硬度测试结果显示带钢边部的硬度差也缩小至 HRB7。至于调质度为 T2.5、热轧厚度小于 2.7mm 的试样，边部加热效果不明显。

有学者采用有限元法模拟计算了粗轧后轧件温度场分布，通过计算得出带钢厚向温差不太大，横向温差较大，边部与中部平均温差超过 100℃，这将影响到轧制力、金属流动及组织性能横向分布的均匀性。因此，对带钢边部温度进行补偿是很必要的。如图 9-28 所示为使用边部加热器后轧件温度特性曲线。轧件边部温度经加热器补偿后，横向温度分布趋于均匀，轧制力的分布也发生相应的变化；同时，轧件整体温度有所提高，轧制力将有所降低；另外，边部温度升高后，变形抗力减小，金属更容易流动，尤其是边部的横向流动，有利于改善轧件的板形状况。

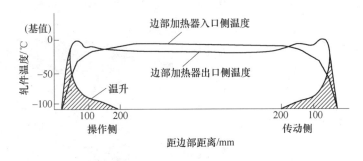

图 9-28　边部加热的热特性曲线

沿着带钢宽度方向温度的分布是不均匀的。这种不均匀在带钢进入精轧机后便产生了，在冷却段进一步增加，导致带钢的平坦度不好。马钢 CSP 热连轧机在冷却段安装有护边系统补偿冷却段的温度以减少不平坦度。护边系统飞行动作由齿轮电机驱动。每个电机装有一个本地位置控制系统和激活值的反馈信号和干扰信号。

有学者通过具体分析温差附加干扰对带钢平坦度控制的影响，采用最小二乘法拟合得到带钢横向温度场，将温度补偿用于平坦度控制目标的设定中，采用与温度影响趋势方向相反且幅值相等的平坦度目标曲线参与平坦度闭环控制，可以抵消带钢横向温差对平坦度的附加影响，提高平坦度控制的精度，使带钢平坦度指标达到较高水平。

9.5.2.2　横向温度控制设施

（1）保温罩。保温罩有普通保温罩和带加热功能的保温罩两种。武钢 2250mm 热连轧机组采用的是普通保温罩。鞍钢 2150mm ASP 生产线也是使用的此种保温罩。

普通保温罩在常规热连轧中使用较为普遍，带坯头尾温差的问题可以通过保温罩保温和精轧机升速轧制来解决，我国的常规热轧带钢轧机均设置有这种装置。在生产 3.0mm 以下的成品带钢时，精轧机组的入口速度一般在 1m/s 以下，采用保温罩后可以降低中间坯的温降速度。使用保温罩可以使中间坯温降由 1.5℃/s 下降为 1.0℃/s 以内。

根据以往经验，精轧入口温度在使用与未使用保温罩两种情况下的实际效果为：未使用保温罩时头部1008℃，尾部918℃；使用保温罩时头部1008℃，尾部964℃；防止带钢头尾温降46℃。一般而言，普通保温罩可防止温降10~30℃。

台湾中钢公司采用英国Encopanel的保温罩后取得如下效果：平均温降减少50℃；加热炉的燃料消耗可以节约11%或者提高产量8%（加热温度低、时间短）；F1、F2的尖峰负荷可以减少2%~20%。

普通型保温罩是一种简单有效的中间坯保温装置，适应性强。该装置在应用时也有如下缺陷：保温罩影响了操作工的视线，中间坯的头部有翘头的情况下无法顺利通过保温罩；在轧废的情况下，保温罩的使用延长了事故处理时间；保温罩中的保温材料需要定期更换，增加了维护工作量。保温罩减少30℃的头尾温差所带来的好处和追求高产能相比微不足道。

（2）边部加热器。带材在热轧过程中，由于冷却的不均匀，导致表面与中心、边部与中部的温度分布不均匀。厚向和宽向上的温差，在带钢内部产生温度应力，同时也影响带钢的相变过程，产生相变应力。这种不均匀的应力分布，对带材的力学性能、组织成分以及最终板形造成危害。为了使轧件宽度方向上温度均匀分布，我国宝钢1580mm热轧机组在精轧F1机架前布置了感应式边部加热器，如图9-29所示。宝钢1580mm热轧的EH（Edge Heater）可用于加热低碳钢、碳素结构钢、低合金钢和硅钢。可加热的中间坯的厚度为30~60mm，宽度为700~1250mm，温度为1000℃左右，移动速度在45~90m/min之间。

从加热炉抽出的板坯，经过数道除鳞水的喷射和R1、R2粗轧机若干道次的轧制，再途经长达数百米的中间辊道来到精轧机前，中间坯温度已明显下降。由于边部的散热面积大于中部，边部温降尤其明显。精轧机属于热轧的终轧设备，对热轧产品的质量起着举足轻重的作用。边部温降明显的中间

图9-29　边部加热器

坯进入精轧机轧制，容易产生边裂现象，而且加剧辊端磨损。因此，在精轧机入口处设置了边部加热器，可以有效地补偿中间坯中部和边部的温差。这对于提高热轧产品的质量有着重要意义。

边部加热器是一种感应加热设备，由上下成对的线圈产生交变的磁场，穿入钢板，在钢板内部产生感应电流发热，以达到提高钢板温度的目的。

设置了边部加热器，第一能使加热炉抽钢温度降低，以达到节能的目的，因为在轧制难度较大的产品时，为了避免边裂，往往被迫提高出炉温度；第二可防止轧辊段差产生，提高作业率，减少换辊次数；第三可防止因温降而产生的金相结构的劣化，提高产品质量；第四可只加热局部，容易控制加热部位和深度，而且加热速度快，氧化层薄。

热轧平板钢坯在轧制过程中由于边缘热量的散失，使其温度较中间部位有明显降落，边部与中心部位温度差达70℃。为保证钢板质量，以致不得不将低温的边缘部分切除后才让进入下一道工序继续轧制，从而造成巨大的钢材损失和能源浪费。另外，由于钢坯的冷热不均，使传输滚筒磨损程度不一，出现边部下陷现象，影响着滚筒寿命和热轧

质量，从而不得不经常更换滚筒，这不仅造成设备投资增加也降低了生产效率。为此，如能设法使平板钢坯边部温度加热回升，使整块板材里外温度一致，且都达到轧制工艺所要求的温度，将产生巨大的经济效益。研究表明，采用感应透热技术能较好地达到这一目的。

对于一些特殊品种，例如硅钢、不锈钢、冷轧深冲钢等，中间坯在进入精轧机组前，一般对带坯边部进行加热，使带坯在横断面上中部和边部温度均匀一致，从而获得金相组织和性能完全一致的带钢，同时也避免了边部温度低造成的边裂和边部对轧辊的严重不均匀磨损。

（3）热卷箱。热卷箱（Coil Box，简称 CB）的主要作用是：精轧机组可以不采用升速轧制，可减少主电机功率和降低轧机速度，且可缩短轧线长度，减少投资；相同情况下可以降低板坯出炉温度，节约加热炉燃料，减少板坯氧化铁皮；热卷箱卷取时大量二次氧化铁皮剥落，有利于氧化铁皮的清除；减小中间坯头尾温差；由于带钢终轧温度均匀，采用等速轧制后轧速稳定，对于热轧如多相钢、相变诱导塑性钢等主要通过轧后冷却控制来生产的品种有利。

从设有热卷箱的热轧厂的情况看，主要集中在以下三种场合采用热卷箱：老轧机改造（增大卷重、利用旧轧机扩大产品范围）、新建轧机（缩短轧线长度和降低轧机传动电机功率来减少投资）、生产加工温度范围窄的产品（不锈钢、特种金属等）。从实际运用情况看，第一、二种情况居多。我国已经采用热卷箱的生产厂有攀钢 1450mm 热轧、鞍钢 1700mm ASP、上海一钢 1780mm 热轧、太钢 2250mm 热轧、唐山国丰 1450mm 热轧、济钢 1780mm ASP、新疆八钢 1750mm 热轧等。

目前热卷箱已发展到第三代，第一代是带芯轴的，第二代是不带芯轴的，第三代是无芯轴带隔热板的。三代热卷箱对于带坯宽度方向的保温效果如图 9 - 30 所示。

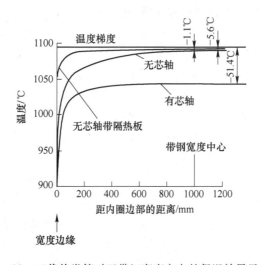

图 9 - 30   三代热卷箱对于带坯宽度方向的保温效果示意图

（4）中间坯加热器。中间坯加热器（Bar Heater，简称 BH）是通过电感应快速加热的方式有选择地对中间坯各段进行加热。该种方式在热连轧中应用数量相对不是很多，第一套中间坯加热器于 1998 年 9 月在日本的福山二号热轧投入运行。至今采用和计划采用

BH 加热器的热轧厂有：福山一号、二号热轧，千叶三号热轧，浦项二号热轧，宝钢 1880mm 热轧等共 10 套热连轧，可见该项技术的发展势头迅猛，是一项值得推广的新技术。

中间坯加热器布置在精轧切头飞剪之前，在中间坯加热器之前要配置中间坯热矫直机以便中间坯能够顺利进入加热器。中间坯加热器也可以和边部加热器联合使用。适应的钢种有：碳钢、合金钢、不锈钢。克服中间坯温降：70℃（三组加热头）。

一般情况下，中间坯加热器采用三组加热头，每组加热头的功率为 9000kW。采用中间坯加热器后，可大大改善中间带坯的头尾温差，其带来的好处是：

1）带坯进入精轧机时纵向温度均匀性提高。采用中间坯加热器最大可提高带坯尾部温度 70℃（三组加热头时）。成品带钢的性能更加均匀，热轧及冷轧的成材率均因此有所提高。

2）可以降低板坯的出炉温度；能够更容易地控制带钢的终轧温度，有利于热轧双相钢、多相钢、TRIP 钢的温度稳定控制；由于带坯的头尾温差减小，轧制力波动减小，对于带钢板形控制有利。

3）对中间带坯的温度调节，可将不同出炉温度要求的钢种放在加热炉内混装加热，使生产组织更加灵活，有利于热装和节约能源。

4）可提高精轧机终轧温度，有利于宽、薄规格以及高强度产品的生产。

由以上分析可以看出，带钢横向温度不均匀的解决方法主要有增加边部加热器和热卷箱等设施、在板宽方向控制冷却水量、控制层流冷却、增加护边系统以及补偿热应力等。

这些横向温度控制的方法，主要是针对由于带钢运送过程中，边部散热条件较好，使得边部侧面温度迅速降低而产生的边部相对于中部温度的降低，下面主要是对于除去边部 100mm 外的内部温度不均匀的主要措施。

9.5.2.3 横向温度边部控制的冷却装置

（1）侧喷排布方式。钢板横向冷却不均匀有很多都是由于冷却设备不合理所造成的。侧喷安装在轧线的同一侧，侧喷开启时钢板表面冷却水流被喷向同一侧，导致钢板边部过冷。因此在安装侧喷时，最好将侧喷交叉安装在轧线的两侧，这样可以减小钢板某一边的过冷。由于侧喷装置会导致钢板的横向冷却不均匀，轧线上安装的侧喷不要太密集。在控冷区域分段安装侧喷装置，不仅有利于钢板表面冷却水更新，防止钢板上冷却水向前后涌动，而且有利于钢板横向的冷却均匀性。侧喷装置的安装如图 9-31 所示。

（2）集管设计。采用集管冷却时，为了使钢板的横向冷却均匀，应尽量保证集管各喷嘴的流量一致。在设计集管时采用多级阻尼技术可以有效地减小喷嘴间的喷水强度差，图 9-32 所示是采用带阻尼和未带阻尼的集管结构示意图。

另外，采用喷嘴成对交错布置，如图 9-33 所示。这种交错结构从理论和实践上都不难理解和实现。钢板一进入喷水区后，钢板表面温度快速下降，心部温度也随之降低，表面与内部温差由小到大，又由大到小。从表面与内部温差的变化可以看出，随着钢板表面温度的降低，表面热流密度越来越小，而内部向表面的热流在温差的驱动下越来越大，使得钢板温度冷却区末段向均匀化发展，这一阶段钢板表面温度随时间变化曲线为锯齿形；在空冷返温阶段，表面热流很小，内部热流较大，钢板快速返红，使得钢板内外温度趋于一致。

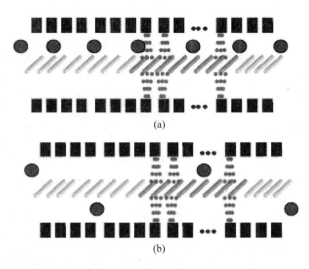

图 9-31 侧喷布置示意图

（a）布置方案不合理；（b）布置方案合理

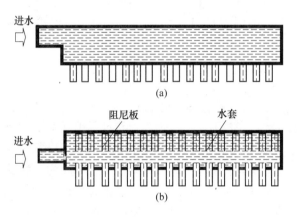

图 9-32 集管结构示意图

（a）无阻尼；（b）有阻尼

图 9-33 喷嘴成对交错布置

（3）水量设计。进入精轧机后带钢的横向温差有所减小，但温度最高点的位置没有改变，大多分布在距边部 200mm 左右的位置，因此在机架间冷却的过程中，有必要在原来水量分布的基础上增加此处冷却水的流量；同时边部的温度变化较大，而且钢板上表面的冷却水受到相邻喷嘴喷出水的干扰，在钢板上表面停留一段时间后，最终从钢板的两边流出，因此应适当的减小带钢边部的水流量。

要使钢板宽度方向获得均匀的冷却效果，必须从冷却装置的硬件上着手，水量的设计一般是通过改变喷嘴的直径、喷嘴的排布间隔或者喷嘴的水压来实现的。

10 4200mm SmartCrown 中厚板轧机辊形研究

SmartCrown（Sine Contour Mathematically Adjusted and Reshaped by Tilting）是 SVAI（奥钢联）的专利技术，是知名度较高的板形平坦度控制技术。相对于常规带有弯辊装置的机架，SmartCrown 的优势在于：

（1）使用较少的轧制道次，提高产量。尤其是轧制较薄和强度较高的产品时，SmartCrown 技术允许使用更高的轧制力，仍可获得良好的板形。

（2）更宽的板形平坦度控制范围。这可以更容易地获得良好的板形和精确的目标平坦度。

（3）轧辊磨损均匀，工作周期显著延长，减少换工作辊次数。

该系统是在"三次辊形曲线"控制技术基础上形成的，而"三次辊形曲线"技术是公认的成熟技术，已在世界众多冷轧、热轧厂使用。SVAI 在多年实践基础上，经过不断开发和升级，形成了 SmartCrown 技术。

10.1 SmartCrown 工作辊辊形

随着建筑、造船和石油等行业的巨大发展，对中厚板如力学性能、表面质量和尺寸公差等方面提出了越来越高的要求，而良好的尺寸公差则需要对辊缝形状进行精确控制，需要机械传动和自动化控制系统的协同作用。中厚板轧机，往往是由单个机架生产出不同厚度、不同宽度的中厚板产品，所以其轧辊磨损和板形质量等难以得到有效控制。为了满足用户和市场需求，提高中厚板的板形质量，国内某 4200mm 中厚板轧机在其新建时配套引进了 SmartCrown 板形控制新技术，其核心即是由奥钢联 VAI 基于提供 CVC 技术的经验所研究开发的 SmartCrown 工作辊。SmartCrown 技术已经成功应用于铝带轧机、冷连轧机和热连轧机上，在中厚板轧机应用该技术进行轧制尚属首次。由于 SmartCrown 和 CVC 技术均为轴向移位连续变凸度技术，辊形都采用了特殊的"S"形状。从 SmartCrown 和 CVC 以往的现场使用生产中发现其特殊的辊形曲线导致支持辊辊身中部易呈现不规则磨损，自保持性差，影响板形控制性能及轧制过程稳定性，甚至有时支持辊严重边部剥落事故发生，使现场的正常生产无法进行。而该 4200mm 中厚板轧机采用的 SmartCrown 工作辊沿辊身长度方向的直径差高达 1.2mm，如图 10-1 所示。所以，有必要对 SmartCrown 中厚板轧机的辊形配置进行研究，并对 SmartCrown 工作辊相配套的支持辊辊形进行优化设计，可以为生产现场缩短调试周期，降低辊耗，节约生产成本，具有重要的理论意义和工程应用价值。

10.1.1 工作辊辊形设计

对于轧机的上工作辊（如图 10-2 所示），SmartCrown 辊形函数（半径函数）$y_{r0}(x)$

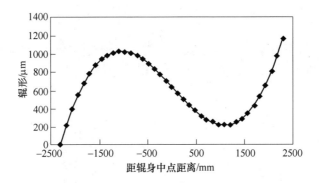

图 10-1 中厚板 SmartCrown 工作辊辊形

可用通式表示为：

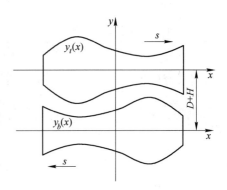

图 10-2 工作辊辊形及辊缝

$$y_{t0}(x) = R_0 + a_1 \sin\left[\frac{\pi\alpha}{90L}(x - s_0)\right] + a_2 x$$

$$(10-1)$$

式中，a_1、a_2、α、s_0 为辊形设计待定常数；R_0 为轧辊名义半径；L 为辊形设计使用长度，一般取为轧辊辊身长度。

当轧辊轴向移动距离 s 时（图中所示方向为正），上辊辊形函数为 $y_{ts}(x)$ 为：

$$y_{ts}(x) = y_{t0}(x - s)$$

$$= R_0 + a_1 \sin\left[\frac{\pi\alpha}{90L}(x - s - s_0)\right] + a_2(x - s)$$

$$(10-2)$$

根据 SmartCrown 技术上下工作辊的反对称性，可知下辊的辊形函数为：

$$y_{b0}(x) = y_{t0}(L - x) \tag{10-3}$$

$$y_{bs}(x) = y_{b0}(x + s)$$

$$= y_{t0}(L - x - s)$$

$$= R_0 + a_1 \sin\left[\frac{\pi\alpha}{90L}(L - x - s - s_0)\right] + a_2(L - x - s) \tag{10-4}$$

于是，辊缝函数 $g(x)$ 为：

$$g(x) = D + H - y_{ts}(x) - y_{bs}(x)$$

$$= (D + H - 2R_0) - 2a_1 \sin\left[\frac{\pi\alpha}{90L}\left(\frac{L}{2} - s - s_0\right)\right] \cos\left[\frac{\pi\alpha}{90L}\left(x - \frac{L}{2}\right)\right] - a_2(L - 2s) \quad (10-5)$$

式中，D 为轧辊名义直径，等于 $2R_0$；H 为辊缝中点开口度。

辊缝凸度 C_W 则为：

$$C_W = g(L/2) - g(0)$$

$$= 2a_1 \sin\left[\frac{\pi\alpha}{90L}\left(\frac{L}{2} - s - s_0\right)\right]\left[\cos\left(\frac{\pi\alpha}{180}\right) - 1\right] \tag{10-6}$$

辊缝凸度 C_W 仅与系数 a_1、c、s_0 有关，且与轧辊轴向移动量 s 呈非线性关系。设轧辊轴向移动的行程范围为 $s \in [-s_m, s_m]$，相应的辊缝凸度范围为 $C_W \in [C_1, C_2]$。分别代入式（10-6）有：

$$C_1 = 2a_1 \sin\left[\frac{\pi\alpha}{90L}\left(\frac{L}{2} + s_m - s_0\right)\right]\left[\cos\left(\frac{\pi\alpha}{180}\right) - 1\right] \tag{10-7}$$

$$C_2 = 2a_1 \sin\left[\frac{\pi\alpha}{90L}\left(\frac{L}{2} - s_m - s_0\right)\right]\left[\cos\left(\frac{\pi\alpha}{180}\right) - 1\right] \tag{10-8}$$

$$C_1 + C_2 = 4a_1\left[\cos\left(\frac{\pi\alpha}{180}\right) - 1\right]\left\{\sin\left[\frac{\pi\alpha}{90L}\left(\frac{L}{2} - s_0\right)\right]\cos\left(\frac{\pi\alpha s_m}{90L}\right)\right\}$$

$$C_1 - C_2 = 4a_1\left[\cos\left(\frac{\pi\alpha}{180}\right) - 1\right]\left\{\sin\left(\frac{\pi\alpha s_m}{90L}\right)\cos\left[\frac{\pi\alpha}{90L}\left(\frac{L}{2} - s_0\right)\right]\right\}$$

对某套轧机，L、s_m 均为已知，若给出 α，则可根据以上两方程解出：

$$s_0 = \frac{L}{2} - \frac{90L}{\pi\alpha}\arctan\left[\tan\left(\frac{\pi\alpha s_m}{90L}\right) \times \frac{C_1 + C_2}{C_1 - C_2}\right] \tag{10-9}$$

$$a_1 = \frac{C_1}{2\sin\left[\frac{\pi\alpha}{90L}\left(\frac{L}{2} + s_m - s_0\right)\right]\left[\cos\left(\frac{\pi\alpha}{180}\right) - 1\right]} \tag{10-10}$$

由式（10-6）可知，辊缝凸度与 a_2 无关，所以 a_2 由其他因素确定。若为了减小轧辊轴向力，可把轧辊轴向力最小作为判据确定 a_2；若为了减小带钢的残余应力改善带钢质量，可把轧辊辊径差最小作为设计判据。

当辊径一定时，由曲线两端确定最大允许辊径差而得到的辊面中部较平缓，边部虽陡峭，但板带轧制一般在中部，边部可通过修形进行处理。

所以，由：

$$\Delta D = 2\left[y_{t0}\left(\frac{L}{2} + \frac{B}{2}\right) - y_{t0}\left(\frac{L}{2} - \frac{B}{2}\right)\right] = 0 \tag{10-11}$$

可得：

$$a_2 = \frac{2a_1}{B}\sin\left[\frac{\pi\alpha}{90L}\left(\frac{L}{2} - s_0\right)\right]\cos\frac{B}{2} \tag{10-12}$$

高次凸度 C_h 为：

$$C_h = g\left(\frac{L}{4}\right) - \frac{3}{4}g\left(\frac{L}{2}\right) - \frac{1}{4}g(0)$$

$$= -2a_1\sin\left[\frac{\pi\alpha}{90L}\left(\frac{L}{2} - s - s_0\right)\right]\left[\cos\left(\frac{\pi\alpha}{360}\right) - \frac{1}{4}\cos\left(\frac{\pi\alpha}{180}\right) - \frac{3}{4}\right]$$

凸度比：

$$R_c = \frac{C_W}{C_h} = -\frac{\cos\left(\frac{\pi\alpha}{180}\right) - 1}{\cos\left(\frac{\pi\alpha}{360}\right) - \frac{1}{4}\cos\left(\frac{\pi\alpha}{180}\right) - \frac{3}{4}}$$

可以看出，SmartCrown 辊形的凸度比仅与形状角 α 有关，所以可以根据生产实际情况来确定凸度比 R_c，进而求解出 α。

确定了辊形曲线的各个参数，就可以得出辊形曲线。某厂所采用的工作辊辊形曲线如图 10 - 3 所示，很明显上下辊的辊形曲线是对称的。

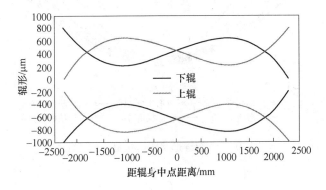

图 10 - 3　上下工作辊辊形曲线

10.1.2　工作辊辊形参数分析

在 B 和 L 一定的情况下，R_c 取决于 α 的大小，R_c 和 α 的关系如图 10 - 4 所示。可以看出，α 取值越小，高次凸度控制能力越弱，α 取值越大，高次凸度控制能力越强。当 α 取 360°时，凸度比 α 为 0，即二次凸度控制能力为 0，轧辊只具有高次凸度控制能力。

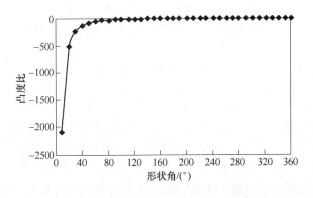

图 10 - 4　凸度比 R_c 和形状角 α 的关系

SmartCrown 辊缝的形状可以通过所谓的形状角进行调节，通过精调形状角，也就相应调节和优化了辊缝形状。辊缝形状随形状角 α 的变化如图 10 - 5 所示。辊缝高次部分随形状角 α 的变化如图 10 - 6 所示。形状角 α 理论上可以取 0~360°，由图 10 - 5 可以看出，当形状角较小时，当其由 50°变化为 100°时，其辊缝形状改变较小，但是随着形状角的增

大，其辊缝形状也变化较大。当形状角超过 180°时，其辊缝形状由近似抛物线变化为
"M"形状，且形状角越大，"M"形状越明显，这样的辊缝形状给板形的调整带来了较大
不利影响。所以，形状角可控制在 0～180°之间。

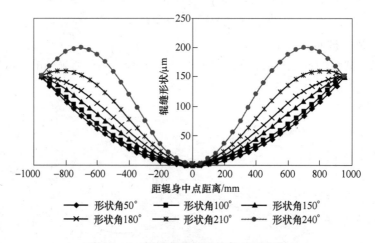

图 10 - 5 辊缝形状随形状角 α 的变化

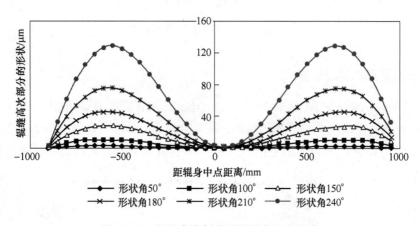

图 10 - 6 辊缝高次部分随形状角 α 的变化

从图 10 - 5 和图 10 - 6 可以看出，在相同的窜辊距离下，选取不同的形状角，相应的
二次凸度和高次凸度都不一样。在相同的二次凸度控制范围内，随形状角的增大，四次凸
度控制范围也在增大，但并不是形状角越大越好，形状角越大，辊缝在 1/4 处变化越剧
烈，而生产中主要以控制二次凸度为主，所以要根据生产的实际需要，选择合适的形状
角，一般越宽的带钢越容易出现 1/4 浪，形状角可稍微大些。如某 1700mm 冷轧机的工作
辊（辊身长度为 1900mm）的形状角为 25°，而某 4300mm 中厚板轧机的工作辊（辊身长
度为 4600mm）的形状角为 75°。

当所轧带钢宽度为 $B \in [B_{min}, B_{max}]$ 时，定义空载辊缝的凸度调节能力为：

$$\lambda = \frac{C_{max} - C_{WB}}{C_{max}}$$

式中，λ 为带钢宽度为 B 时的空载辊缝凸度调节变化率；C_{max} 为带钢宽度为 B_{max} 时的空载辊缝凸度调节能力；C_{WB} 为带钢宽度为 B 时的空载辊缝凸度调节能力。

图 10-7 所示为不同形状角下的空载辊缝凸度调节能力对比。可以看出，形状角越大，空载辊缝凸度调节能力越强，特别是对于宽度较小的带钢来说，效果更明显。当宽度为 900mm 时，形状角由 50°变为 270°时，空载辊缝凸度调节能力提高 80.8%；当宽度为 1200mm 时，形状角由 50°变为 270°时，空载辊缝凸度调节能力提高 123.2%。

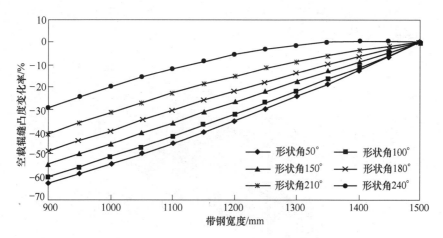

图 10-7 空载辊缝凸度调节能力对比

10.2 SmartCrown 工作辊使用前后对比

采用平辊时，随着轧制量的不断增加，轧后钢板凸度逐渐增大，在轧辊末期可以达到 0.3mm 以上。但是采用 SmartCrown 工作辊以后，轧后钢板凸度控制水平明显提高，即使到了轧辊末期钢板凸度命中率依然很高。图 10-8 所示为采用 SmartCrown 前后一个轧制周期内钢板凸度对比。

采用 SmartCrown 后，工作辊在机时间明显延长，换辊周期由原来的 3 个班次延长到 5 个班次左右。同时工作辊磨损更加均匀，轧辊消耗大大降低。图 10-9 所示为采用 SmartCrown 前后 6 个月的轧辊消耗对比，辊耗由使用平辊时的每吨钢 0.37kg 降低到每吨钢 0.25kg。

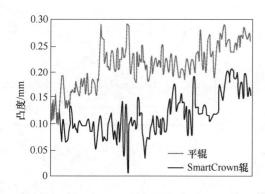 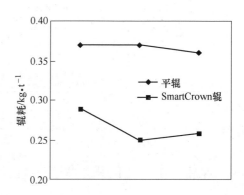

图 10-8 采用 SmartCrown 前后钢板凸度对比　　图 10-9 采用 SmartCrown 前后辊耗对比

10.3　辊系有限元模型建立

（1）模型的建立。采用 ANSYS12.0 大型通用有限元分析软件，针对 4200mm 中厚板轧机，建立辊系变形三维有限元模型。为了减小计算工作量，考虑到辊系的几何对称性，可取辊系的 1/4 作为研究对象。轧辊内部采用稀疏网格划分，在辊间及辊与带钢接触区采用细密网格单元进行划分。模型实体单元采用 SOLID45，辊间接触采用 ANSY 提供的面 – 面接触单元 CONTA174 和 TARGE170 来实现，总的节点数为 34332，单元数为 27760，接触单元数为 1424，其有限元模型如图 10 – 10 所示。

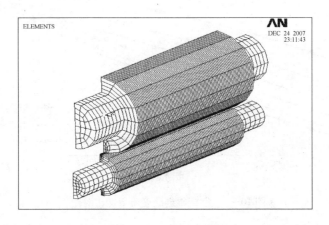

图 10 – 10　辊系变形有限元模型

（2）仿真工况的确定。根据 4200mm 中厚板轧机的生产工艺、产品大纲和现场实际数据，辊系有限元模型所采用的建模参数见表 10 – 1。运用 ANSYS12.0 有限元仿真计算各种工况，可以得到不同条件下中厚板轧机的板形调控功效离散值。单位轧制力宽度分布根据以往同类仿真计算的经验来确定，取轧制力分布为二次曲线分布，分布不均系数为 1.2。

表 10 –1　辊系有限元模型的建模参数

参　数　项	参　　数
工作辊辊身尺寸 $D_W \times L_W$/mm × mm	1200 × 4600
工作辊辊颈尺寸 $D_N \times L_N$/mm × mm	750 × 5910
支持辊辊身尺寸 $D_B \times L_B$/mm × mm	2200 × 4200
支持辊辊颈尺寸 $D_E \times L_E$/mm × mm	1320 × 5910
带钢宽度 B/mm	3000 ~ 4200
单位宽度轧制力 P/kN · mm^{-1}	7 ~ 10
工作辊弯辊力 F_W/kN	0 ~ 3000
工作辊窜辊量 s/mm	− 150 ~ 150

10.4　原辊形配置下的板形调控特性分析

（1）工作辊和支持辊辊形。SmartCrown 辊形可描述为正弦和线性叠加的函数，对于中厚板轧机的上工作辊，SmartCrown 辊形函数（直径函数）$D_W(x)$ 可用通式表示为：

$$D_W(x) = a_1 \sin\left[\frac{\pi\alpha}{90L}(x - s_0)\right] + a_2 x + a_3$$

式中，a_1、a_2、a_3、α、s_0 为辊形设计待定常数；L 为辊形设计使用长度，一般取为轧辊辊身长度。

常规凸度支持辊（Conventional Crown Backup Roll，简称 Con.）一般描述为正弦函数，对于中厚板轧机的上支持辊，常规凸度支持辊辊形函数（直径函数）$D_B(x)$ 可用通式表示为：

$$D_B(x) = A \sin\left(\frac{\pi x}{L}\right)$$

式中，A 为辊形幅值；L 为辊形设计使用长度。

（2）空载辊缝等效凸度。对于任何窜辊位置，SmartCrown 辊缝形状表现为余弦函数，其空载辊缝凸度 C_W 为：

$$C_W = a_1 \sin\left[\frac{\pi\alpha}{90L}(s_0 + s)\right]\left[1 - \cos\left(\frac{\pi\alpha}{180}\right)\right]$$

图 10 - 11 所示为 SmartCrown 空载辊缝等效凸度与工作辊轴向移动窜辊量的关系。可以看出：工作辊窜辊量在 $-150 \sim 150$mm 范围内变化时，空载辊缝等效凸度的调节范围达到了 700μm。所以，SmartCrown 轧机通过采用特殊的 SmartCrown 辊形曲线，使轧机具有更为丰富的板形控制调节手段，达到控制中厚板板形的目的。

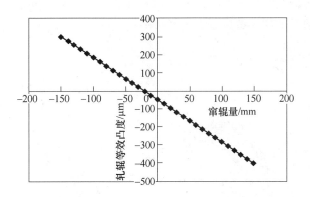

图 10 - 11　空载辊缝等效凸度与窜辊量的关系

（3）辊缝凸度调节域特性。当工作辊采用 SmartCrown 辊形，支持辊采用常规凸度辊形的辊形配置，通过有限元仿真模型模拟不同工况下的承载辊缝形状，并求出各个承载辊缝的二次凸度和四次凸度。图 10 - 12 所示为 SmartCrown 中厚板轧机在宽度分别为 3000mm、3600mm 和 4000mm 的辊缝凸度调节域对比图。由图中可以看出，随着宽度的增加，轧机的辊缝凸度调节域明显增大，轧机对中厚板板形的调节能力提高。同时，随着宽度的增加，调节域下二次凸度和四次凸度向负的方向偏移，说明提高了对中厚板板形特别是凸度调节的能力。

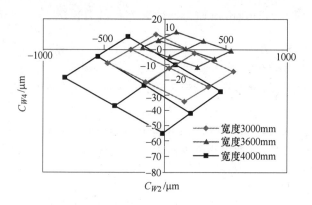

图 10 - 12   不同宽度下的辊缝凸度调节域对比

（4）辊间接触压力分布。辊间接触压力最大值的增高，代表轧辊辊面发生剥落破坏的危险程度增高和对轧辊材质的要求增高，从而导致以价格计算的吨钢辊耗和生产费用的增高，并且影响板形质量。当工作辊采用 SmartCrown 辊形，支持辊采用常规凸度辊形的辊形配置下，单位轧制力为 14 kN/mm、工作辊窜辊量为 0、弯辊力为 0 时，分别以带钢宽度为 3000mm、3600mm、4000mm 和 4200mm 四种工况进行仿真计算。图 10 - 13 所示为不同带钢宽度下工作辊与支持辊辊间接触压力分布的计算结果，可以看出，辊间接触压力呈现"S"形分布，且尽管带钢宽度不同，应力尖峰集中点几乎均出现在距右端部 200mm 的位置，并随轧制力的增大，应力尖峰越严重。这表明支持辊为常规辊形，工作辊采用 SmartCrown 辊形后，严重影响了辊间压力的分布，辊间接触的不匹配造成了局部接触区应力集中，这势必使其自然磨损速率沿轴向不均匀，从而因个别部位过早严重磨损，使轧辊服役时间缩短，磨削量增加，造成很大的经济损失。

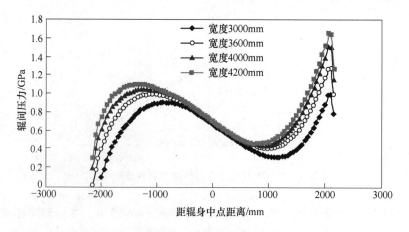

图 10 - 13   支持辊为常规辊形时辊间接触压力分布

10.5   SVR 新辊形的设计

VCR 支持辊辊形目前已经成功应用于大型工业轧机，其核心技术是通过特殊设计的支持辊辊廓曲线，依据辊系弹性变形的特性使在轧制力作用下支持辊和工作辊之间的接触线长度与轧制宽度自动适应，从而消除或减小辊间有害接触区的影响。但是 VCR 辊辊形左右对称，中部几乎为平辊，工作辊为 SmartCrown 辊形时，辊间接触压力分布不均匀。基于 VCR 变接触思想，综合考虑 SmartCrown 辊形和常规支持辊配置时辊间压力分布特点以及 SmartCrown 辊形曲线，设计了新的支持辊辊形 SVR（SmartCrown – VCR Compounded Roll），如图 10 – 14 所示。SVR 辊形在辊身中部采用 S 形曲线形式。S 形曲线设计既要考虑工作辊与支持辊之间的接触，使工作辊与支持辊之间更为贴合，改善辊间接触状态和辊间接触压力，同时又要综合考虑 SmartCrown 工作辊窜辊等因素，而边部采用 VCR 辊形曲线，消除或减小辊间有害接触区的影响，降低边部辊间接触压力尖峰。

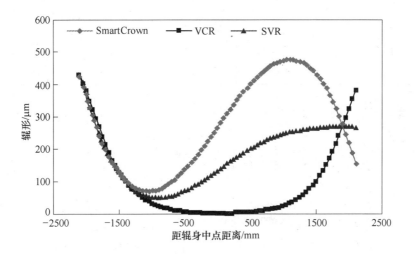

图 10 – 14   SVR 支持辊辊形的生成机理

10.6　新辊形配置板形调控特性分析

采用辊间接触压力平均值 σ_{mean} 和接触压力分布不均匀度系数 ξ_q 来描述 SmartCrown 中厚板轧机不同支持辊下的辊间压力分布情况，即辊间接触压力平均值 σ_{mean} 用来表示辊间接触范围内轧辊表面的绝对磨损量：

$$\sigma_{\mathrm{mean}} = \frac{F_C}{S_A}$$

式中，F_C 为辊间接触总压力；S_A 为辊间接触总面积。

辊间接触压力分布不均匀度系数 ξ_q 用来表示轧制中轧辊表面磨损分布的均匀性和极端情况下轧辊表面产生剥落的可能性：

$$\xi_q = \frac{\sigma_{\mathrm{max}}}{\sigma_{\mathrm{mean}}}$$

式中，σ_{max} 为接触面法向最大正应力；σ_{mean} 为接触面法向平均正应力。

表 10 – 2 为单位轧制力为 14kN/mm，工作辊窜辊量分别为 – 150mm、0 和 150mm，弯辊力为 0 时，带钢宽度为 3600mm 时，SmartCrown 中厚板轧机分别采用常规凸度支持辊 Con. 和 SVR 支持辊时的辊间接触压力对比。可以看出，在对同种规格的中厚板进行轧制

时，当工作辊窜辊量分别为 – 150mm、0 和 + 150mm 时，采用 SVR 支持辊时的 σ_{mean} 值比采用 Con. 支持辊的分别减小了 1.0%、9.8% 和 3.9%；而 ξ_q 值分别下降了 21.8%、44.7% 和 34.5%。图 10 – 15 所示为沿辊身长度方向的辊间接触压力分布情况对比。可以看出，由于采用了 SVR 支持辊，大大减小了辊间接触的压力尖峰值，如当工作辊窜辊量分别为 – 150mm、0 和 150mm 时，接触的压力尖峰值分别下降约为 21.9%、50.2% 和 34.8%，所以降低了轧辊剥落现象的发生。

表 10 – 2 采用不同支持辊时辊间接触压力对比

支持辊	SVR	Con.	SVR	Con.	SVR	Con.
窜辊量/mm	– 150	– 150	0	0	+ 150	+ 150
σ_{mean}/GPa	0.725	0.726	0.726	0.805	0.723	0.726
ξ_q	1.277	1.633	1.245	2.253	1.285	1.989

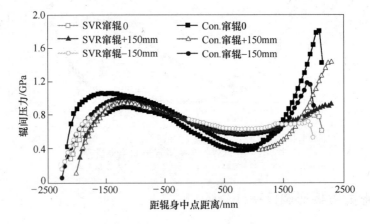

图 10 – 15 不同支持辊下的辊间接触压力对比

图 10 – 16 所示为单位轧制力为 14kN/mm，工作辊窜辊量分别为 – 150 ~ 150mm，

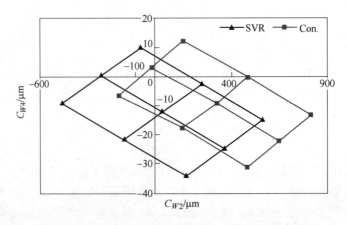

图 10 – 16 不同支持辊下的辊缝凸度调节域对比

弯辊力为 0 ~ 3000kN，带钢宽度为 3600mm 时，SmartCrown 中厚板轧机分别采用常规凸度支持辊 Con. 和 SVR 支持辊时的辊缝凸度调节域对比。可以看出，采用了 SVR 支持辊后，轧制同种宽度的中厚板轧机的辊缝凸度调节域变化不大，但是，调节域的二次凸度和四次凸度向负的方向偏移，说明轧机提高了对中厚板板形特别是凸度调节的能力。

参 考 文 献

[1] 杨溪林，金国藩，焦景民．多束激光热轧带钢板形测量仪的研究与开发 [J]．冶金自动化，1997 (1)：24~27.

[2] 杨光辉，张杰，曹建国，等．热轧带钢平坦度的检测与处理系统 [J]．冶金设备，2004 (6)：25~28.

[3] 周志刚，梁井义，牛肇强．IMS 多通道凸度仪在 1450 热轧中的应用和功能开发 [J]．冶金自动化，2010 (S1)：361~363.

[4] 顾云舟．宽带钢热连轧机板形前馈与反馈建模及控制策略的研究 [D]．北京：北京科技大学，2002.

[5] 熊彪．热轧带钢在层流冷却过程中的温度仿真研究 [D]．北京：北京科技大学，2007.

[6] 罗永军．热连轧宽带钢板形板厚综合控制与仿真的研究 [D]．北京：北京科技大学，2004.

[7] 李保生，汪建春，王福臣，等．SP 大侧压定宽机运动学分析 [J]．武汉冶金科技大学学报，1996，19 (4)：457~460.

[8] 冯宪章，刘才，江光彪，等．1580 大侧压定宽机运动学仿真及优化分析 [J]．机械工程学报，2004，40 (8)：178~181.

[9] 杨光辉，张杰，周一中，等．武钢 2250 热轧平整机不均匀磨损及板形调控特性研究 [J]．北京科技大学学报，2009，39 (8)：1051~1054.

[10] 冯宪章，刘才，于丽虹，等．定宽机定宽过程轧制力有限元分析 [J]．轧钢，2005，22 (3)：28~31.

[11] 冯宪章，刘才．板坯定宽过程狗骨分布的有限元分析 [J]．冶金设备，2004，146 (4)：1~4.

[12] Ko D C, Lee S H, Kim D H, et al. Design of sizing press anvil for decrease of defect in hot strip [J]. Journal of Materials Processing Technology, 2007, 187 (2): 738~741.

[13] 焦四海，周旭，刘相华．SP 定宽机侧压冲击力的有限元模拟及试验研究 [J]．机械工程学报，2006，42 (6)：179~182.

[14] Mohammad Reza Forouzan, Iman Salehi, Amir Hossein Adibi – sedeh. A comparative study of slab deformation under heavy width reduction by sizing press and vertical rolling using FE analysis [J]. Journal of Materials Processing Technology, 2009, 209 (1): 728~731.

[15] 李晓燕，张杰，陈先霖，等．冷轧平整机板形问题的特点及对策 [J]．钢铁，2003，38 (12)：26~30.

[16] Finstermann G, Nopp G, Eisenkck N, 等．奥钢联在平整技术领域的新进展 [J]．钢铁，2003，39 (7)：47~50.

[17] 黄传清，白振华，连家创．热轧高强钢平整机轧制力与弯辊力设计研究 [J]．轧钢，2006，23 (4)：8~11.

[18] 白振华，连家创，刘峰，等．宝钢 2050 热轧厂平整机辊型优化技术的研究 [J]．钢铁，2002，37 (9)：35~38.

[19] 连家创，黄传清，陈连生．2050 CVC 热连轧机精轧机组轧辊磨损的研究 [J]．钢铁，2002，37 (2)：24~27.

[20] 魏钢城，曹建国，张杰，等．2250 CVC 热连轧机工作辊辊形改进与应用 [J]．中南大学学报（自然科学版），2007，38 (5)：937~940.

[21] 朱洪涛，王哲，刘相华，等．轧辊磨损模型研究 [J]．钢铁研究，1999，27 (3)：38~41.

[22] 曹建国，张杰，甘健斌，等．无取向硅钢热轧工作辊磨损预报模型 [J]．北京科技大学学报，2006，28 (3)：286~289.

[23] 牟善文. 硅钢板热轧过程中工作辊磨损及其控制方法的研究 [D]. 北京: 北京科技大学, 2005.

[24] 蔡丽芳, 张杰, 曹建国, 等. 热轧带钢平整机工作辊磨损问题研究 [J]. 冶金设备, 2007, 4 (2): 38~41.

[25] 王仁忠, 杨荃, 何安瑞, 等. LVC 工作辊辊型窜辊策略及实际应用 [J]. 钢铁研究学报, 2007, 19 (11): 33~37.

[26] 何安瑞, 张清东, 徐金梧, 等. 热轧工作辊磨损模型的遗传算法 [J]. 钢铁, 2000, 35 (2): 56~59.

[27] 刘会聪, 张杰, 曹建国, 等. 热轧带钢平整机工作辊磨损模型的研究 [J]. 冶金设备, 2008, 10 (5): 21~23.

[28] 徐致让, 薛家国, 张玉华, 等. WRS 轧机工作辊磨损计算及板形调控分析 [J]. 安徽工业大学学报, 2004, 21 (4): 270~273.

[29] 徐宁, 刘红艳, 徐致让. WRS 轧机工作辊横移方案及辊系变形研究 [J]. 安徽工业大学学报, 2006, 23 (4): 410~413.

[30] 赵永和, 孙铁铠. WRS 轧机板形控制参数的实验研究 [J]. 燕山大学学报, 1994, 18 (2): 95~98.

[31] 宋建芝, 黎白石. HCW 轧机板形控制机能的研究 [J]. 重型机械, 1999 (1): 15~18.

[32] 刘力, 岳海龙, 邹家祥. HCW 轧机辊系变形计算机模拟及辊缝控制机理 [J]. 北京科技大学学报, 1994, 16 (增): 46~48.

[33] Kopineck H J, et al. On Line Flatness Measurement and Control of Hot Wide Strip [J]. Metallurgical Plant and Technology, 1985 (4): 68~71.

[34] Jean Jouet, et al. Automatic Flatness Control at Solmer Hot Strip Mill Using the Lasershape Sensor [J]. Iron and Steel Engineer, 1988 (8): 50~53.

[35] 黄红星, 卢凌, 肖李, 等. 基于 DSP 的 CCD 驱动电路的设计 [J]. 武汉理工大学学报, 2002, 26 (6): 811~814.

[36] 陈晓东, 李为民, 李静, 等. 利用重心法求光斑信号位置的误差分析 [J]. 光学技术, 2000, 26 (1): 5~8.

[37] 李为民, 邢晓正, 戴礼荣, 等. DSP 技术在线阵 CCD 测量系统中的应用 [J]. 仪器仪表学报, 2002, 23 (2): 183~186.

[38] 戴立铭, 江潼君. 激光三角测量传感器的精密位移测量 [J]. 仪器仪表学报, 1994, 15 (4): 400~404.

[39] 吴长春, 张杰, 曹建国, 等. 带钢激光平坦度仪检测原理及其系统测试 [J]. 钢铁, 2005, 40 (2): 55~58.

[40] 杨光辉, 张杰, 曹建国, 等. 一种新的带钢平坦度在线检测方法的研究 [J]. 冶金设备, 2006, 157 (3): 5~8.

[41] 杨溪林. 激光热轧带钢板形测量系统的研究 [D]. 北京: 清华大学, 1997.

[42] 杨溪林, 邱忠义, 金国藩. 激光板形测量技术现状及发展 [J]. 冶金自动化, 1998, 29 (1): 29~33.

[43] 刘江, 姜丽华, 王长松, 等. 直线型激光板形检测系统 [J]. 钢铁研究学报, 2003, 15 (5): 60~63.

[44] 杨光辉, 张杰, 曹建国, 等. 带钢非接触式平坦度检测原理及其检测系统 [J]. 冶金自动化, 2009, S1: 665~668.

[45] 孙剑, 张杰, 苏兰海, 等. 一种新型热轧带钢平坦度测量系统的研究 [J]. 钢铁研究学报, 2008, 20 (3): 54~57.

[46] 孙剑．投影条纹式带钢平坦度检测系统的研究［D］．北京：北京科技大学，2007.

[47] 张勇，李长江，何正春，等．计算机图像处理技术在钢板板形检测中的应用［J］．重庆工业高等专科学校学报，2002，17（1）：43～44.

[48] 欧阳芸，曹建国，张杰，等．无取向硅钢热轧板形控制特性与轧制特性关系［J］．冶金设备，2005（1）：6～9.

[49] 曹建国，张杰，宋平，等．无取向硅钢热轧板形控制的 ASR 技术［J］．钢铁，2006，41（6）：43～46.

[50] 黄浩东，徐世帅，王小峰．冷轧无取向硅钢热带钢生产工艺研究［J］．鞍钢技术，2003（5）：26～29.

[51] 金兹伯格 V B. 高精度板带材轧制理论与实践［M］．姜明东，王国栋译．北京：冶金工业出版社，2000.

[52] 张传银．热轧宽带钢轧机［J］．冶金设备，1999（4）：22～26.

[53] 曹建国，戴宝泉，张杰，等．宽幅无取向硅钢热轧板形控制技术［J］．中南大学学报，2008，39（4）：771～773.

[54] 何安瑞，杨荃，张清东，等．热轧精轧机组工作辊初始辊形研究［J］．轧钢，2000，17（6）：6～10.

[55] 汪祥能，丁修．现代带钢连轧机控制［M］．沈阳：东北大学出版社，1996.

[56] Egan S J, Frayar C A. Flatness modeling and control for a continuous tandem cold mill［J］. Iron and Steel Engineer, 1996（3）：38～41.

[57] 日本钢铁协会编．板形轧制理论与实践［M］．王国栋，吴国良等译．北京：中国铁道出版社，1990.

[58] Wolfgang Fabian, Hans Wladika, et al. On－line flatness measurement and control of hot aide strip［J］. Metallurgical Plant and Technology, 1985,（4）：68～71.

[59] Neuschutz, et al. New generation BFI flatness measuring system［J］. MPT, 1994（2）：86～89.

[60] Hong W K, Choi J J, Kim J S, et al. Flatness adaptive control of a hot strip in finishing mills［J］. Journal of Engineering Manufacture, 2003, 217（9）：1243～1246.

[61] 黄思德，宦晓峰，王娅．平直度仪在热轧板厂的应用［J］．梅山科技，2004（2）：32～35.

[62] 松井健一，橘秀文，山本章生．熱間壓延用平坦度計［J］．住友金属，1989，41（1）：35～38.

[63] Michael Degner, K. E. Friedrich, U. Müller, et al. Topometric on－line flatness measuring system for hot strip［J］. Metallurgical Plant and Technology International, 1998（6）：60～63.

[64] 张文元，李庚唐．板形仪发展概况［J］．鞍钢技术，1992（1）：1～4.

[65] 钟春生，岳利明，任明孝．新的板形检测方法及其装置［J］．钢铁，1995，30（1）：72～74.

[66] 王快社．用激光光斑法测量板形的实验研究［J］．重型机械，2000（3）：31～33.

[67] 刘江．直线型激光板形检测系统关键技术研究［D］．北京：北京科技大学，2003.

[68] 杨西荣，王快社，张兵，等．激光热轧板带钢板形检测方法的研究［J］．重型机械，2005（4）：17～19.

[69] 郝煜栋，赵洋，李达成．光学投影式三维轮廓测量技术综述［J］．光学技术，1998（5）：57～59.

[70] 张兵．棒状激光热轧板材板形检测方法试验研究［D］．北京：西安建筑科技大学，2005.

[71] Kuang－Chao Fan, Fang－Jung Shiou. An optical flatness measurement system for medium－sized surface plates［J］. Precision Engineering, 1997, 21（2）：102～105.

[72] 孙长库，叶声华．激光测量技术［M］．天津：天津大学出版社，2000.

[73] 魏月强．三点式激光平坦度仪检测原理及检测系统的研究［D］．北京：北京科技大学，2003.

[74] Pirlet R, Mulder J, Adriaensen D. A non－contact System for measuring hot strip flatness［J］. Iron and

Steel Engineer, 1983 (7): 45~48.

[75] Wiese D R, et al. Continuous On – line Measurement of Hot Strip Flatness [M]. AISE Year Book, 1982.

[76] 孙学珠, 付维乔, 刘庆, 等. 高精度 CCD 尺寸自动检测系统的光学系统设计 [J]. 应用光学, 1995, 16 (1): 9~11.

[77] Jörg Börchers, Claus-Peter Antoine. Measurement technology for enhancing high-end product quality and process stability [J]. Metallurgical Plant and Technology International, 2004 (5): 34~37.

[78] 王廷溥, 齐克敏. 金属塑性加工学——轧制理论与工艺 [M]. 北京: 冶金工业出版社, 2001.

[79] 刘慧, 高彩茹, 王国栋, 等. 立辊形状对板坯断面形状的影响 [J]. 塑性工程学报, 2003, 10 (5): 86~88.

[80] 王森. 立辊 AWC 控制 [J]. 冶金自动化, 2007 (S1): 320~322.

[81] 韩春英, 赵蔚, 苏兆发, 等. 热连轧工艺中定宽压力机的性能特点 [J]. 鞍钢技术, 2000 (7): 26~28.

[82] 李铁柱, 郑万德. SP 大侧压定宽机性能讨论 [J]. 鞍钢技术, 2002 (1): 50~52.

[83] 陈健就, 李保生. SP 大侧压定宽机模块运动轨迹图谱分析 [J]. 重型机械, 1998 (1): 25~28.

[84] 杨凯明. 定宽压力机 (SP) 同步控制原理及调试 [J]. 鞍钢技术, 2004 (2): 40~44.

[85] 祁正林. 1700 热连轧板形控制数学模型的研究 [D]. 北京: 北京科技大学, 2001.

[86] 杨节. 轧制过程数学模型 [M]. 北京: 冶金工业出版社, 1992.

[87] Remn-Min Guo. Computer Model Simulation of Strip Crown and Shape Control [J]. Iron and Steel Engineer, 1986 (11): 35~42.

[88] 吴庆海. 热轧宽带钢板形控制模型及策略的研究 [D]. 北京: 北京科技大学, 2001.

[89] Remn-Min Guo. Determination of Optimal Work Roll Crown for a Hot Strip Mill [J]. Iron and Steel Engineer, 1989 (8): 52~60.

[90] 张清东, 陈先霖. CVC 四辊冷轧机板形控制策略 [J]. 北京科技大学学报, 1996, 18 (4): 347~351.

[91] 张清东, 陈先霖, 徐乐江, 等. CVC 四辊冷轧机板形预设定控制研究 [J]. 钢铁, 1997, 32 (10): 29~33.

[92] 刘立忠. CVC 热连轧机的板凸度计算模型 [J]. 东北大学学报 (自然科学版), 2001, 22 (1): 97~98.

[93] Xiangwei Kong. Off-line Simulation of PFC for hot rolling [J]. J. Mater. Sci. Technol, 2003, 19 (5): 502~504.

[94] 孔祥伟. 热轧带钢板形 (PFC) 控制系统 [J]. 东北大学学报 (自然科学版), 2002 (7): 74~77.

[95] 王仁忠. 宽带钢热连轧机工作辊辊形研究 [D]. 北京: 北京科技大学, 2007.

[96] 王义夫. 薄板坯连铸连轧工艺技术实践 [M]. 北京: 冶金工业出版社, 2005.

[97] 刘玠, 孙一康. 带钢热连轧计算机控制 [M]. 北京: 机械工业出版社, 1997.

[98] Atack P A, Robinson I S. Control of thermal camber by spray cooling when hot rolling aluminum [J]. Iron-making and Steel-making, 1996, 23 (1): 69~73.

[99] 方少华. 梅钢1422 热连轧机组凸度控制研究 [J]. 金属材料与冶金工程, 2009, 37 (5): 26~33.

[100] 李俊洪, 连家创, 岳晓丽. 热带钢连轧机工作辊温度场和热凸度预报模型 [J]. 钢铁研究学报, 2003, 15 (6): 25~28.

[101] Wang S R, Tseng A A. Macro and Micro Modeling of Hot Rolling of Steel Coupled by a Micro Constitutive Relationship [J]. Iron and Steelmaker, 1996, 32 (9): 49~61.

[102] 包仲南, 陈先霖, 张清东. 带钢热连轧机工作辊瞬态温度场的有限元仿真 [J]. 北京科技大学学

报，1999，21（1）：60~63.

[103] Ahmad Saboonchi，Mohammad Abbaspour. Changing the geometry of water spray on milling work roll and its effect on work roll temperature［J］. Materials Processing Technology，2004（148）：35~49.

[104] Stevens P G. Increasing Work-Roll Life by Improved Roll-Cooling Practice［J］. Iron & Steel，1971（1）：1~11.

[105] Perez A，Corral R L，Fuentes R，et al. Computer simulation of the thermal behavior of a work roll during hot rolling of steel strip［J］. Journal of material processing technology，2004（153~154）：894~899.

[106] Xuanli Zhang，Jie Zhang，Xiaoyan Li，et al. Analysis of the thermal profile of work rolls in the hot strip rolling process［J］. Journal of University of Science and Technology Beijing，2004，11（2）：173~177.

[107] Corral R L，et al. Modeling the thermal and thermoelastic responses of work rolls used for hot rolling steel strip［J］. Journal of Materials processing Technology，2004（153~154）：886~893.

[108] 李虎兴，毛新平，葛懋琦，等. 1700mm 冷连轧机轧辊热行为特性［J］. 钢铁研究学报，1991（3）：19~21.

[109] Murata K，et al. Heat transfer between metals in contact and its application to protection of rolls［J］. Transactions ISIJ，1984，24（3）：309~315.

[110] 昌先文. 轧辊热凸度模拟系统的开发［D］. 沈阳：东北大学，2005.

[111] Ginzburg V B. Application of coolflex model for analysis of work roll thermal conditions in hot strip mills［J］. Iron and Steel Engineer，1997，83（11）：42~46.

[112] 李世炫. 热辊型动态形成过程的机理研究——2800 铝带热精轧机热辊型仿真分析［D］. 湖南：中南工业大学，1996.

[113] D. R. 克罗夫特. 传热的有限差分方程计算［M］. 张风禄译. 北京：冶金工业出版社，1982.

[114] 李兴东. 板带轧机工作辊温度场和热变形研究及其在热带钢连轧中的应用［D］. 河北：燕山大学，2003.

[115] 陈良，钱春风. 上海宝钢一钢公司 1780 热轧在线磨辊技术及应用［J］. 上海金属，2005，27（4）：23~26.

[116] 周胜. 热轧在线磨辊技术的现状和发展方向［J］. 精密制造与自动化，2005（1）：9~12.

[117] 杨光辉，曹建国，张杰，等. SmartCrown 四辊冷连轧机工作辊辊形研究［J］. 北京科技大学学报，2006，28（7）：669~671.

[118] 杨光辉，曹建国，张杰，等. SmartCrown 冷连轧机板形控制新技术改进研究与应用［J］. 钢铁，2006，41（9）：56~59.

[119] Guanghui Yang，Jianguo Cao，Jie Zhang，et al. Backup roll contour of a SmartCrown tandem cold rolling mill［J］. Journal of Science and Technology Beijing，2008，15（3）：357~359.

[120] 王振华，焦广亮，刘志刚，等. SmartCrown 窜辊技术在济钢 4300 线的应用［J］. 金属世界，2012（4）：16~17.

[121] 郝建伟. 2250 CVC 热连轧精轧机辊形的研究［D］. 北京：北京科技大学，2007.

[122] 郑申白，贾宝瑞，贾军艳. 薄板坯连铸连轧工艺与传统热轧工艺的比较［J］. 河北理工学院学报，2007，29（2）：53~56.

[123] 戚向东，李俊洪，连家创，等. 热轧带钢局部硬度对冷轧带钢板形的影响［J］. 钢铁，2005，40（3）：40~43.

[124] 孙克文，何安瑞，杨荃，等. 热带钢轧机平坦度控制补偿策略［J］. 北京科技大学学报，2004，26（5）：545~547.

[125] 刘振宇，王国栋，张强. 板带热连轧过程中横向温度分布不均匀性的解析［J］. 钢铁研究学报，

1993, 5 (4): 25~30.

[126] 李长生, 何晓明, 刘相华, 等. 固相板坯空冷过程温度场 FEM 分析 [J]. 东北大学学报（自然科学版), 2000, 17 (4): 427~430.

[127] 陈少杰, 张亚. 边部加热对热轧带钢板形的影响 [J]. 上海金属, 2000, 22 (5): 28~31.

[128] 孙卫华, 王国栋, 吴国良. 带钢热轧过程中轧件横断面上温度场的解析 [J]. 山东冶金, 1994, 16 (4): 30~35.

[129] 沈丙振, 周进, 韩志强, 等. 热轧带钢温度场数值模拟研究现状 [J]. 钢铁研究, 2003 (1): 48~51.

[130] 周进, 沈丙振, 韩志强, 等. 精轧区带钢温度场的数值模拟 [J]. 钢铁研究学报, 2003, 15 (2): 14~18.

[131] 谢海波, 徐旭东. 层流冷却过程中带钢温度场数值模拟 [J]. 钢铁研究学报, 2005, 17 (4): 33~35.

[132] 韩斌, 佘广夫, 等. 热轧板带钢冷却过程中热力耦合计算及变形分析 [J]. 钢铁, 2005, 40 (4): 39~42.

[133] 曹晖, 张鹏, 高永生, 等. 不锈钢传热过程分析及热传导系数的确定 [J]. 北京科技大学学报, 1998, 20 (6): 541~544.

[134] 卿伟杰, 杨荃. 冷连轧机带钢在线温度场的测量及其对板形的影响 [J]. 冶金设备, 2006, 121 (3): 9~11.

[135] 黄传清, 陈建荣. 宝钢 2050mm 热连轧低温轧制技术应用简析 [J]. 宝钢技术, 1999 (1): 14~31.

[136] 蔡正, 王国栋, 刘相华, 等. 热轧带钢温度场的数值模拟 [J]. 金属成型工艺, 1998, 16 (5): 39~42.

[137] 许健勇, 姜正连, 阙月海. 热轧来料及冷轧工艺对连轧机出口板形的影响 [J]. 宝钢技术, 2003 (5): 60~64.

[138] 刘相华. 刚塑性有限元及其在轧制中的应用 [M]. 北京: 冶金工业出版社, 1994.

[139] 乔瑞. 基于 Marc 的板材轧制三维变形有限元分析及研究 [D]. 北京: 北京科技大学, 2005.

[140] 龚殿尧, 徐建忠, 等. 热连轧带钢终轧温度的影响因素 [J]. 东北大学学报, 2006, 27 (7): 763~767.

[141] 廖三三. 宽带钢热连轧机轧辊温度场及热凸度的研究 [D]. 北京: 北京科技大学, 2003.

[142] 龚彩军. 中厚板控制冷却过程温度均匀性的研究 [D]. 沈阳: 东北大学, 2005.

[143] 于明. 中厚板控制冷却过程数学模型及控制策略研究 [D]. 沈阳: 东北大学, 2004.

[144] 宋勇, 唐荻, 赵志毅, 等. 热连轧精轧机组温度模型的改进 [J]. 北京科技大学学报, 2002, 24 (5): 547~550.

[145] 田丽莉. 热轧带钢横向温度不均匀分布形成机理及影响因素研究 [D]. 北京: 北京科技大学, 2008.

[146] 张咏梅. 1450mm 热连轧机工作辊热辊形对带钢板形的影响分析 [D]. 北京: 北京科技大学, 2010.

[147] Ginzburg V B. Strip profile control with flexible edge backup rolls [J]. AISE Year Book, 1987: 277~288.

[148] 刘玠, 杨卫东, 刘文仲. 热轧生产自动化技术 [M]. 北京: 冶金工业出版社, 2006.

[149] 王国栋. 板形控制和板形理论 [M]. 北京: 冶金工业出版社, 1986.

[150] Martha P. Guerrero. Modelling heat transfer in hot rolling work rolls [J]. Journal of Materials Processing Technology, 1999, 99 (4): 52~59.

[151] 周筠清. 传热学 [M]. 北京：冶金工业出版社，1989.

[152] 杨世铭. 传热学 [M]. 北京：高等教育出版社，1980.

[153] 程尚模. 传热学 [M]. 北京：高等教育出版社，1990.

[154] 娆仲鹏. 传热学 [M]. 北京：北京理工大学出版社，1995.

[155] 陶文铨. 数值传热学 [M]. 西安：西安交通大学出版社，1987.

[156] F. P. 因克罗普拉，D. P. 德威特. 传热基础 [M]. 北京：宇航出版社，1985.

[157] 许肇钧. 传热学 [M]. 北京：机械工业出版社. 1983.

[158] 亚当斯，罗杰斯. 传热学计算机分析 [M]. 章靖武译. 北京：科学出版社，1980.

[159] 包仲南，等. 带钢连轧机工作辊瞬态温度场的有限元仿真 [J]. 北京科技大学学报，1991，21 (1)：60～63.

[160] 王久彬. 高铬铸铁轧辊的力学性能 [M]. 北京：国防工业出版社，1995.

[161] Stevens P G. Increasing work-roll life by improved roll-cooling practice [J]. Iron & Steel Inst, 1971, 162 (1)：30～32.

[162] 余德浩，汤华中. 微分方程数值解法 [M]. 北京：科学出版社，2003.

[163] Jarrett S, Allwood J M. Fast model of thermal camber evolution in metal rolling for online use [J]. Ironmaking and Steelmaking, 1999, 26 (6)：407～439.

[164] Tseng A, Tong S X, Raudensky M. Thermal expansion and evaluations of rolls in rolling processes [J]. Steel Research, 1996, 67 (5)：188～199.

[165] Haubitzer W. Steady-state temperature distribution in Rolls [J]. Archufer das Eisenhutenwesen, 1974, 46 (10)：635～638.

[166] Patula E P. Steady-State temperature distribution in a rotating roll subject to surface heat fluxes and convective cooling [J]. ASME Journal of Heat Transfer, 1981, 103：36～41.

[167] Yuen W Y D. On the Heat Transfer of a Moving Composite Strip Compressed by Two Rotating Cylinders [J]. Journal of Heat Transfer, 1985, 107：541～548.

[168] Der-Form Chang. Thermal Stresses in Work Rolls During the Rolling of Metal Strip [J]. Journal of Materials Processing Technology, 1999, 94 (1)：45～51.

[169] 顾尔祚. 流体力学有限差分法基础 [M]. 上海：上海交通大学出版社，1988.

[170] 张绚丽，张杰，魏钢城，等. 带钢热连轧机工作辊温度场及热辊型的理论与实验研究 [J]. 冶金设备，2002 (133)：1～3.

[171] 张绚丽. 热连轧机工作辊热辊形预报模型的研究 [D]. 北京：北京科技大学，2002.

[172] Sumi H, et al. A numerical model and control of plate crown in the hot strip or plate rolling [J]. Advanced Technology of Plasticity, 1984, (2)：1360～1365.

[173] 陈宝官，陈先霖，Tieu A K，等. 用有限元法预测板带轧机工作辊热变形 [J]. 钢铁，1991，26 (8)：40～44.

[174] 孔祥伟，李壬龙. 轧辊温度场及轴向热凸度有限元计算 [J]. 钢铁研究学报，2000，12 (12)：51～54.

[175] 郭振宇. 板带轧制过程工作辊温度场与热辊型研究 [D]. 河北：燕山大学，2004.

[176] 陈国良，王熙法，庄镇泉，等. 遗传算法及其应用 [M]. 北京：人民邮电出版社，1999.

[177] 雷英杰，MATLAB 遗传算法工具箱及应用 [M]. 西安：西安电子科技大学出版社，2004.

[178] 周明，孙树栋. 遗传算法原理及应用 [M]. 北京：国防工业出版社，2001.

[179] 思科技产品研发中心. MATLAB6.5 辅助优化计算与设计 [M]. 北京：电子工业出版社，2003.

[180] 苏金明，张莲花，刘波，等. MATLAB 工具箱应用 [M]. 北京：电子工业出版社，2004.

[181] 刘钦圣，张晓丹，王兵团. 数值计算方法教程 [M]. 北京：冶金工业出版社，2002.

[182] 黄明游，刘播，徐涛．数值计算方法［M］．北京：科学出版社，2005.

[183] 冯天祥．数值计算方法［M］．成都：四川科学技术出版社，2003.

[184] 李乃成，邓建中．数值计算方法［M］．西安：西安交通大学出版社，2002.

[185] Serajzadeh S. Effects of rolling parameters on work-roll temperature distribution in the hot rolling of steels ［J］. Int J Adv Manuf Technol, 2008 (35)：859 ~ 866.

[186] 郭忠峰，徐建忠，李长生，等．1700 热连轧机轧辊温度场及热凸度研究［J］．东北大学学报（自然科学版），2008，29（4）：517 ~ 520.

[187] 李学通，杜凤山，臧新良．板带粗轧过程热、力、组织耦合三维有限元模拟［J］．中国机械工程，2006，17（1）：92 ~ 94.

[188] Xuetong Li, Minting Wang, Fengshan Du. The coupling thermal-mechanical and microstructural model for the FEM simulation of cross wedge rolling ［J］. Journal of Materials processing Technology, 2006, 172 (2)：202 ~ 207.

[189] 杜凤山，周维海，臧新良．板材热连轧过程的计算机仿真［J］．机械工程学报，2001，37（12）：67 ~ 69.

[190] Hwang S M, Sun C G, Ryoo S R, et al. An integrated FE process model for precision analysis of thermo-mechanical behaviors of rolls and strip in hot strip rolling ［J］. Computer Methods in Applied Mechanics and Engineering, 2002 (191)：4015 ~ 4033.

[191] 杨军，符寒光．高速钢轧辊在带钢热连轧机上的应用的进展［J］．钢铁研究，2000（3）：59 ~ 62.

[192] 张洪月．高速钢轧辊的研究和应用［J］．钢铁钒钛，2004，25（3）：54 ~ 60.

[193] 周旭东，王国栋．工作辊分段冷却小脑模型模糊控制［J］．东北大学学报（自然科学版），1997，18（1）：77 ~ 80.

[194] 倪熙安．轧机工艺润滑分段冷却系统的研制［J］．轧钢，1998，21（1）：39 ~ 41.

[195] 孔祥伟，徐建忠，龚殿尧，等．采用平辊实现自由程序轧制最优横移方案新方法［J］．东北大学学报（自然科学版），2002，23（12）：1166 ~ 1169.

[196] 邵健．自由规程轧制中板形控制技术的研究［D］．北京：北京科技大学，2009.

[197] 牛世浦，张乃林，卢少保，等．热轧带钢亮带/冷轧带钢凸棱的成因及解决措施［J］．钢铁，2008，43（12）：96 ~ 98.

[198] 于斌，岳晓丽，余广夫，等．针对钢卷局部突起缺陷治理的辊型优化技术研究［J］．中国机械工程，2008，19（8）：968 ~ 972.

[199] 张国河．带钢"起筋"成因分析与对策［J］．鞍钢技术，2007（5）：47 ~ 49.

[200] 于斌，岳晓丽，余广夫，等．热轧辊型技术对冷轧钢卷局部突起缺陷的抑制［J］．钢铁，2007，42（7）：47 ~ 50.

[201] 战波．热轧带钢横断面局部高点和局部硬点的研究［D］．北京：北京科技大学，2007.